Drying Technology
for Chinese Dried Noodle

挂面
干燥技术

魏益民　王振华　张影全　等 / 著

中国轻工业出版社

图书在版编目（CIP）数据

挂面干燥技术 / 魏益民等著. —北京：中国轻工业
出版社，2020.11
　　ISBN 978-7-5184-3071-0

　　Ⅰ．①挂… Ⅱ．①魏… Ⅲ．①挂面—生产工艺
Ⅳ．①TS213.24

　　中国版本图书馆CIP数据核字（2020）第124659号

责任编辑：罗晓航
策划编辑：伊双双　　责任终审：张乃柬　　封面设计：锋尚设计
版式设计：砚祥志远　　责任校对：吴大鹏　　责任监印：张　可

出版发行：中国轻工业出版社（北京东长安街6号，邮编：100740）
印　　刷：艺堂印刷（天津）有限公司
经　　销：各地新华书店
版　　次：2020年11月第1版第1次印刷
开　　本：720×1000　1/16　印张：20.5
字　　数：360千字
书　　号：ISBN 978-7-5184-3071-0　　定价：120.00元
邮购电话：010-65241695
发行电话：010-85119835　传真：85113293
网　　址：http://www.chlip.com.cn
Email：club@chlip.com.cn
如发现图书残缺请与我社邮购联系调换
191501K1X101ZBW

挂面干燥是将和面过程加入的水分脱除到挂面安全贮藏含水量的过程，是挂面生产的重要工艺环节之一。生产上挂面干燥使用的工艺及设施，按烘房结构和挂面移动方式，可分为索道式、隧道式和改良索道式。20 世纪 80 年代，挂面生产企业规模均较小，多为单线生产，主要采用索道式烘房。20 世纪末，为满足企业提高产量、减少烘房空间的要求，业界设计了隧道式烘房和多排隧道式烘房。近年来，随着企业生产规模的扩大，以及对空间、操作方便性的要求，改良隧道式烘房应运而生。

挂面干燥技术属于空气动力学、热力学、系统论和食品科学的研究范畴。挂面干燥技术需要研究挂面的干燥特性（脱水曲线、干燥速率、干燥模型等）、挂面干燥过程的水分状态及迁移规律；分析挂面干燥过程热场和水分场的传递过程、挂面干燥特性与干燥介质（温度、相对湿度、风速、风向等）的关系；比较不同工艺模型的效能，确定合理的干燥工艺控制参数及实施方案。挂面干燥工艺受干燥设备、被干燥物料理化性质、产品目标特性和操作参数等影响。当挂面干燥设备、干燥对象、产品目标设定后，干燥特性受介质温度、相对湿度、风速以及物料比表面积等因素影响。

学者和产业界公认的干燥技术评价标准为产量、质量和生产效益。产量涉及单位人工效能和能源效率；质量涉及国家标准和品牌信誉；生产效益涉及成本（能耗、成品率），还间接涉及环境排放、生产安全等。科学合理的干燥模型可为干燥设备、干燥工艺和干燥过程控制参数的设计提供依据，并通过和工艺参数、产品质量相关联的监测控制系统结合，实现干燥过程的自动化或智能化。

挂面干燥技术以及干燥节能技术是面制品行业的一个老话题，也是一个热门话题。2004 年挂面制造业主首次向作者团队提出了挂面干燥工艺的合理性、技术缺陷及节能潜力问题，引起作者团队的关注和思考。2012 年初冬的一场大雪和寒潮，使挂面企业出现了供热不足可能减产的问题。作者团队应邀参与了企业保障供热、降低能耗方案的讨论和实施监测工作。通过参与企业应急方案的实施与效果监测，作者团队深刻体会到挂面干燥技术在企业产品质量、生产成本、管理效益、环境保护，以及企业竞争力提升方面的重要性。同时，作者团队意识到，在挂面干燥技术领域仍然有很多理论研究课题、技术开发短板，以及技术转移等带来的挑战。而这些问题正好成为作者团队的研究课题，成为所企合作的切入点和提升企业效率的杠杆。

作者团队和挂面生产企业、仪器设备公司合作开发的、具有自主知识产权的"食品水分分析技术平台"，通过模拟工业化生产线，在线自动记录挂面的干燥特性，干燥过程的水分状态、比例、迁移过程，以及干燥能耗比较分析，为深化干燥动力学的研究提供有效的手段，为建立干燥对象个性化、合理化的数学模型提供了可能，为复杂的工业化试验提供直接依据。该平台显著地减少了工作量，缩短了试验周期，提高了干燥试验的产出效率，拓展了干燥试验的研究范围或能力。

本书基于干燥动力学、热力学、食品科学的基本概念，以"食品水分分析技术平台"的科研产出为基础，通过大量的调查、分析、研究结果，用递进思维的方法，阐述了挂面的干燥特性、热能利用效率、工艺控制技术等；讨论了干燥工艺、设备和操作参数的合理性，以期为干燥过程自动化、智能化控制，以及工业设计提供理论依据和技术参考。本书是一部以科学研究为基础，以开发合理的干燥技术，提高企业生产效率为目标，揭示科学研究、技术开发和产业应用融合过程和挑战的研究型著作。同时，展示了作者团队 8 年的关注、思考、准备过程和 7 年的调查、分析、研究路径。

业界有学者在 21 世纪初指出，干燥是最古老的单元操作之一。然而，它又是最复杂、人们了解最浅的技术之一。在干燥技术的许多方面依然存在着"知其然，而不知其所以然"的情况。由于干燥物料种类的多样性，干燥设备效能测定的复杂性，企业对性价比的要求，以及行业人才和制造水平的局限性，使干燥过程自动化控制、智能化设计及工业实践，仍然是一项具有挑战性的科研工作。这也正是作者团队继续努力的方向。

魏益民

2020 年 6 月

目录
CONTENTS

第一章

挂面干燥技术研究概述

　　面条在我国历史悠久、种类样式众多、地域特色鲜明，是中华饮食宝库的重要内容。面条是以面粉（小麦粉、荞麦粉、大麦粉等）为原料，经过加水和面、揉面，形成面团，面团再经压延、挤压，或搓、拉、扯、揪、拨等加工方法，形成的长条状、管状、片状或其他形状面制品的统称（魏益民，2015）。面条烹调简单，形式多样，可根据个人口味和习惯，加入不同佐料制成多种花色；可采用煮、蒸、烩、炒、拌等多种烹调方法，形成具有各地特色的风味面条，如北京的打卤面、上海的阳春面、山西的刀削面、陕西的臊子面、四川的担担面、武汉热干面、兰州牛肉面等。

　　面条可以依据原料来源、加工方式（和面设备、和面加水量、蒸煮／干燥处理）、成品形状及包装、贮藏方式划分为很多品类。根据原料的不同，面条可以分为普通面条（可以添加食盐、碱）、杂粮面条（荞麦、燕麦、玉米等）、花色面条（菠菜、胡萝卜等）等。面条依据加工使用设备可以分为手工面条和机制面条两类。和面加水量依和面设备和面粉的性质而不同，手工面条的加水量较高，为50%左右；机制面条的加水量为30%~32%；真空和面的加水量为35%左右（刘锐，2015；魏益民，2015；叶一力等，2010；李光磊，2009）。手工面条依据制作手法的不同分为拉面、切面、刀削面、拨面等。机制鲜湿面依据后续加工工艺分为鲜湿面（产品含水率≥30.0%）、挂面（产品含水率≤14.5%）、半干面（含水率约23%）、方便面（油炸面含水率≤10%，风干面含水率≤14%）、鲜熟面（含水率约60%）等。制得的面条根据形状又可以分为多种类型，如兰州拉面可根据面条形状分为圆面、宽面、韭菜叶子、三棱子等多种形状。面条的贮藏条件和包装方式主要取决于成品含水率和食用品质要求，含水率较低的挂面可以纸包装或塑料包装，方便面可以袋装或桶装，常温贮藏；含水率较高的面条（鲜湿面、鲜熟面）需要冷藏或冷冻贮藏，也有一部分鲜熟面经杀菌后添加防腐剂常温贮藏。此外，流通环节的面条还可以依据是否添加料包和消费人群再进行细分。总之，我国面条品类众多，不可胜数。

挂面狭义的定义或更为传统的定义为，使用小麦粉，通过人工和面、醒面、擀制（出条）、切条（手工拉制）、挂晒干燥的干面条，或称手工挂面。挂面广义的定义为，使用面粉（小麦粉或混合荞麦粉、绿豆粉、大豆粉、香菇粉等）通过机器和面、醒面、压延、切条、挂杆、烘房干燥的干面条，或称机制挂面。挂面包装主要采用纸包装或塑料包装，可再次做外包装。挂面含水率 ≤ 14.5%，常温条件下贮藏期较长，保质期长达 12 个月，属于耐贮藏和方便运输的方便面条制品之一。

现代食品制造业生产的挂面，因其口感好、食用方便、价格低、易于贮藏，一直是人们喜爱的主要面食之一。挂面的主要消费区域为中国、日本、韩国，以及华人或东亚人比较集中的地区。根据中国食品科学技术学会对国内 24 家挂面生产企业从 2007—2018 年的产量和销售额调查结果，2018 年 24 家挂面制造企业年产挂面 340.91 万 t，实现年产值 155.63 亿元人民币（孟素荷，2019）。依此数据估算，全国挂面年产量约 700 万 t，年产值 319.57 亿元，间接年产值超过 1000 亿元。挂面消费量约占全国面粉消费量的 10%。

第一节 挂面干燥技术研究背景

挂面干燥是指将热量施加于湿面条，并排除其中的水分，而获得一定含水率面条产品（≤ 14.5%）的过程。实际生产中，挂面干燥一般采用对流热力干燥法，即利用热源加热干燥室的空气，并借助风力使热空气吹过面条表面，对湿面条进行加热，同时带走湿面条中蒸发出来的水分。挂面干燥是一个复杂的能量传递和质量传递同时进行的过程，同时也是挂面内部质构、理化特性等发生变化的过程。

挂面干燥涉及谷物化学、干燥动力学、热力学、气象学等多学科内容。挂面的主要成分是小麦淀粉、蛋白质、纤维素等，这些物质属于不良湿热导体。其干燥过程表现为内部水分向外扩散速率远比表面水分汽化速率小，为内部扩散控制型物料，干燥速率取决于内部水分向外扩散的速率（陆启玉，2007）。湿面条在干燥的过程中不断进行湿热交换，当湿面条遇到热空气时，面条表面水分受热后向周围介质扩散，于是面条表面与内部形成了水分梯度，促使面条内部水分不断向表面转移。这种水分从物料表面向外扩散的过程称为给湿过程，而由于水分梯度引起的水分从高水分向低水分转移的过程称为导湿过程。面条干燥时的给湿和导湿是湿面条湿热交换的具体表现（赵晋府，2009）。给湿过程和自由液面蒸发水分相类似，实质上为挂面恒率干燥阶段的干制过程，此阶段的干燥速率主要取决于湿空气的温度、相对湿度和空气流速，以及挂面向外部扩散蒸汽的条件。导湿过程主要受水分在挂面内部的扩散转移的影响（陆启玉，2007）。合适的工艺条件使施加在湿面条上的热量基本上完全用于表面水分的蒸发，使面条的表面水分蒸发速度尽可能等于面条内部水分的扩散率，同时避免面条形成温度梯度（赵晋府，2009）。以面条内部的水分向表面扩散的速度为基准，调节面条表面水分蒸发的速度，使面条内部和表面的含水率经常保持在同一状态，这种方法是保证挂面优质，且生产效率最好的干燥方法（秦中庆，1995）。在挂面干燥的初始阶段，主要是蒸发挂面表面水分，固定其组织，防止由于自身重力而导致面条拉长和断裂（王杰，2014a）。在干燥初期，干燥速率不宜太快，干燥过快会使湿面条表层迅速失水收缩，形成一层胶性薄膜，封闭了内部水分向外扩散的通道，加大了水分向外扩散的阻力，形成了外干内湿的现象；此时如果继续升温或排潮，内部水分气化产生一定的压力，于是水汽强行冲破外膜向外扩散，使挂面产生肉眼看不到的裂纹，部分面筋网络被破坏，放置一段时间后，面条便大量酥条（夏青，2010）。在主干燥阶段温度处于最高阶段，挂面干燥主要在这个阶段进行。在这个阶段挂面水分散失最快，挂面收缩，在截面上由于水分梯度的存在使得挂面产生各种应力，一旦内外水分扩散速率不等，很容易使得挂面形成裂纹，在完成干燥或缓苏阶段形成裂纹面（夏青，2010）。完成干燥阶段又称缓苏阶段，作用主要是对面条进行调质，以使水分和温度分布趋向一致，同时消除面条因干燥收缩而产生的内应力，增强其韧性和弹性（赵晋府，2009）。在此阶段降温梯度不可过大，温度降速在 0.5℃/min 以下，特别是在冬季或烘道外部温度过低时更应引起注意（项勇等，2000；王建中等，1995）。温差大容易引起挂面酥条、龟裂、脆化（潘南萍，2006；闫爱萍，2011）。

干燥是挂面生产的重要工艺过程，是控制生产成本的主要工艺单元，也是生产自动化或智能化遇到的主要技术瓶颈。挂面干燥工艺影响产品产量、质量和效益。挂面干燥工艺受干燥设备、被干燥物料的理化性质、产品目标特性和操作参数影响。优化干燥工艺操作参数是解决这一问题的重要途径。当挂面干燥设备、干燥对象、产品目标设定后，干燥特性受介质温度、相对湿度、风速、风向以及物料比表面积等因素的影响。然而，优化挂面干燥工艺操作参数不仅仅是一个多因素、多变量数学问题，还需要多学科及工程技术支持（魏益民等，2017）。

潘永康等 2007 指出，干燥是最古老的单元操作之一。然而，它却是最复杂、人们了解最浅的技术。在干燥技术的许多方面存在着"知其然，而不知其所以然"的情况。因此，大多数干燥器的设计仍然依赖小规模的试验及实际操作经验。

研究干燥技术应包括研究干燥物料的干燥特性、干燥设备的效能，以及合理的干燥工艺参数和过程控制。学者和产业界公认的干燥技术评价标准为产量、质量和生产效益。产量涉及单位人工效能和能源效率；质量涉及国家标准和品牌信誉；生产效益涉及成本（能耗、成品率），还间接涉及环境污染、生产安全等。

第二节　挂面干燥过程控制与工艺开发

20 世纪 80 年代以前，挂面以手工生产、自然干燥和简易烘房干燥为主；80 年代至 90 年代，从日本引进 50 多条挂面生产线，低温索道式烘干工艺得以迅速推广（李世岩，2009；王杰等，2014；王震，2009）。到 20 世纪末，挂面加工企业对于挂面干燥工艺既没有标准化的工艺参数可依，更谈不上自动化的控制系统。挂面干燥工艺主要依靠技术人员的经验和精心操作来实现，且烘房内的温度和相对湿度容易受到季节、天气变化和早晚温差的影响，导致产品质量不稳定，能源利用不合理，企业生产效率不高等问题（高亚军，2011；王杰等，2014）。

目前，我国的挂面干燥工艺均采用中低温烘干工艺，主干燥区段最高温度在 45℃左右，干燥时间 4~5h。挂面干燥技术与设备的发展，通常伴随着食品工业技术的发展而不断进步，从最初原始的自然干燥逐步向着标准化、自动化、智能化方向发展，产品质量得到了很大提高，产量不断增大，卫生条件也得到了保障。我国挂面干燥设备及技术的发展大致如下。

（1）自然干燥　利用大自然的风和热对面条进行晾晒干燥。自然干燥法生产挂面的设备及场所十分简陋，极易受到天气条件的影响，并且难以实现工业化大批量生产，工人劳动强度大、生产效率低、品质及卫生状况难以得到保证（秦中庆，1999）。但在一些气候条件允许的地方，依然可以采用这种方法对一些特殊品种的面条进行干燥，且不容易导致酥条。

（2）高温快速干燥 一般指主干燥区的最高温度介于45~50℃，干燥时间3~4h，采用国产隧道式烘房进行干燥。该工艺具有干燥时间短、设备简单、易操作、厂房等固定投资较少等优点。缺点主要包括：挂面在干燥室的运行长度不足，后期冷却缓苏时间较短，挂面干燥过程不完整，与后续的生产工序不能合理地衔接；主干燥过程的温度太高，烘房内的相对湿度难以控制，干燥速率不均匀，易引起挂面酥条；干燥室设备简陋，易受外界环境的影响，且无良好的温度和相对湿度检测控制装置，仅凭经验控制干燥条件，导致产品质量波动较大（居然等，1996；陆启玉，2007）。

（3）低温慢速干燥 一般指主干燥区最高温度在35℃以下，干燥时间5~8h，其中包括引进的和国产的索道式烘干室。低温慢速干燥的优点是产品质量稳定、温度和相对湿度易于控制等。但是，这种烘干法也有明显的不足——干燥时间长、生产效率低、烘房占地面积大、造价昂贵等（王震，2009）。

（4）中温中速干燥 一般指主干燥区的最高温度小于45℃，干燥时间3.5~5h，是国产隧道式烘房经过改良以后的挂面干燥工艺，也是目前国内挂面生产企业采用最多的干燥工艺。改良主要内容是在隧道式高温快速干燥的基础上，降低干燥温度，适当延长隧道长度和干燥时间，使干燥温度与干燥时间介于高温干燥和低温干燥之间（陆启玉，2007）。1992年，该挂面干燥方法及理论被我国商业部作为行业标准列入《挂面生产工艺技术规程》（SB/T 10072—1992），用来指导生产，沿用至今。然而，产品质量不稳定、能量消耗不合理等问题仍是挂面干燥所面临的重要问题。

（5）全封闭智能控制挂面干燥系统 该干燥方法是2010年由国内研究机构共同合作完成的一个科研项目。该系统设计使得挂面干燥免除了人为及外界环境因素干扰，将挂面处在一个密闭的空间环境里，利用自动化的控制系统对烘房空间内的温度、相对湿度、风速及干燥时间等参数进行实时调节，从而实现对不同种类的挂面进行干燥，有利于设备标准化和质量控制（李世岩等，2010）。目前，该设备系统在实际生产中还未得到广泛应用。生产用户认为，该工艺在节能减排、生产效率、降低成本等方面的实际效果可能还需进一步评估和完善。

由于挂面在干燥的过程中随内外环境表现出不同的特点，因此，根据挂面的内在性质，对挂面实行分段干燥是非常必要的。多数学者认为挂面的干燥过程分为预干燥、主干燥和完成干燥（末干燥）三个阶段（表1-1）。

表 1-1　　　　　　　　挂面干燥过程划分及含水率控制要求　　　　　单位：%

预干燥		主干燥		完成干燥		
干燥时长比例	含水率	干燥时长比例	含水率	干燥时长比例	产品含水率	文献来源
15~20	—	15~20	—	20~40	14.5	SB/T 10072—1992
20	—	50	—	30	—	丛冬菊（1992）
26.67	—	46.67	—	26.67	—	张伟（1999）
20	27~28	50	15~16	25~30	14 左右	居然（1996）
20	26	50	20	30	14.5	施润林（2005）
35	22	45	16.5	20	12.7	陈建伟（2006）
—	24~26	—	13~15	—	11~13	白玉玲（2007）
—	28 ± 0.5	—	—	—	13.5~14	陆启玉（2007）
—	27~28	—	16~17	—	13~14	赵晋府（2009）
—	25~27	—	19~21	—	13.5~14.5	施逸津（2009）
15~20	≤ 28	55	16	20~40	14.5	沈再春（2010）
16.67	28 ± 0.5	58.33	17 ± 0.5	25	13.0~14	王杰（2014b）

预干燥是挂面水分降至27%~28%的过程，干燥时长占总干燥时长的20%左右；

主干燥是指挂面含水率降至16%~17%的过程，干燥时长占总干燥时长的50%左右；

完成干燥时长占总干燥时长的30%左右，挂面含水率降低至<14.5%（赵晋府，2009；居然等，1996；陆启玉，2007；施润淋等，2005；丛冬菊，1992；王兴明，2010）。

《挂面生产工艺技术规程》（SB/T 10072—1992）将挂面干燥过程划分为：预干燥（25℃ <T< 30℃；80% <RH< 90%）、主干燥（35℃ <T< 45℃；75% <RH< 80%）、完成干燥（20℃ <T< 30℃；55% <RH< 65%）三个阶段，在干燥过程中需要采取"保湿烘干"工艺手段，控制挂面表面的水分蒸发，防止表里干燥速度不一，影响挂面质量；在进入完成干燥区以后，要注意冷却和缓苏，降温速度不宜过快。但是该规程对于各干燥段应达到和控制的水分含量并未做出说明。

对于挂面干燥各阶段含水率的控制范围，不同学者提出了自己的见解和指标。陆启玉等（2007）将挂面干燥过程分为三个阶段，即预备干燥阶段、主干燥阶段和完成干燥阶段。预备干燥阶段是指将挂面含水率从（30 ± 0.5）%降到

（28±0.5）%的过程，含水率低于（25.5±0.5）%则容易引起挂面干燥龟裂和断条，干燥的最佳条件为 $RH=85\%\sim90\%$ ，不加温或稍加温；在主干燥阶段应以内部水分向外扩散的速度为基准进行调温调湿干燥，保证面条表面层湿润，防止"关门（结膜）"现象的出现，使内部水分向表面迁移的效果处于最佳状态，此阶段为干燥的主要阶段；对于挂面最后阶段的干燥，其作用主要有两个：一是平衡挂面水分，消除挂面因干燥收缩而产生的干燥内应力，增强其韧性，使挂面质量均质化；二是使挂面内外温度与室温趋于平衡，避免因温度的不平衡性引起挂面断面裂纹。对于最后产品的含水率以 13.5%~14.0% 为宜，含水率过高组织软弱，无法抵抗外来冲击和压力而酥断；含水率过低则脆性增加，弹性消失，产生"干酥"现象，不能长期贮藏。此外，也有学者将挂面的干燥过程分为四段。赵晋府等（2009）将挂面干燥的过程分为四段，挂面含水率为预干燥（27.0%~28.0%）、干燥前期（25.0%）、主干燥（16.0%~17.0%）和干燥后期（13.0%~14.0%）。

虽然将挂面的干燥过程划分为三段加深了对挂面干燥的理解和在线管理，但不同干燥阶段其干燥作用和要求不同，且各干燥阶段均相互影响，应在考虑干燥过程挂面内在性质的基础上，合理安排各干燥段的脱水量，而不应集中于某一段进行过分干燥。

挂面干燥工艺已从最初的自然干燥发展到了智能封闭干燥，但其干燥过程控制依然是通过调节干燥介质的温湿度及风速等来实现的。对于干燥介质的温湿度调节，20 世纪 90 年代已有人通过将自动化仪表控制技术对烘房的温湿度进行监测、显示、反馈和调控，克服了烘干工序的随机性。但是当时温湿度记录仪的耐湿性和耐温性、安装位置及数量选择的合理性依然值得怀疑。对于挂面干燥过程的调节有研究人员提出建立挂面烘干理想曲线，在实际生产中定期对烘干各个点含水率进行测试，对照理想曲线进行校准，从而达到控制挂面干燥过程的目的（夏青等，2010）。王杰等（2014a）对挂面制造企业隧道式烘房含水率进行测定后，建立了挂面的干燥曲线。对于干燥过程的含水率测定，目前主要是通过测定面条电导率或凭烘房工作人员的经验判断，其准确性及自动化程度难以满足实际生产的需要。

目前，国内的挂面生产企业多采用中低温干燥工艺，主干燥段的最高温度约为 45℃，不同品种及规格的挂面通常采用相同的干燥工艺，或凭经验调整干燥时间（干燥时间为 3.5~5h）。干燥过程中对烘房温度和相对湿度的控制比较粗放，一般通过人工调节导热油（水）管和排潮量来控制，且烘房内的温度和相对湿度容易受外界气候条件的影响。因此，挂面生产企业存在生产效率不高、产品质量不稳定、能耗高等问题，急需优化和改进挂面干燥工艺。

虽然我国在1992年制定了《挂面干燥工艺技术规程》（SB/T 10072—1992），但多数挂面生产企业根据各自的厂房规划和生产能力，自行设计了挂面生产线，干燥工艺标准化水平较低、自动化程度不高，产品质量不稳定、生产效率低、能耗大等问题普遍存在。如何实现挂面干燥工艺的标准化、自动化，进而向智能化发展，已经成为制约挂面行业发展的技术瓶颈之一。

未来挂面干燥工艺的发展趋势是在对挂面脱水规律有比较深入认识的基础上，向自动化控制的方向发展。通过在线监测挂面干燥进程含水率，调节挂面干燥烘房的温湿度及空气流速，从而实现挂面含水率与干燥环境条件的联动控制，最终在保证挂面产品质量的基础上，尽可能地降低单位能耗，提高企业的经济效益。

第三节　影响挂面干燥特性的因素

影响挂面干燥特性的内在因素为挂面的化学组成和物理结构；外部因素主要为烘房温度、相对湿度、风速和风向等。

一、挂面成分的理化性质

挂面的化学组成和物理结构对挂面干燥有着重要的影响，是研究挂面干燥特性的主要内容之一。

挂面的化学组成来源于生产挂面使用的原料和辅料，其中蛋白质（面筋）含量和质量对挂面干燥特性和品质的影响最为关键。一般认为适宜制作面条的面粉其蛋白质含量在12%~13%（田纪春等，1995）。蛋白质含量过低，面条在干燥过程中容易酥断，蛋白质含量过高，干燥后的面条表面粗糙，整齐度降低（林作楫等，1994）。黄东印等（1990）也发现，干面条的断裂强度与面粉中蛋白质含量呈极显著正相关，同时受面筋强度的显著影响。林作楫等（1994）研究表明，蛋白质含量过低、面筋强度过弱的面条韧性和弹性不足；在挂面干燥、包装和运输过程中容易酥断，且面条耐煮性差，极易浑汤、断条。蛋白质含量过高、面筋强度过强，则会引起面条表面粗糙、白度下降，干燥后面条容易出现弯曲现象，使面条整齐度下降。因此，面条蛋白质含量一般要求在12%~14%，湿面筋含量不低于26%，而且要保证湿面筋具有一定的弹性和延伸性。除了蛋白质以外，食盐也会对挂面的干燥产生影响，例如，添加食盐不仅能够强化面筋特性，同时也能够调节挂面的干燥速率，防止酥面的产生（沈群，2008；陆启玉，2007）。在面条中添加适量的盐（1%~4%），不仅有利于面筋网络的形成，还能起到强化面筋的作用，增加面条的韧性（王冠岳等，2008）。另外，盐还能够降低挂面干燥过程中表面水分的蒸发速度，促进挂面内部水分向表面迁移，在一定程度上能够防止干燥过程中出现酥面（沈群，2008；陆启玉，2007）。

面条的截面形状及尺寸也是影响挂面干燥效果的因素之一。挂面的截面形状一般分为方形、圆形或椭圆形，厚度通常在 0.6~1.4mm 之间，宽度最常见的有 1、1.5、2、3 和 6mm。圆形或正方形截面的面条在干燥时受热均匀，干燥收缩产生的应力呈对称分布，不容易发生变形；对于矩形截面的面条，在厚度不变的前提下，宽度越大，应力分布越易产生不均匀性，面条也越容易发生弯曲变形。从面条截面积的大小来分析，相同干燥条件下，面条截面积越大，干燥速率越慢（秦中庆，1999；沈群，2008）。除此之外，Waananen 等（1996）通过对不同的孔隙率、温度和压力条件下圆柱形面条的湿热传递过程进行分析发现，与孔隙率为 6% 的面条相比，面条孔隙率为 26% 时水分扩散系数明显地依赖蒸汽压，而在高密度面条（孔隙率较低）中，内部脱水过程认为应该是通过液态扩散机制传递。

二、环境因素

（一）环境温度

干燥温度是影响挂面干燥最重要的因素，是挂面水分蒸发的动力，能提高挂面自身热量，促进内部水分向表面转移（Inazu，1999）。适宜的干燥温度不仅能够促进面条水分蒸发、提高面条品质，而且能缩短干燥时间，降低生产成本（Fu，2008）。

经典传热传质理论表明，干燥温度越高，干燥速率越快。但干燥温度过高、干燥速率过快易导致产品出现质量问题（潘永康等，2007）。大量研究表明，面条干燥属于内部扩散控制过程，当干燥介质温度过高、干燥速率过快时，面条表面的水分迅速蒸发，面条表面和内部的水分梯度增大；同时，由于面条表面失水过多而结膜，且发生收缩，面条内部受压、外表紧绷，出现应力分布不均匀，易导致面条出现变形、酥条、裂纹等不良后果（陆启玉，2007；Inazu，2002；居然等，1996；

李韦谨等，2011；施润淋等，2005；檀革宝等，2011；项勇等，2000；张伟，1999；沈群，2008）。为此，学者们对如何避免面条干燥时产生变形、酥条、裂纹等进行了研究。Hills 等（1997）研究认为，面条在高温干燥时，应当保持较高的相对湿度，控制表面水分蒸发速率，降低面条内部的水分梯度，有效地防止干燥过快而引起的应力龟裂。

面条的主要成分是淀粉和蛋白质，干燥温度过高会导致蛋白质和淀粉变性，影响挂面的食用品质。20 世纪 70—80 年代，意大利学者在研究杜伦麦生产通心粉的高温干燥工艺时发现，70℃以上的高温干燥能够促使面条中的蛋白质凝集，有利于增强面筋的网络结构；面条表面的淀粉发生糊化，产品色泽更佳，煮面不易糊汤，烹调性能得到改善；同时起到一定的杀菌作用，有利于产品卫生（施润淋等，2005）。但国内学者研究认为，当温度超过 50℃时，蛋白质发生热变性作用而凝固，面筋品质变差，面条发脆，强度降低；煮后面条的硬度随干燥温度升高而逐渐增加，影响其食用品质（沈群，2008）。王春等（2010）研究表明，干燥温度为70℃时，面条的扭断力、拉伸力较强，弯曲度良好，但高温会对挂面的色泽、烹调损失产生不良影响。挂面在实际生产过程中，预干燥阶段温度通常不低于 20℃，主干燥区的温度一般为 35~50℃，完成干燥阶段温度不高于 35℃，烘房整体的温度近似正态分布。

（二）相对湿度

相对湿度是挂面干燥过程中的关键工艺参数之一，它直接体现了空气的吸湿能力，决定了挂面表面水分的蒸发快慢（Inazu 等，2002）。在相同温度条件下，干燥介质的相对湿度越低，其吸湿能力越强，挂面表面水分的蒸发速度就越快。另外，如果干燥介质的相对湿度大于挂面表面空气的相对湿度，则挂面吸水；反之，挂面继续脱水（陆启玉，2007）。

在实际生产中，调整干燥介质的相对湿度能够控制挂面内部水分向外扩散速度，防止干燥过快，影响干燥产品品质。徐秋水在《挂面生产技术》中指出，要防止酥面，必须防止湿面条表面结膜；而要防止表面结膜，必须在干燥前期保持较高的相对湿度，使湿挂面在一定的相对湿度下缓慢地蒸发，保持外扩散与内扩散的速度基本平衡，这就是"保湿烘干"的理论依据。这与日本和意大利在这方面的认识完全一致。我国《挂面生产工艺技术规程》（SB/T 10072—1992）中要求，预干燥阶段、主干燥阶段和完成干燥阶段的相对湿度应分别控制在 80%~85%、75%~80% 和 55%~65%。居然等（1996）认为，预干燥时的空气相对湿度一般控制在 80% 左右；主干燥阶段要遵循"保湿干燥"的机制，即在主干燥区保持较高的相对湿度（80% 左右）；完成干燥阶段的相对湿度不得超过 70%，防止酥面产生。李华伟等（2009）研究结果表明，预干燥阶段的相对湿度在（90±2）% 时，挂面干燥效果最佳。高飞（2010）研究表明，升温干燥阶段的适宜相对湿度为 95%，恒温干燥阶段和完成干燥阶段的适宜相对湿度分别为 75% 和 60%。

（三）环境风速

风速不仅影响挂面表面水分的蒸发速度，同时影响挂面烘房内部温湿度分布的均匀性。Asano（1981）在研究日本乌冬面干燥时发现，提高空气流速（达到3m/s）能够使面条表面的水蒸气层变薄，增大对流传质系数，提高干燥速率。但也有学者认为，空气流速不一定越快越好，风速过大非但不会提高干燥速率，反而会破坏烘房内部空气的温湿度均匀性，影响干燥品质，且浪费能源。Andriue 等（1986）在研究意大利面条干燥时发现，主干燥阶段的风速在 1~5m/s 时对面条的干燥速率没有影响；Yamamoto（1998）研究日本乌冬面的干燥过程认为，主干燥阶段的合理风速为 1m/s；Murase 等（1993）研究认为，初始干燥阶段的合理风速应控制在 2~3m/s；Tadao 等（2003）研究认为，面条在预干燥阶段与主干燥阶段的最佳风速分别为 2 和 1m/s，与前人研究结果一致。国内对挂面干燥风速的研究较少。居然（1996）认为，预干燥阶段的风速不宜过快，在 1.0m/s 左右为宜；主干燥阶段应加大风速，在 1.5m/s 左右；完成干燥阶段风速宜缓，在 0.8m/s 左右。这与我国挂面行业标准（SB/T 10072—1992）中的要求基本一致。而高飞等（2009）的研究结果表明，风速在 4 m/s 时挂面干燥效果较好。因此，不同干燥阶段对风速的要求也不一样。一般情况下，预干燥阶段为 1.0~1.2m/s，主干燥阶段为 1.5~1.8m/s，完成干燥阶段为 0.8~1.0m/s。

三、存在的问题

不同学者介绍的烘房干燥过程相对湿度控制范围的差异，可能与烘房结构、工艺设计和产品特性有关，也与研究设计的和理性和手段有关，但也说明生产上对此的认识和操作存在问题。空气流速对挂面干燥影响的研究较少，一方面是因为缺乏标准的烘房工作条件，可耐高温、高湿的在线仪器设备；另一方面对烘房内运动规律较为复杂的空气动力学缺乏有效的量化评价指标和系统的研究。

干燥是整个挂面生产线中耗时最多、技术性最强的工序。当前，挂面生产企业多采用中低温隧道式烘房进行挂面干燥，主干燥区段的最高温度约为 45℃，干燥时间 3.5~5h。生产企业对烘房温度和相对湿度的控制水平比较低，且易受气候条件的影响，一般是通过人工控制热量输入和排潮风机来调节。此种干燥和控制方式是造成企业生产效率低、产品质量不稳定、能量消耗不合理的主要原因。

根据挂面的干燥特性，挂面干燥工艺通常分为三个阶段，即预干燥阶段、主干燥阶段和完成干燥阶段，即挂面干燥的三段论。也有学者在此基础上提出四阶段或五阶段干燥的概念或方案。各阶段挂面干燥介质的湿热状态和动力学参数对挂面质量、产量和能耗具有重要的影响，特别是干燥介质的温度和相对湿度。挂面生产企业急需优化和改进挂面干燥工艺和设备，需要工艺优化和设备选型的科学依据或指导。因此，应研究干燥介质各因素之间的相互作用；在对挂面干燥特性研究及企业挂面干燥工艺调查分析的基础上，建立挂面干燥工艺模型；在实验室条件下，对干燥工艺模型进行模拟及优化，确定最佳挂面干燥工艺参数，可为稳定和提升企业挂面产量和质量、节能降耗，以及实现挂面干燥工艺标准化提供参考。然而，具有一定规模的工业化烘房内的干燥介质的流向、流速分布及其对温度和相对湿度的影响，尚未见研究报道。

第四节　影响挂面干燥和产品特性的工艺因素

挂面干燥主要包括传热和传质两个过程，并相继发生，先后控制着挂面的干燥速率。首先，热量通过热空气传递至面条表面，使面条表面的水分蒸发，此过程的速率取决于热空气的温度、相对湿度及空气流速等外部条件，也称为外部条件控制过程。其次，当面条表面没有充足的自由水分时，热量传至面条内部使面条升温，并在其内部形成温度梯度和水分梯度，热量从外部传入内部，水分在温度梯度的驱动下从面条内部向面条表面迁移，随后在面条表面发生蒸发，达到水分散失的目的。挂面内部水分的迁移是挂面理化特性、温度和含水率的函数，受外界环境条件影响较小，此过程也称为内部条件控制过程。挂面的实际干燥速率由上述两个过程中水分迁移速率较慢的过程所控制。

挂面干燥过程是挂面生产的关键工序，与产品质量、产量、生产成本密切相关。目前，生产上普遍使用中温组合热空气对流干燥工艺。由于对挂面干燥特性认识不足，对干燥工艺的关键控制点不明确，也缺乏相应工艺的监测和控制手段，使干燥工艺控制依赖烘房工作人员的经验，常会导致产品质量不稳定，造成生产损失或质量问题。另外，干燥工艺的不稳定还会导致干燥热能浪费，热能效率降低。王振华等（2014）通过对生产上挂面烘房的能耗分析发现，烘房的热效率为60%~70%，说明仍有大量热量被浪费。同时，随着挂面生产装备水平的提高，对更加合理的挂面干燥工艺也提出了新的需要。因此，有必要在遵从挂面干燥特性的基础上，以保障产量、提高质量、降低能耗为原则，验证和优化挂面干燥工艺。

一、挂面干燥工艺及过程控制

挂面的干燥效果受到和面工艺的影响，如挂面的初始含水率或和面加水量，以及和面过程中水分的结合状态，如真空度。挂面干燥过程水分的运动和变化会产生内部应力的变化，不恰当的生产工艺导致应力变化超过面条承受限度后，进而造成酥面、劈条。对于挂面干燥过程中水分运动规律认知的不足会导致挂面生产工艺设计缺乏依据，工艺参数的自动化调节无参考模型，挂面干燥节能降耗措施具有一定的盲目性。因此，系统研究和面工艺、干燥工艺对挂面干燥特性及产品特性的影响，并探究挂面干燥过程中水分分布规律，显得关键且迫切。

和面加水量、真空度、干燥温度是影响挂面干燥特性和产品特性的关键因素。挂面干燥工艺是面条非安全保存水分的脱除过程。当挂面的贮藏安全水分确定后，和面加水量越高，需脱除的水分就越多。挂面水分扩散与挂面内水分梯度有关，面团含水率越高，干燥速率越快。真空和面是一种新型和面方式，有助于提高湿面条的质量，而对其是否影响干燥过程，还不清楚。在挂面干燥阶段，影响挂面干燥效果的主要参数是温度、相对湿度和风速及风向。在实际生产中，相对湿度不易控制，主要靠调节干燥温度和风速控制干燥过程。干燥温度的高低直接影响挂面表面水分的蒸发和内部水分的运动。对挂面干燥过程的研究，如其干燥曲线、平均干燥速率等干燥特性，干燥后产品的色泽、抗弯强度等产品特性十分必要。但要从理论上认识劈条、酥面等问题发生的过程和机制，就要求我们在研究挂面干燥工序时，系统研究加工工艺对干燥过程水分状态的影响；同时，研究挂面干燥各个时段水分在挂面中的分布，以及干燥过程中水分的运动规律。

对于挂面干燥工艺的研究，多着眼于干燥阶段工艺对于干燥特性及产品特性的影响，未见涉及整个加工工艺对挂面干燥及产品特性的影响，也没有深入研究加工工艺对挂面干燥过程水分状态的影响。我国对于挂面干燥过程水分运动规律的研究多为理论描述或推论。国外对意大利面干燥的研究相对较多，但多利用煮后意面的干燥过程来模拟工业化意面的干燥过程。所采用的核磁设备价格昂贵，在含水率较低时信噪比较差。由前人的研究可知，核磁共振技术可以用于挂面干燥过程的研究，特别是利用核磁成像技术，可以展示挂面中的水分分布和运动规律。

二、影响挂面干燥和产品特性的工艺因素

（一）加水量对挂面干燥和产品特性的影响

加水量是影响和面效果的重要指标，也是影响挂面干燥和产品质量的重要技术参数（刘锐，2015）。加水量越高，干燥时需脱除的水就越多，且挂面水分扩散与挂面内水分梯度有关；加水量越高，干燥速率也越高。和面过程中，小麦粉与水作用形成面筋网络，进而形成面团。相比于面包面团，由于加水量较少，水对面条中面筋网络的形成影响较大（Fu，2008；Ye 等，2009），加水量显著影响面条的特性（Park 等，2002），与搅拌时间、加水温度、水质量相比，加水量对面团流变学特性和湿面筋网络的影响较大（艾宇薇，2013）。加水量过低，面团偏硬，压制的面片条纹不均匀；加水量过高则易粘辊（Ye 等，2009），不利于成型和切条（李韦谨等，2011；冯俊敏，2012）。加水量在 30%~50% 范围内，加水量升高，湿面筋含量升高，质量变好。加水量对面条感官质量的影响较大，特别是影响面条的硬度和弹性（张波等，2012）。加水量从 33% 增加至 37%，白盐面条的外观、硬度、弹性、光滑性、评价总分有显著提高（Solah 等，2007；Ye 等，2009；叶一力等，2010）。加水量对面制品色泽有重要影响（王培慧，2012）。加水量升高可促进面制品酶促褐变（王培慧，2012；牛猛，2014），随着加水量从 30% 增加到 35%，生面片的色泽 L^* 值降低，b^* 值增加（Solah 等，2007；Ye 等，2009）。加水量对面团蛋白质的二级结构有显著影响，随着加水量的增大，β- 折叠和无规则卷曲的含量先减小后增大，转角结构含量先增大后减小（Hatcher 等，1999；Ruan 等，1999；艾宇薇，2013）。在冷冻面团中，随着加水量的增加，面筋蛋白的二级结构中 β- 折叠和 α- 螺旋所占的比例增加，而 β- 转角的比例降低（王世新等，2017）。综上可知，加水量对干燥和产品特性影响很大，对挂面干燥和产品特性的研究应考虑加水量的影响。

（二）真空和面对面条产品特性的影响

真空和面是一种新型和面方式，有助于提高面条的质量，已被应用于挂面生产。真空度是否影响挂面的干燥过程，对挂面产品特性有什么影响，目前无明确

结论。真空和面使面粉充分吸水，促进水与非水成分的缔合，减少了水分流动性（李曼，2014；骆丽君等，2012）。Li 等（2014）研究表明，在鲜湿面中，真空和面使低筋面粉面条中自由巯基含量显著减少，高筋面粉面条的自由巯基含量有轻微减少。真空对面筋质量不同的小麦粉制得生鲜面品质特性的影响不同。真空可以增加软质小麦粉制作面条的煮后光泽（Solah 等，2007）。Li 等（2012）对新鲜面片的研究表明，真空显著提高 L^* 值，降低 b^* 值，原因可能是真空和面过程中系统氧气更少，阻止多酚物质和蛋白质的氧化，色泽变暗被阻止，赋予面团更好的色泽。刘锐等研究表明，真空和面对面团中谷蛋白大聚体有显著性影响，不同真空度对谷蛋白大聚体的影响不同。真空度对不同小麦粉的影响也不同，适宜真空度和面可以提高面团中蛋白质聚合度，且可减缓面条在冷藏过程中的质量劣变（刘锐等，2015）。真空和面在鲜湿面领域的应用表明，可以在较短时间内使面团胚粒粒径趋向均匀，促进面团中更多的游离巯基参与蛋白质的交联作用，使生鲜面结构更致密。真空和面使面条表面蛋白和淀粉分布更加均匀，内部结构更加致密，面筋扩展更均匀。真空度还可以降低面条中水分活度（Fu，2008；Li 等，2012；Li 等，2014）。真空和面鲜湿面的耐煮性好，蒸煮损失率较低。真空度对面筋质量好的面粉的质构参数影响不显著，对面筋质量差的面粉制作的生鲜面的影响显著（Li 等，2012；艾宇薇，2013）。综上所述，真空和面有助于改善鲜湿面的品质，促进水与面粉组分结合，可能会影响挂面干燥过程，进而影响挂面质量特性。

三、干燥温度对挂面干燥和产品特性的影响

在干燥阶段，影响挂面干燥的主要参数是温度、相对湿度和风速（De T J 等，2008；Villeneuve 等，2007；Ye 等，2009；武亮等，2015）。在实际生产中，相对湿度不易控制，而干燥温度则可调节。干燥温度的高低直接影响挂面表面水分的蒸发和内部水分的向外运动，且显著影响挂面干燥过程的脱水量（Inazu 等，1999），而脱水量与挂面中含水率成反比。干燥温度升高对意大利面条干燥过程中液体扩散率的影响大于对气体扩散率的影响（Waananen 等，1996）。干燥温度升高可促使蛋白质凝集，有利于蛋白质网络固定化，增强面条的韧性和强度，使面条更坚实，烹饪损失更低（Malcolmson 等，1993；Guler 等，2002）。Petito 等（2009）研究表明，干燥温度升高到 70℃ 对淀粉和蛋白质结构有温和的影响，淀粉在高温时形成更稳固更均匀的结晶结构，高温也会使蛋白质聚合。干燥温度对面条中损伤淀粉含量也有影响。干燥温度较高时淀粉水解酶活性降低，损伤淀粉含量较低，淀

粉重组形成更均匀的晶体结构。在高温干燥时面筋强度和蛋白质含量变得并不十分关键（Malcolmson 等，1993；Yue 等，1999；Guler 等，2002）。干燥温度也影响意大利面的烹煮性质和色泽（Temmerman 等，2007）。随着干燥温度的升高，挂面 L^* 值下降，色泽 b^* 值升高（王杰，2014），可能是美拉德反应造成的（Malcolmson 等，1993；De T J 等，2007）。合理的干燥温度可以促进水分蒸发，缩短干燥时间，提高挂面品质，降低生产成本。

综上可知，挂面加工工艺的和面加水量、干燥温度对挂面干燥特性和产品特性的影响较大。真空度对鲜面条产品特性有一定影响，对挂面干燥特性和产品特性的影响还不明确。因此，在研究挂面干燥工序时需考虑和面加水量、和面真空度、干燥温度三者对干燥特性及干燥后产品特性的影响。干燥是水分重新分布、迁移、散失的过程，要从理论上认识干燥过程和机制，应系统地研究加工工艺对干燥过程水分状态的影响；同时，研究挂面干燥各个时段水分在挂面中的分布，以及干燥过程中水分的运动规律。而低场核磁共振技术具有快速、无损、非侵入性的优点，可以获得食品中水分状态和分布信息。

通过对生产用隧道式烘房干燥介质参数和含水率监测，结合相关性分析、回归分析，分析干燥介质参数的变化规律及其对挂面干燥过程的影响，筛选影响挂面干燥过程的主要因素；根据生产过程调查和分析结果，通过控制干燥条件分析其对挂面干燥特性的影响规律，探讨挂面分段干燥的理论或技术依据，提出可行的挂面干燥工艺模型。在此基础上，设计挂面的干燥工艺参数模型，比较不同工艺模型的干燥效果，分析产品色泽、抗弯强度、烹煮特性以及煮后面条的质构特性，并对模型进行优化；最后，利用近红外光谱技术建立挂面干燥过程含水率监测模型，验证模型预测样品参数的准确率，可能为自动化和智能化烘房控制技术和干燥节能技术的开发提供依据。

第五节　面条干燥过程水分状态及迁移规律

目前，已有多项技术用于面条的含水率测定，例如蒸馏、干燥和 Karl Fisher 方法。但这些技术无法确定面条内的水分存在状态和分布。核磁共振技术（NMR）在测定水分含量时具有快速、无损、非侵入性的优点，其中，将恒定磁场强度低于 0.5T 核磁共振现象称为低场核磁共振。在低场核磁技术中，样品的弛豫过程有两种形式，自旋 - 晶格弛豫时间（T_1）和自旋 - 自旋弛豫时间（T_2）来形容磁化强度恢复到平衡状态的过程。弛豫时间与氢质子所在的物理化学状态有关。一般根据食品体系中水的 T_2 值将食品中的质子群分成三类：强结合水、弱结合水、自由水。通过分析样品的弛豫信息就可以获得样品的内部信息，而达到分析样品中目标组分（数分状态）的目的。

一、面条的水分状态及迁移规律

Diantom 等（2015）对含水率在 56% 左右的新鲜即食意面研究发现，采用自旋回波脉冲序列（CPMG）测定，可以检测出 C、D、E 三个峰，横向弛豫时间分别为：T_2C，1.5ms；T_2D，13.5ms；T_2E，39.6ms。所占比例分别为：A_2C，10%~11%；A_2D，11%~12%；A_2E，74%。其中 C 代表无定形区淀粉和蛋白质的刚性的—CH 质子；D 代表蛋白质的—CH 质子和被限制的水与蛋白质淀粉交换质子的质子；E 代表在形成的凝胶网络中与淀粉、蛋白质交换质子的流动水的质子。即食意面含水率增加至 59%，三个峰的弛豫时间下降，分别为 0.7~0.8、8、33.2ms。添加谷朊粉后对新鲜即食意面的水分状态影响较小。在 63d 的贮藏过程中，横向弛豫时间没有显著变化。在贮藏过程中所有样品的 T_2C、T_2D、A_2C、A_2D 均下降。T_2E 下降，A_2E 上升。含水率为 56% 的即食意面的 C、D 峰所占比例及 D、E 峰的横向弛豫时间的下降程度大于含水率为 59% 的即食意面和添加谷朊粉的即食意面，而 E 峰的峰比例增加程度高于 59% 的即食意面和添加谷朊粉的即食意面。贮藏过程中 T_2E 的减少和 A_2E 的增加表明无定形态的凝胶网络流动性的改变，但是 T_2E 和 A_2E 和硬度之间没有很好的相关性。研究表明高含水率和添加谷朊粉在宏观上可以软化即食意面结构，在分子水平上缓和水在淀粉和蛋白质间的重新分配。Carini 等（2009）研究表明，不同加工条件（挤压、压延、真空压延）的意面采用 CPMG 序列可测出两个峰，横向弛豫时间为 0.15、6ms，峰比例分别为 20%、80%。所有样品中均有一个 T_1 峰，挤压意面的 T_1 峰顶点时间为 66ms，压延意面为 54ms，真空压延意面为 60ms。加工条件对水分状态只有轻微的影响。挤压样品中有更均匀的微观结构。

李妍等（2015）利用低场核磁共振技术监测常温、4℃、−18℃贮藏条件下海带湿面样品弛豫特性的变化。研究表明面条中存在三个质子峰。根据 T_2 依次记为 M_{21}、M_{22}、M_{23}。其中，M_{21} 所占比例最大。贮藏过程中 M_{22}、M_{23} 有显著变化。与硬度、弹性、黏聚性、恢复性、拉断力、拉伸距离显著相关。Kojima 等（2001）利用低场核磁技术研究了日本面条在烹饪过程及煮后的水分分布及变化。面条煮后，其质构特性受含水率和面条内部水分分布的影响。肖东等（2016）研究表明，添加亲水多糖的鲜湿面在贮藏过程中 T_{21}、T_{22}、T_{23} 均出现上升趋势，空白组 T_2 均下降。表明亲水多糖能作用于淀粉及面筋蛋白表面极性基团所吸引的结合水、结构域中的不易流动水及大分子外的自由水，抑制淀粉回生。Lai 等（2004）和 Kojima 等（2004）对煮后面条的核磁成像图的分析可知，水分含量从边缘到中心不断下降。面条煮后水分含量随着烹煮时间的增加而增大，核磁图像更亮。水分渗透进入面条的速度随面条所用面粉的蛋白质含量增加而降低。核磁图像随着贮藏时间的增加，明亮区域的面积也增大。可以通过控制烹煮时间来控制面条中的水分状态。

研究表明，加工条件的变化会造成水分状态的变化，核磁共振成像技术可以应用于小尺寸的面条中。但核磁共振技术在面条研究领域的应用较少，现有的研究较少涉及低场核磁共振技术在挂面干燥过程中的应用。

二、挂面干燥过程的水分状态及迁移规律

对于挂面干燥过程中水分运动规律的研究，国内有学者（秦中庆，1995；陆启玉，2007；高亚军，2011；王振华等，2016）认为，挂面的主要成分是小麦淀粉，属于不良湿热导体，属于内部扩散控制型物料，内部水分向外扩散速率远比表面水分汽化速率小。其干燥速率取决于内部水分向外扩散的速率。适宜的工艺条件是以面条内部的水分向表面扩散的速度为基准，来调节面条表面水分蒸发的速度（秦中庆，1995；陆启玉，2007）。

国内关于挂面干燥过程中挂面内部水分运动规律的研究大多只是理论描述或推测，缺少具体的试验验证。相对而言，国外对于意大利面和乌冬面干燥过程水分运动规律的研究则较为深入。Sannino 等（2005）认为，在意大利千层面的干燥过程中，低水蒸气压时产生的玻璃状外壳会阻止面条芯部的水分扩散，造成面条的弯曲和断裂。Srikiatden 等（2007）归纳了食品中水分传递的可能机制，主要包含液态扩散、蒸发冷凝、毛细流、渗滤等。对于均匀介质中的水分传递过程，主要是通过分子的无规则扩散过程。Steglich 等（2014）通过核磁共振成像技术（NMI）确认了原料组成的不同会造成局部含水量和微观结构的不同。

Hills 等（1997）利用核磁技术研究了煮后意面（含水率68%）在干燥过程中含水率沿面团径向的分布。结果表明在干燥过程中表面区域的水分快速消失，意面沿径向收缩，表面区域形成了陡峭的水分梯度。在干燥初期水分扩散是高度不

符合菲克定律的；在后期，由于意面表层形成了干燥的壳，阻碍水分传输，这时候的水分扩散不遵循简单的菲克扩散。但 Hills 等（1997）的方法只能测定初始含水率在 68% 以上的意面。而工业生产意大利面时干燥的初始水分含量约 40%。Xing 等（2007）改进了该技术，用 500MHz NMR 仪器测量 50% 至约 10% 的水分含量，将传统方法测得的含水率与核磁测定的信号强度结合起来建立了标准曲线，来计算意面干燥过程中的径向各点的含水率。在利用核磁技术测定面条沿径向的含水率均会出现异常值。利用 Matlab 中的 Rlowess 函数消除异常值，获得意面干燥过程中含水率沿径向的分布曲线。水分含量低于 16.9% 时，核磁信号强度与水分含量曲线的斜率发生变化，表明面食样品中水分的状态或分布不同。可能是由于意面干燥过程中玻璃态转变引起的，或者是因为在低含水率的情况下，水分十分贴近意面中的大分子物质（Xing 等，2007）。Lai 等（2004）用磁共振成像技术研究白盐面条的横向弛豫时间（T_2）加权图像和 T_2 图像，从图像上可以清楚地看到面条之间的水分状态的差异。

前人对于意大利面等面制品在干燥过程中的水分运动规律的研究，对于研究挂面的干燥过程有很好的借鉴意义。通过低场核磁共振技术的 T_2 谱和核磁成像技术相结合，开展水分传递过程的研究，可以更准确地分析物料中的水分含量、存在状态和分布。

我国挂面的干燥机制分析大多是推测或理论借鉴得出来的，并没有经过过程验证，对于酥面、劈条等问题还无法从机制上进一步解释（陆启玉，2007；王振华等，2016）。在生产过程中，由于挂面干燥的机制并不明确，对挂面干燥过程中水分的运动和分布规律的认识和理解还不够深入，造成干燥阶段对温湿度的控制缺乏科学依据，大多数企业依靠经验判断（陈建国，2002），在工艺设计和控制方面仍然有较大的盲目性。因此，了解不同的工艺对挂面干燥特性和挂面质量的影响，分析挂面干燥过程水分状态，理解了水分在挂面干燥过程的分布和运动规律，才能更好地设计挂面生产工艺参数，优化挂面干燥工艺，提高挂面干燥工艺效能，保证产品质量。

因此，利用低场核磁共振技术和成像技术（NMR、NMI），进一步研究如何提高信噪比，准确测定挂面中的水分状态和水分分布变化规律；以挤压机获得的圆形小麦挂面为研究对象，解决水分扩散的均匀性问题，尝试解决干燥后期挂面信号和背景信号难以区分的问题，提出挂面干燥过程水分分布函数，可展现挂面干燥过程水分的运动规律。

第六节　挂面干燥过程的湿热传递机制研究

对于面条的研究,国内长期关注于面条的原料组成、加工工艺、感官质量等(杨铭铎等,2003;陈海峰等,2005;王霞等,2009;张波等,2012;刘锐等,2013;魏益民等,1998;李韦谨等,2011)。对干燥工艺的分析,由于无标准化的车间设计,生产企业多数以经验为主,并根据积累的经验调节工艺参数(夏青等,2010);实验室的研究也仅以有限组的试验来开展干燥工艺优化,而对面条干燥过程中水分传递机制和热量传递机制认识不足(高飞等,2009)。相比而言,国外对意大利面条和日本乌冬面的研究相对比较深入,如加工工艺对质量的影响(Lamacchia等,2010;West等,2013;De Z M等,2007;Anese等,1999)、湿热传递机制等(Waananen等,1996;Bruce等,1992;Inazu等,2001;Inazu等,2002)。

一、水分传递研究

(一)水分传递过程研究

Srikiatden等(2007)把食品干燥过程分为恒速段、第一降速段、第二降速段。恒速段主要受外界条件所控制,如空气温度与流速、物料暴露在空气中的面积等。多数物料的干燥过程属于降速段,甚至包括一些含水率较高的水果和蔬菜(Joykumar等,2012;Chirife,1971)。第一降速段主要受物料内部传递阻力影响。虽然水分的散失使物料产生了部分孔隙,但大部分物料结构仍被水分所占据,热量不容易向内扩散。在第二降速段,物料内部的水蒸气压力低于饱和蒸汽压,水分以气态形式传递,但由于物料温度与空气温度非常接近,温度梯度较小,蒸汽扩散动力不足。Srikiatden等(2002)总结大量文献认为,食品中的水分传递机制主要包含液态扩散、蒸发冷凝、毛细流、渗滤等。对于均匀介质中的水分传递,主要是通过分子的随意扩散,受物料温度的影响,扩散阻力来自分子间以及分子与介质之间的碰撞(Geankoplis,1993)。

Waananen等(1991)分析了致密面条(孔隙率约为6%)在高于水沸点温度下的干燥过程,认为容积流是面条干燥过程中水分传递的重要途径。Waananen等(1996)还分析了不同孔隙率意大利面条在不同温度和压力条件下的湿热传递过程,发现在55℃、71kPa条件下,多孔的面条中通过蒸汽扩散的水分占34%,说明面条内部的水分传递存在蒸汽扩散形式。而致密面条的水分扩散系数受环境总压影响较小，最好采用液态扩散或吸附扩散来描述其内部水分传递过程。Mercier 等（2014）则考虑液态水和水蒸气传递，建立了描述意大利面条干燥过程中内部水分分布的数学模型。模拟结果表明，约88%的水分以液体形式传递，且水蒸气通量的24%是通过对流方式传递的，体现了水蒸气对流传递的重要性。Fessas 等（2001）采用热重分析法对面团进行研究，根据水分蒸发速率的变化，认为面团中水分的脱除有两个主要步骤，第一步只是扩散过程，第二步是与面筋网络紧密结合的水分的解吸过程。王振华等（2015）通过低场核磁共振分析技术测定了挂面干燥过程中的水分结合状态，发现横向弛豫时间为 T_{22} 的弱结合水所占比例最大，达到80%以上，且 T_{22} 随干燥时间逐渐减小，即剩余水分与挂面的结合能力越来越强，水分传递阻力变大。部分面条还出现了横向弛豫时间更大的 T_{23} 峰，表明面条干燥过程中可能存在水蒸气传递现象。另外，国内外研究人员还分析了外部风速对面条干燥过程的影响。TadaoInazu 等（2003）通过试验证明，乌冬面的预干燥段、主干燥段的建议风速分别为 2 和 1m/s，高于此风速值对提高干燥速率没有显著影响。Andrieu 等（1986）也证明风速在 1~5m/s 时，对面条的干燥速率没有显著影响。武亮等（2015）测定了某企业 60m（5 排）隧道式烘房四个区的风速，平均风速均低于 1m/s，且挂面均可在干燥 4h 后达到安全水分。因此，过高的风速未必能提高挂面的干燥速率，反而会浪费能源，甚至会造成烘房内干燥介质的流出，降低烘房热效率。

（二）水分状态及分布研究

最常用的分析物料干燥动力学的方法，是通过测定物料在干燥过程中的重量变化，绘制干燥曲线和干燥速率曲线。但单纯依靠含水率，不能准确了解物料干燥过程中水分的空间分布和变化，更不能深入分析水分传递机制，以及水分迁移不均匀而导致的收缩变形、表面硬化等质量问题。因此，物料内部水分分布的测定，对于分析干燥过程中的水分传递具有重要意义。很多研究人员采用了不同的技术手段对物料干燥过程中的水分传递进行研究。常见的水分分布测定方法有低场核磁共振法（LF-NMR）（Hills 等，1997；Xing 等，2007）、近红外光谱法（NIRS）（He 等，2013）、X 射线法（郝晓峰等，2014）等。

目前，最有效、应用最多的技术手段是将低场核磁共振技术的 T_2 谱和核磁成像技术相结合，分析物料中的水分结合状态和水分分布。与其他测量方法相比较，LF-NMR 技术在分析物料的水分时具有较大的优势，如迅速、准确，不需要侵入样品内部、对样品不产生污染和破坏，一般不受样品状态、形状和大小的限制，能够实时在线测量样品在时间和空间上的水分信号信息等（陈卫江等，2006）。

林向阳等（2006）通过 NMR 研究面团 T_2 值与发酵时间发现，酵母添加量和发酵时间对面团的 T_{21} 和 T_{22} 影响不大，对 T_{23} 影响则相对较大，说明酵母添加量和发酵时间对面团中自由水的影响要大于对结合水的影响。酵母添加量越多，面团的 T_{23} 越大。MRI 试验进一步表明，0.5% 和 1.0% 酵母的面团发酵过程产气速度比较平稳，整个过程面团的质子气泡区域的分布比较均匀，更适合用来加工馒头面团。林向阳等（2005）利用 MRI 技术研究冷冻馒头在微波蒸碗不加水和加水两种方式下的复热过程中水分的迁移变化，发现微波蒸碗加水复热对馒头的水分有一定的补偿效果，并指出采用加水高功率复热是比较理想的复热方式，既节能，又能保证馒头的品质。孙丙虎（2012）采用核磁共振技术研究发现，干燥方法对木材横向弛豫特性的影响，不仅与木材的含水率有关，还与木材样品不同的位置有关，且吸着水的横向弛豫时间变化出现在干燥过程的各阶段，且其迁移更有规律。陈卫江（2007）利用核磁共振及其成像技术研究淀粉回生机制，分析了不同淀粉在加工和贮藏过程中核磁共振弛豫参数的变化特性，解释不同组分对淀粉加工的影响，并探讨了不同淀粉的回生机制，及常用添加剂对淀粉回生的影响。陈书攀等（2014）研究表明，添加菊粉提高了面条中结合水和半结合水的水分自由度，抑制了自由水的自由度。干燥过程中的水分自由度下降，且菊粉添加后会抑制失水。可见，菊粉提高面条内部水分的均匀性，是由于菊粉的亲水性而起到的保水作用，而不是均匀化面条中水分的作用。薛雅萌等（2014）采用低场核磁共振法研究水温和加水量对热烫面团中的水分分布和水分迁移特性的影响，并对其微观结构进行扫描电镜分析。结果表明：随着加水量的增加，热烫面团结合水和表面自由水的含量下降，吸附水分含量增加；随着水温的升高，热烫面团结合水含量先升高后降低，吸附水和表面自由水的含量先降低后升高；超微结构图显示水温对面团微观结构影响较大，淀粉出现糊化现象，使得面团更加均匀细腻；加水量的增加使得淀粉颗粒与面筋结构更多地粘连在一起，结合程度增强，空隙也随之变小。林向阳等（2006）采用核磁共振及其成像技术研究了面团的形成过程，采用多成分模型分析质子弛豫曲线，将面团中的水分划分为三部分，分别为 T_{21}、T_{22} 和 T_{23}。随着和面时间的延长，面团的 T_2 值和质子信号幅度发生相应的变化。研究发现，面团的 NMR 弛豫参数的变化规律，以及面团形成过程所体现的核磁共振图像（MRI）对指导和评价工业化面团形成所需要的最佳搅拌时间具有重要意义，并证实了不同筋度、不同含水率的面团均具有不同的最佳搅拌时间，通过试验获得了低筋粉的最佳和面时间。Nobuaki 等（2001）将新鲜面团和冷冻面团制作的面包浸入含重金属离子 Fe^{3+} 的溶液，通过核磁共振技术来测定面包中的溶剂信号和图谱，根据图谱的分布信息可以反映出面包的内部结构变化和分布，还可以获得面包的孔径参数。Lodi 等（2007）通过核磁成像技术分析了添加大豆粉面包的水分分布状态，认为大豆粉含大量油脂，添加到面粉中后，可以阻碍面包在贮藏过程中的水分迁移，提高水分分布的均匀性，使含大豆成分面包的水质子均匀分布，贮藏过程中水分迁移较弱。Hills 等（1997）通过 MRI 技术分析意大利面条的干燥过程发现，面条表面的高水分梯度造成了面条的表面硬化。Xing 等（2007）用干氮气对面条进行连续干燥和间歇干燥，采用低场核磁共振技术测定其水分分布状态，发现连续干燥条件下面条的高水分梯度引起了面条机械性能的较大差异，造成应力过度集中而产生破裂，客观地解释了面条劈条的原因。Thomas 等（2014）也通过 MRI 技术分析了原料组成对内部水分传递和面条微观结构等的影响，发现纤维颗粒（明视场照片不可见，偏振光照片可见）存在于所有面条中，且大纤维颗粒比小纤维颗粒更能紧密地结合水分子，限制水分子的迁移。但采用低场核磁共振技术观察挂面这类小型、致密的物料时，对分辨率有一定要求，分辨率太低会造成图像不清晰，且干燥后期挂面含水率较小，检测到的信号强度相对较弱，成像效果受到影响，这也是该方法在挂面水分成像方面的局限之处。

对食品中水分结合状态的研究，众多文献也有不同的观点和发现。樊海涛等（2012）研究乳化剂对冷冻面团水分状态和玻璃化转变温度的影响认为，NMR 测定的 T_2 谱主要有三个峰，分别代表结合水、自由水和油脂。林向阳等（2008）利用核磁共振技术研究添加剂对面团持水性的影响认为，面团中存在两个峰，分别是 T_{21}、T_{22}，分别表示深层结合水和半结合水，T_{21} 为 1.05~2.63ms，T_{22} 为 9.71~10.48ms。但他采用多成分模型分析质子弛豫曲线，发现面团存在三种水分，分别为 T_{21}、T_{22} 和 T_{23}。陈书攀等（2014）将菊粉添加到面条中，并采用核磁共振设备检测面条在干燥过程中的水分结合状态，发现了三种结合状态的水分，分别称为结合水，半结合水和自由水。祝树森（2012）研究胡萝卜干燥过程中的水分状态及其分布，认为胡萝卜干燥过程中存在三种水分，分别是结合水、半结合水和自由水。Hills 等（1999）也对胡萝卜干燥过程中的水分进行了测定，并发现了三种水分，但作者未对不同水分进行命名，而只是以第一种水分、第二种水分和第三种水分对水分进行简单的区分。Mao 等（2016）对污泥的干燥过程进行核磁共振分析，发现了三种水分，分别称为结合水（bound water）、机械结合水（mechanical bound water）和自由水（free water）。吴酉芝等（2012）研究添加剂对冷冻面团持水性的影响，认为面团中不存在完全自由的水分，主要是深层结合水（deep bound water）和半结合水。Leung 等（1979）在 1976 年利用核磁共振技术测定小麦面团中水分横向弛豫时间发现，面团中的水分可分为两种，一种是长弛豫的 T_2 所对应的易移动水（more mobile fraction），另一种是短弛豫的 T_2 所对应的不易移动水（less mobile fraction）。Chen 等（1997）采用核磁共振技术检测面包贮藏过程中水分的横向弛豫时间，发现了三种状态的水分，弛豫时间分别集中在 $10\mu s$、$280\mu s$ 和 $2.5ms$，但未对其进行命名，只是以 T_{2s} 对不同状态的水分进行了分析。根据上述文献的结果，认为采用强结合水、弱结合水和自由水，来描述挂面干燥过程中三种不同状态的水分更贴切，这种表示方法既在一定程度上反映了水分与物料的结合方式，又体现了水分与物料结合的紧密程度。

对于物料与水分结合状态的相互关系，也有很多研究人员进行了相关的研究。有研究团队认为，面团中水分主要与蛋白质结合，烘焙时水分从蛋白转移向淀粉（Umbach 等，1992）。也有研究团队认为，水分更多地与淀粉结合，这样将会有更多的氢原子与淀粉结合。该团队还指出，46% 的水分与淀粉结合，31% 与蛋白质结合，23% 与戊聚糖结合（Bushuk，1966）。Ruan 等（1999）认为，在某个特定的水分条件下，面粉的各个水分结合位点正好全部水合。当再添加水分时，水分将附着于第二层或第三层，且弛豫时间变长。Doona 等（2007）认为水分含量不会影响水分分布，但会影响每种状态水分的峰位置和比例。随着水分含量增大，易移动水分的比例增多，而不易移动水分的比例下降。Derde 等（2014）、Bosmans 等（2012）和 Hemdane 等（2017）对面包中的水分进行核磁共振分析，均发现了三个质子峰，分别用 C、D、E 表示，其中，C 代表了与水相互作用的无定形淀粉结晶及与面筋网络弱结合的质子，D 质子代表了晶体内部空间中与淀粉羟基结合的质子，E 质子可能代表晶体空间外部与淀粉羟基结合及与面筋网络周围质子相结合的水质子。Li 等（1996）研究发现面筋与水分的结合能力比淀粉高，Umbach（1992）等也通过试验发现，当将谷朊粉添加到淀粉 / 水体系中后，随着谷朊粉添加量的增加，水分的自扩散效应降低，说明面筋结合或者限制水分的能力比淀粉强。Wang 等（2004）研究了水分和面筋含量对白面包水分移动性的影响，认为不同谷朊粉含量对 T_2 峰没有显著影响，但水分含量对其有显著影响。淀粉和谷朊粉的混合凝胶比纯淀粉凝胶具有较高的 T_2 值，表明淀粉颗粒的膨胀性能减弱，对水分的吸附能力也降低，这可以归因于谷朊粉加入后，淀粉所吸附的水分减少。加热过程中，水分出现了重新分布，水从面筋转移到了淀粉。Leung 等（1983）研究发现不同小麦品种的面粉制得的面团，具有相似的 T_2 值，即对不同类型的小麦面粉的面团,水分移动性和大分子构造都能较好地反映这些样品的特征。

综上,对于挂面,其组织结构致密、孔隙率低、导热系数小,水分传递阻力大,内部水分传递是干燥速率的主要限制因素,其干燥过程属于降速干燥段,干燥过快将导致内外水分梯度过大,造成表面硬化,影响水分的进一步传递。液态扩散是重要的水分传递途径,但在干燥后期,挂面内部的含水率减小,水分饱和度降低,内部水分的蒸发产生孔隙,水蒸气扩散将对水分传递起到较大的作用(Berger 等,1973;Whitaker,1977;Philip 等,1957),但面条体积较小、内外温差偏小,蒸汽扩散动力也较小。通过采用低场核磁共振分析技术和核磁成像技术,可以更精确地了解挂面干燥过程中的水分结合状态和水分分布,分析干燥过程中的水分迁移现象,更好地理解干燥过程水分的状态和变化,为干燥工艺优化提供技术支持。

二、热量传递研究

单独针对面条热量传递的研究文献相对较少,主要是由于水分传递受到热量传递的影响,多数文献同时考虑水分和热量传递来分析干燥过程,以获得更准确的结论。

Waananen 等(1996)将热电偶埋入面条,在线测定面条干燥过程中其中心温度的变化,试验结果表明,当干燥温度为 40~105℃时,面条中心温度可在 10min 内达到低于环境温度 3℃,可认为面条干燥过程为等温过程。Andrieu 等(1986)也发现了类似的规律。Yong 等(2002)研究了不同的加热方式对面团热传递的影响,认为热传导是加热初期主要的热传递途径,干燥后期对流和辐射的作用逐渐增加,但整个加工过程中热传导的作用最大。

面条可以看作各向同性的均质材料,热传导是其内部热量传递的主要途径。干燥过程中水分传递与热量传递是同时进行、相互影响的(Yong 等,2002;Mortimer 等,1980),所以分析干燥过程时应同时考虑热量和水分传递过程。面条中是否存在水蒸气传递,很难通过试验进行证明,已有文献仅是假设存在水蒸气传递现象,并没有试验验证过程,故由水蒸气传递所引起的热传递现象更难解释。因此,热量传递过程分析应将数值分析与试验结果相结合。假设热传递受水蒸气传递过程的影响,若考虑水蒸气传递的模拟结果与试验结果非常吻合,即可间接说明面条干燥过程中存在水蒸气传递所引起的热传递。

三、湿热传递模型研究

如何标记挂面内部水分的存在状态及迁移途径，是当前研究水分迁移的主要限制因素，而低场核磁共振分析技术已在试验测定方面给挂面内部水分的时间和空间分布提供了有力的支持，但限于挂面内部水分低的不利因素，信号噪声较大，质子密度成像效果不太理想。因此，在试验技术受限制的情况下，可根据湿热传递机制，建立能够准确描述挂面干燥过程的湿热传递数学模型。然后，确定与试验结果吻合最好的模型，运用该模型模拟面条的干燥过程，直观地观察挂面干燥过程中的含水率和温度变化，快速优化干燥工艺，降低生产能耗，提高产品质量（Veladat 等，2012）。

虽然研究人员对干燥过程中水分传递的机制还没有达成共识，但基于水分扩散传递的数学模型已经被广泛应用于食品的降速干燥过程分析，如面条（Bruce 等，1992；De T J 等，2007；Migliori 等，2005）、土豆（Cafieri 等，2008）、小麦（Ghosh 等，2008）等，并应用扩散模型进行了大量的研究。挂面干燥过程的水分传递模型也多数是基于菲克第二定律建立的，并依赖挂面的有效水分扩散系数。菲克第二定律（Fick's Second Law）也是目前最常用的基于水分扩散系数描述水分传递过程的方程如式（1-1）所示。

$$\frac{\partial C}{\partial t} = \frac{\partial}{\partial x}\left(D\frac{\partial C}{\partial x}\right) \tag{1-1}$$

其中，有效水分扩散系数是依赖含水率、温度、物料特性等因素的函数（Bruce 等，1992；Inazu 等，1999；Xiong 等，1992）。有效水分扩散系数的测定方法很多，如干燥曲线法、吸附动力学法、核磁共振分析法、渗透法等（Srikiatden，等，2007）。Saravacos 等（2002）总结了 1975—2001 年的 1700 多组不同物料的水分扩散系数，足可以看出有效水分扩散系数在干燥模型中的应用非常广泛。虽然扩散模型的形式比较简单，但在定义水分扩散系数关系式时，如果能够同时考虑液态扩散和蒸汽扩散，也可提高模型的准确性。Waananen 等（1996）认为 D_{eff} 与 $1/P$ 呈一定比例，并利用 C_1 和 C_2 表示液态水和蒸汽对水分传递的权重，C_1 和 C_2 均是温度和含水率的函数，提高了水分扩散系数的实用性。

$$D_{eff} \approx \frac{C_2}{P} + C_1 \tag{1-2}$$

Villeneuve 等（2007）采用 Arrhenius 方程描述有效水分扩散系数，但有效水分扩散系数只考虑了温度和相对湿度，未考虑含水率的影响。在 40~80℃范围内，有效水分扩散系数的模拟结果与试验结果吻合较好。Waananen 等（1996）建立了意大利面条的水分扩散系数模型，发现在低含水率时模拟值高于试验值，这可能是由于干燥后期含水率较低，水蒸气与液态水不再平衡，水分与物料的结合能较高，水蒸气的解吸受到限制。Veladat 等（2013）在建立面条湿热传递方程时忽略水蒸气传递、物料收缩等，将水分扩散系数定义为空气温度的函数，采用平均含水率验证，试验结果与模拟结果吻合较好。Migliori 等（2005）通过假设物性参数为温度和含水率的函数，并认为收缩形变与含水率呈线性关系，建立了中空意大利面及其周围空气的湿热耦合传递模型，模型能够较好地模拟面条干燥过程中含水率的变化，并可计算任何一个小区域的收缩情况。国内对挂面干燥过程模型的研究较少，王杰等（2014）、武亮等（2015）根据隧道式烘房的温度和相对湿度数据，分别建立了挂面含水率、干燥脱水量随时间变化的模型。但这些模型均是经验模型，不能分析温度和相对湿度等因素对干燥过程的影响，限制了其推广应用。罗忠民（1999）根据烘房内挂面的含水率变化，分析了挂面的脱水规律，但仅是依据实际经验进行的定性分析。

关于面条热量传递的研究，多数是基于热传导机制建立数学模型。De T J 等（2007）通过试验证明挤压面条干燥过程中热量传递速度大于水分传递速度，采用湿热耦合模型和等温菲克定律质传递模型所得到的干燥曲线吻合较好，其差异可以通过调整扩散系数来抵消，认为可以采用空气温度代替面条温度进行水分传递分析。Veladat 等（2013）假设热空气传递的热量仅用于面条温度的升高和表面水分的蒸发，建立了意大利面条的湿热传递数学模型，传热方程只考虑热传导，忽略内部产热和热辐射，模型模拟结果与试验结果吻合较好，但仅采用了平均含水率验证模型，未采用温度验证。Thorvaldsson 等（1999）建立传热方程时，考虑了内部导热、蒸发潜热以及烘箱内热辐射的影响，热传递系数由辐射项和对流项组成。在干燥前期，模拟结果与试验结果较吻合，但含水率较低时误差较大。

准确的湿热传递模型应以准确的湿热传递机制为基础，同时需要准确的模型参数，如有效水分扩散系数、导热系数、比热容、孔隙率等参数。另外，湿热传递过程也受挂面本身结构的影响，如挂面干燥过程的收缩形变，尤其是表面过快干燥所导致的表面硬化现象，会阻碍水分向外传递。因此，建立模型时应考虑收缩形变效应，不能总是将挂面假设为刚性体（王振华等，2016）。

第七节　挂面干燥节能技术

干燥过程是挂面制造能源消耗的主要环节之一。不合理的能源消耗，直接影响企业的生产效益，还与环境排放、大气污染有关，甚至关乎企业的生存。

一、挂面干燥能耗分析与节能技术

王振华等（2014）通过对生产企业挂面烘房的热能利用效率分析发现，烘房的热效率为60%~70%。可见，挂面烘房仍有大量热能被浪费。当前，我国挂面消费市场逐渐趋于饱和，企业生产规模扩张受限；另外，随着国家能源消费政策的不断调整，选用哪种热能供应方式、如何加强企业内部管理、从工艺设计和管理两个方面降低单位能耗，已成为挂面生产企业可持续发展面临的重大议题。

对于挂面干燥生产节能技术及措施，已有很多学者进行了有益尝试，并应用于实践，包括改造更新生产设备，改进烘房结构和烘干工艺，加强干燥过程监测，合理控制排潮以及利用智能控制手段，开发绿色能源等。如将热风、蒸汽供热烘干改为循环热水、导热油等，这样不仅可以降低能耗，同时有利于烘房内温湿度的稳定（魏巍等，2012）。钟世友等（2012）通过对热水循环供热和蒸汽烘干的干燥效率比较分析发现，热水循环供热较蒸汽烘干可节约50%的煤耗，而且供热更加稳定。此外，也有学者对远红外线（电热管远红外加热器或导热管外涂装红外辐射涂料）干燥挂面做了介绍（顾伯勤，1983）。采用远红外干燥挂面，干燥时间大大缩短，产品表面平整，含菌率仅为热风干燥的3/1000~1/10000，保质期大大延长（程晓燕等，2003）。烘房结构也是影响挂面干燥热能利用率的一个重要原因，对烘房结构的改进主要集中在添加夹层墙、地暖、复合材料做顶板等方面，并已经在实际生产中得到了应用（顾伯勤，1994；魏巍等，2012）。王振华等（2014）通过对两种隧道式烘房热能利用效率比较分析表明，新式烘房（2排130m隧道式）较老式烘房（5排60m隧道式）热效率提高10%。加强烘房干燥过程的监测和调节也是提高能源利用率的有效手段。王杰等（2014）采用179A-TH智能温湿记录仪对烘房内温度和相对湿度进行监测，同时测定了干燥过程中挂面的含水率；在此基础上确定了工艺参数及其关键控制点。近年来，随着挂面生产相关装备水平的不断提升，也有学者利用集成式中央控制对挂面干燥过程进行控制，在生产中也有应用。丛冬菊（1994）将微机自动控制应用于挂面烘房,使正品率由73%升高到89%,极大地降低了能耗和生产成本。李友萍(1996)设计了可对烘房任意干燥区温湿度进行巡回监测的挂面烘房温湿度计算机控制系统,并应用于企业生产。结果表明,产品的正品率显著提高,单位能耗大大降低。2014年,中国食品和包装机械有限公司设计了基于可编辑逻辑控制器(PLC)智能仪表及多种协议的现场总线网络通信的挂面干燥系统,运行过程稳定可靠,干燥室内温湿度符合控制要求,操作简单(鲁军生等,2014)。

空气是挂面干燥传质传热的载体,烘房内外空气流动对热能利用效率及产品质量有重要影响。空气流动过快,排潮量大,热损失大,同时排潮量的增加也会使烘房内相对湿度降低,挂面干燥加快,产品质量不易控制;空气流动过慢,挂面干燥变慢,生产效率变低。同时,较慢的空气流动会使得饱和的湿空气在烘房内结露,烘房环境卫生难以保持。陆启玉(2014)认为,挂面升温及水分蒸发能耗仅占干燥总能耗的46%,排潮能耗占总能耗的20%。王振华等(2014)对烘房能效进行测定认为,排潮温度过高(46℃)是热量损失的一个重要原因。高亚军等(2011)对60m隧道式烘房排潮系统进行了改进,将排潮系统排出的气体经空调加热和除潮处理后,通过补气系统再次进入烘房,同时将Ⅲ区和Ⅰ区、Ⅳ区和Ⅱ区、Ⅴ区和Ⅱ区利用管道相连接,使得烘房内温湿度更加均衡,降低直接补充外界冷空气所造成的影响,同时对排潮气体进行了二次利用,降低了完全加热外界冷空气所需的大量能源,提高了节能效果。

二、挂面干燥节能技术面临的问题

挂面干燥节能涉及环节众多,是一项系统性工程。学者围绕挂面干燥提出了诸多建议,并应用于实际生产,且取得了一定的节能效果。但是依然还有很多问题,需要认真考虑和深入研究。

(1)对导致烘房热能损失的设计缺陷、工艺管理和理论认识的不足等问题缺少深入调查和系统分析。

(2)已有的改进措施对非标烘房的针对性有限,也缺少投资效益和能耗效率的对比分析或评估。

(3)已有的研究多是从干燥节能的某一方面考虑和改进,对研究过程的系统性、结果的可操作性,以及效果的显著性重视不够。

(4)对烘房内空气流量和排潮空气利用研究不足,排潮气体的管网设计应依据需要，开展认真地研究。

（5）未来挂面干燥应从挂面生产企业的实际出发，兼顾产品质量、能效，注重前后生产的衔接，选取合适的干燥工艺，注重供热网络设计、选择散热性好的热交换器；同时，注重隔热保温、排潮余热利用，注重现场管理（保证设备的高效稳定运行），还应减少动力设备能耗和生产消耗，以减少干燥过程总能耗。

第八节　检测监测技术在挂面干燥过程中的应用

一、近红外光谱分析技术

（一）近红外光谱分析技术原理

近红外光（NIR，750~2500nm）是指波长介于可见区和中红外之间的电磁波，其波长范围为 $0.8~2.5\,\mu m$，波数范围为 $12500~4000cm^{-1}$。近红外光谱分析技术是20世纪80年代后期发展起来的一项快速检测技术（Blanco 等，2002）。近红外光谱分析是指利用近红外谱区包含的物质信息，主要用于有机物质定性和定量分析的一种分析技术。近红外光谱分析技术兼备了可见区光谱分析信号容易获取与红外区光谱分析信息量丰富两方面的特点，加上该谱区具有自身谱带重叠、吸收强度较低、需要依靠化学计量学方法提取信息等特点，使得近红外分析技术成为一类新型的分析技术（严衍禄，2005）。近红外光谱吸收主要是由分子的 O—H、N—H、C—H、S—H 键的振动吸收引起的，是这些振动的组频或倍频吸收带，近红外样品测试成分必须含有 O—H、N—H、C—H 或 S—H 键。由于这些基团产生的光谱在吸收峰位置和强度上有所不同，根据朗伯比尔定律，随着样品成分组成和结构的变化其光谱特征也将发生变化，从而可以实现复杂物质的定性鉴别和定量分析（王玮等，2008）。

（二）近红外光谱分析技术在食品加工过程中的应用

与传统化学分析方法相比，近红外技术具有无前处理、无污染、无破坏性、重现性好、检测速度快等优点，现已广泛应用于农业、食品、医学等领域（李光辉，2012）。目前，近红外分析技术已经可以对粮油制品成分（蛋白质、脂肪、灰分、含水率等）进行准确的测定，并在实际生产过程中得到广泛应用（闫龙等，2008；王晶，2013；后其军等，2015；张玉荣等，2010）。对于小麦和小麦粉的水分、灰分含量等已有相应的国家标准[《粮油检验 小麦水分含量测定 近红外法》（GB/T 24898—2010）、《粮油检验 小麦灰分含量测定 近红外法》（GB/T 24872—2010）]。王玮等（2008）通过比较不同研究人员的研究结果认为，近红外分析技术可以通过测定淀粉结晶网络结构中的氢键变化来测定面包老化。魏立立等（2010）研究认为，利用近红外技术可以很好的预测挂面的水分、蛋白质含量等。

过程分析技术在优化生产工艺、稳定产品质量、降低劳动成本、提高经济效益等方面起到越来越重要的作用。近年来随着仪器设备的普及以及化学计量学的发展，利用近红外技术进行过程分析得到了快速发展，在线近红外技术已经应用到许多领域，并取得了显著地经济和社会效益，如药物粉末混合过程监测（Sekulic 等，1996）、化学反应过程监测（George 等，1998）、微生物发酵过程监测（Tamburini 等，2003）、汽油自动调和（马忠惠等，2006）等。将近红外在线技术用于中药制剂的生产，减少了溶剂的使用和能耗，提高有效成分的得率，大大缩短了生产周期，降低了产品的生产成本（蒲登鑫等，2003；覃炳达，2011；李洋等，2014）。将近红外在线技术用于工业醋酸的在线实时监测，在线分析生产过程中各组分含量的实时变化，较好地解决了醋酸生产安全、过程稳定的关键技术难题。也有学者将在线近红外技术应用于农产品的加工。王乐等（2015）将近红外技术与可编辑逻辑控制器（PLC）控制系统对接，应用于豆粕的工业生产，稳定了产品质量，降低了生产能耗。Adamopoulos 等（2001）通过监测羊乳酪生产过程 6 个关键点的含水率、脂肪及蛋白质，实现了干酪品质的在线监测。

目前也有学者对近红外分析技术在面粉生产过程质量控制应用进行了相关研究，以期实现近红外技术在原粮验收、小麦搭配、控制润麦效果、制粉生产过程控制、工艺测定和诊断，以及生产绩效考核等方面的应用（蒋衍恩，2010）。Reyns 等在联合收割机上安装传感器对谷物蛋白质和含水率进行在线检测（Maertens 等，2004）。也有学者将在线近红外技术用于谷物收储和贮藏粮食的质量监测。将近红外分析仪安装在小麦输送带上可以实时测量水分、蛋白质、灰分、面筋等指标，不仅可以实现按质论价，还保证收购的小麦能够按质存放和分级贮藏；在粮仓内部安装 NIR 光谱仪，则可实时监测小麦品质变化，防止品质劣变（褚小立等，2004）。目前在线 NIR 光谱仪的使用多集中于生产线上的单点控制，包括不同成分原料的混合和复配，对受多种因素影响的挂面生产过程还未见详细报道。

挂面干燥过程控制主要是通过调节干燥介质的温度、相对湿度和风速，对此已积累了大量的研究资料。但是，烘干过程不论干燥介质参数（温度、相对湿度及风速）如何变化，最终反映在挂面的干燥脱水量或含水率。因此，根据脱水量大小和快慢控制产品质量和调节干燥过程，可能是较好的方法。对于干燥过程挂面含水率的测定，目前主要是通过测定面条电导率或凭烘房工作人员的经验判断，其准确性及自动程度难以满足实际生产的需要。因此，可在线监测挂面干燥过程含水率变化，与烘房供热和排潮系统联动的，特别是能够适应烘房高湿高热环境的NIR设备，还在期待之中。

二、低场核磁共振技术在面制品领域的应用

（一）核磁共振技术简介

核磁共振（NMR）指具有固定磁矩的原子核在磁场中受到磁化，自旋角动量发生进动；当外加能量（射频场）与原子核震动频率相同时，原子核吸收能量发生能级跃迁，产生共振吸收信号。应用较为广泛的是以氢核为研究对象的核磁共振技术（林向阳等，2006；张锦胜，2007；王娜等，2009）。其中，将恒定磁场强度低于0.5T的核磁共振现象称为低场核磁共振（LF−NMR）。对处于恒定磁场中的样品施加一个射频脉冲，使氢质子发生共振，部分低能态氢质子吸收能量跃迁到高能态；当关闭射频脉冲后，这些氢质子就以非辐射的方式释放所吸收的射频波能量，返回到基态而达到玻尔兹曼平衡。此过程称为弛豫过程，将描述弛豫过程的时间常数称为弛豫时间（何承云，2006；张锦胜，2007；刘锐，2015）。样品的弛豫过程有两种形式，自旋–晶格弛豫时间（又称纵向弛豫时间，T_1）和自旋–自旋弛豫时间（又称横向弛豫时间，T_2），用它们来形容样品磁化强度恢复到平衡状态的过程（Ruan等，1999；Bosmans等，2012；陈成等，2015）。弛豫时间与氢质子所在的物理化学状态有关。因此，通过分析样品的弛豫信息就可以获得样品的内部信息，分析样品中目标组分的特性（何承云，2006；林向阳等，2006；张锦胜，2007；周水琴，2013；张建锋，2014）。

核磁共振技术在面制品领域多采用自旋–自旋弛豫时间（T_2）技术（Bosmans等，2012；Rondeau−Mouro等，2015）。测定T_2时一般有两种测定方法，采用自由感应衰减序列（FID）的单指数衰减方法和采用CPMG序列的多指数衰减方法（林向阳等，2006）。一般根据食品体系中水的T_2值将食品中的质子群分成三类，不

同的质子群可以代表不同种类的水，根据 T_2 从小到大分别为强结合水、弱结合水和自由水。低场核磁共振技术在面制品的冷冻、干燥、凝胶、再水化等过程已有广泛应用。前人利用低场核磁共振技术研究了面包、面团、面条、淀粉和面筋蛋白凝胶体系中水分的状态与分布（Engelsen 等，2001；Kojima 等，2001；Esselink 等，2003；Kojima 等，2004；Assifaoui 等，2006；Curti 等，2011；Bosmans 等，2012；Loveday 等，2012；Simmons 等，2012；Bosmans 等，2013；Lu 等，2013；Ding 等，2014；Ding 等，2015；Feng 等，2014；Rondeau-Mouro 等，2015）。通过分析前人利用低场核磁共振技术对面团的研究，可以为低场核磁共振技术在挂面干燥中的应用提供方法借鉴和指导。

（二）核磁共振在面团研究领域的应用

小麦粉与水作用形成面筋网络（Ruan 等，1999；Bosmans 等，2012），从而得以形成均匀一体的面团。不同面制品的面团含水率不同。面团含水率较低时在核磁检测中只能检测到一个质子峰（Lu 等，2013）。面团含水率在 40% 左右，采用 CPMG 序列测定时，根据弛豫时间一般可以将面团中的水分为三个（或四个）部分（Assifaoui 等，2006；Doona 等，2007；Bosmans 等，2012；刘锐，2015；汪磊，2016），不同文献对四种水所代表的物理意义的解释略有不同。总的来说，T_{21}（0.2~0.3ms）代表在无定形淀粉的—CH 质子和面筋中与被限制的水交换质子的—CH 质子群；T_{22}（2~10ms）代表淀粉颗粒内部与淀粉—OH 交换质子水的质子群及面筋中与被限制的水交换质子的—CH 质子群（Esselink 等，2003）；T_{23}（20~100ms）代表与面筋蛋白官能团的—NH、—OH、—SH 基团交换质子的水和淀粉颗粒表面与淀粉—OH 交换质子的水的质子群（Esselink 等，2003；Bosmans 等，2012）；T_{24}（100~300ms）代表毛细管中的水（Esselink 等，2003；Lu 等，2013）。T_{23} 所代表的水对面团加工和贮藏性质影响较大，也可以作为评价面团中水分流动性的可靠指标（Lu 等，2013）。低场核磁成像技术可以直观地观察面团中的水分分布，Li 等和刘锐等（2015）采用低场核磁成像技术研究了真空和面面团贮藏过程中的水分分布，发现真空和面可减缓水分在贮藏过程中的迁移。

面团中的 T_{21}、T_{23} 仅在一个较窄的范围内出现。而 T_{22} 在一个较宽的范围内存在，与含水率在 16.3%~23.0% 和 33.1%~66.7% 范围内线性相关（Assifaoui 等，2006；Lu 等，2013；范玲等，2016）。面团含水率在 17.5%~23.0% 范围内，随含水率升高 T_{22} 值升高，T_{22} 峰面积增大。含水率升高对 T_{21}、T_{23} 值和所代表峰面积影响较小，表明增加的水在淀粉颗粒的外部（Assifaoui 等，2006）。Doona 等（2007）研究表明面团含水率在 33.1%~47.2% 范围内增加会造成用 FID 序列测定的 T_{21}A 峰面积比值下降，T_{21}B 峰面积比值上升。含水率升高，造成 CPMG 序列测定的 T_{22} 峰的水增加（Esselink 等，2003；Assifaoui 等，2006；Doona 等，2007；薛雅萌等，2014）。含水率由 59% 增加到 62% 时，对面团 T_{21}、T_{23} 没有影响（Lu 等，2013）。T_{23} 所代表的水量没有显著变化，表明 T_{23} 所代表的水仍然包含在面筋 – 淀粉体系中，只是有更高的流动性。推测只有加水量很高时，T_{23} 代表的水才会增加。

冷冻贮藏对面团中水分迁移的影响小于冷藏（4℃）（Lu 等，2013；王涛，2015）。在冷冻（–35℃）过程中，T_{22} 没有变化，T_{21} 变小，说明淀粉内部的水与淀粉的结合更为紧密（Lu 等，2013）。Esselink 等（2003）研究表明在冷冻（–25℃）过程中 T_{21} 在淀粉颗粒内部，受影响较小。而 T_{22} 在冻结过程中结冰从面团结构中分离，融化后不能完全回到初始状态，与面筋网络的相互作用减弱造成弛豫时间延长。但这部分水不会转移到 T_{23} 所代表的质子峰中。加热对面团的水分状态有一定的影响。对于饼干面团，当面团温度升高时，T_{21} 随温度升高轻微上升，也许是淀粉颗粒随着加热展开，开始吸收水分（Assifaoui 等，2006）。在 17.5%~23.0% 含水率时，T_{22} 先增大后减小，原因是由于质子的热能增加，振动和旋转运动增大，水分流动性增大，面团的 T_{22} 值增大。由于和淀粉的相互作用加剧造成水分流动性降低，T_{22} 值减小（Assifaoui 等，2006）。含水率 40% 的饼干面团，随温度升高，T_{22} 值一直降低。原因是淀粉糊化损害了蔗糖 – 水的相互作用，造成与蔗糖相关的水的质子流动性下降。T_{23} 代表的峰是蔗糖分子的质子信号，加热时分子振动使流动性增大，T_{23} 值增大，之后由于淀粉糊化，蔗糖分子周围被肿胀扭曲的淀粉颗粒环绕，流动性降低，T_{23} 值降低。

面包面团需要加入酵母，Esselink 等（2003）研究表明，酵母的存在会使 T_2 值减小。原因是发酵产生气室。造成核磁测定时磁化系数不匹配，造成 T_2 值减小。在冷冻过程中加入酵母的面团面筋网络中的水会在气室中形成冰晶，气室的存在也有助于大冰晶的形成，在融化时水集中在气室中，流动性更高。因此，在冷冻过程中加入酵母使面团在冷冻过程中变化程度较大。在核磁成像图中，加入酵母的面团边缘核磁信号更强。原因是由于面团最外层水分散失，边缘部分的 CO_2 逸出，气室缩小，造成面团在边缘处有更强信号强度。

综上，低场核磁共振技术在探究面制品的水分状态时具有优越性，可以方便地获得面制品中水分状态信息，表明采用低场核磁共振技术研究挂面干燥过程水分状态和分布具有可行性。

三、食品水分（挥发性物质）分析技术平台简介

食品、食品原料、农产品、林产品及其他物料在贮藏、加工、运输等过程中都可能伴随着挥发物质或重量的变化。在特定的条件下，物料中挥发物质（如水分含量、状态和迁移规律）变化特征曲线是描述物料在贮藏、加工、运输等过程中变化的重要参考依据。但并不是所有的物料挥发性物质的动态变化特征曲线都可以在快速、准确、低耗条件下获得，常常会受到各种条件的影响和限制。例如，挂面干燥过程中水分含量变化，由于干燥过程是在特定的温度、相对湿度条件下进行，前人在研究挂面干燥曲线时，多采用在烘干过程中分时段多次采样，采用传统的烘箱法测定样品水分含量，绘制挂面干燥曲线。这样绘出来的干燥曲线因取样点的限制，有时并不能完全反应挂面干燥过程中物料质量确切的变化规律，有可能对产品质量控制等造成一定的影响。如增加取样密度，不仅会成倍增加工作量，有时条件将不许可或不可能再增加。传统的烘箱法只能获得被测物质（如水）的质量标化，而并不能获得被测物质（如水）的状态和迁移轨迹。含芳香油类植物在干燥过程中，必须考虑干燥条件和芳香类物质的挥发量，在保障干燥的前提下，尽可能保留其芳香成分。也有一些物料需要在特定条件下测定挥发性物质或水分吸附等的特征曲线，或因材料稀缺，样品量有限，不能进行破坏性干燥或试验。在实际生产和研究试验中，还没有合适的仪器或设备，能够在线智能分析物料在特定条件下的挥发性物质动态变化，无间隙或极小间隙记录或表征物料质量、状态动态变化规律及特征。

作者团队在自有发明专利《一种物料挥发性物质的动态分析装置》（ZL2014104188895）（魏益民等，2014）的基础上，又申请了《物料水分含量和状态在线测定技术平台》（201910577820.X）发明专利（张影全等，2019）。在该实验室，工作平台被称为物料挥发性物质或食品水分分析技术平台。该平台基于LF-NMR技术的物料干燥过程水分含量和状态分析平台，包括由恒温恒湿装置、水分含量分析装置、水分状态分析装置、循环风机和管路构成的空气介质循环回路。该平台能够在相同、稳定的温度、相对湿度条件下，实时在线自动采集物料中水分含量和状态数据，避免了常规分析多次取样对物料干燥过程和条件的影响，减少了工作量和试验时间。

（本章由魏益民、王振华、张影全、于晓磊、武亮、王杰撰写）

参考文献

［1］Adamopoulos K G, Goula A M, Petropakis H J. Quality control during processing of feta cheese—NIR application［J］. Journal of Food Composition and Analysis, 2001, 14（4）: 431–440.

［2］Andrieu J, Stamatopoulos A. Durum wheat pasta drying kinetics［J］. LWT–Food Science and Technology, 1986, 19（6）: 448–456.

［3］Anese M, Nicoli M C, Massini R, et al. Effects of drying processing on the Maillard reaction in pasta［J］. Food Research International, 1999, 32（3）: 193–199.

［4］Asano R. Drying equipment of noodles［J］. Food Science, 1981: 56–59.

［5］Assifaoui A, Champion D, Chiotelli E, et al. Characterization of water mobility in biscuit dough using a low–field 1H NMR technique［J］. Carbohydrate Polymers, 2006, 64（2）: 197–204.

［6］Berger D, Pei D C T. Drying of hygroscopic capillary porous solids: A theoretical approach［J］. International Journal of Heat and Mass Transfer, 1973, 16（2）: 293–302.

［7］Blanco M, Romero M A. Near infrared transflectance spectroscopy［J］. 2002, 30（3）: 467–472.

［8］Bosmans G M, Lagrain B, Deleu L J, et al. Assignments of proton populations in dough and bread using NMR relaxometry of starch, gluten, and flour model systems［J］. Journal of Agricultural & Food Chemistry, 2012, 60（21）: 5461.

［9］Bosmans G M, Lagrain B, Ooms N, et al. Biopolymer interactions, water dynamics, and bread crumb firming［J］. Journal of Agricultural & Food Chemistry, 2013, 61（19）: 4646–4654.

［10］Bruce Litchfield J, Okos M R. Moisture diffusivity in pasta during drying［J］. Journal of Food Engineering, 1992, 17（2）: 117–142.

［11］Bushuk W. Distribution of water in dough and bread［J］. Baker's Digest, 1966, 40（5）: 38–40.

［12］Cafieri S, Chillo S, Mastromatteo M, et al. A mathematical model to predict the effect of shape on pasta hydration kinetic during cooking and overcooking［J］. Journal of Cereal Science, 2008, 48（3）: 857–862.

［13］Carini E, Vittadini E, Curti E, et al. Effects of different shaping modes on physico–chemical properties and water status of fresh pasta［J］. Journal of Food Engineering, 2009, 93（4）: 400–406.

［14］Chen P L, Long Z, Ruan R, et al. Nuclear magnetic resonance studies of water mobility in bread during storage.［J］. LWT–Food Science and Technology, 1997, 30（2）: 178–183.

［15］Chirife J. Diffusional process in the drying of tapioca root［J］. Journal of Food Science, 1971, 36（2）: 327–330.

［16］Curti E, Bubici S, Carini E, et al. Water molecular dynamics during bread staling by Nuclear Magnetic Resonance［J］. LWT –Food Science and Technology, 2011, 44（4）: 859.

［17］De T J, Verboven P, Delcour J A, et al. Drying model for cylindrical pasta shapes using desorption isotherms［J］. Journal of Food Engineering, 2008, 86（3）: 414–421.

［18］De Temmerman J, Verboven P, Nicolaï B, et al. Modelling of transient moisture concentration of semolina pasta during air drying［J］. Journal of Food Engineering, 2007, 80（3）: 892–903.

［19］De Zorzi M, Curioni A, Simonato B, et al. Effect of pasta drying temperature on gastrointestinal digestibility and allergenicity of durum wheat proteins ［ J ］. Food Chemistry, 2007, 104 (1): 353–363.

［20］Derde L J, Gomand S V, Courtin C M, et al. Moisture distribution during conventional or electrical resistance oven baking of bread dough and subsequent storage ［ J ］. Journal of Agricultural & Food Chemistry, 2014, 62 (27): 6445–6453.

［21］Diantom A, Carini E, Curti E, et al. Effect of water and gluten on physico–chemical properties and stability of ready to eat shelf–stable pasta ［ J ］. Food Chemistry, 2015: S2123511267.

［22］Ding X, Zhang H, Liu W, et al. Extraction of carrot (*Daucus carota*) antifreeze proteins and evaluation of their effects on frozen white salted noodles ［ J ］. Food & Bioprocess Technology, 2014, 7 (3): 842–852.

［23］Ding X, Zhang H, Wang L, et al. Effect of barley antifreeze protein on thermal properties and water state of dough during freezing and freeze–thaw cycles ［ J ］. Food Hydrocolloids, 2015, 47 (Complete): 32–40.

［24］Doona C J, Baik M Y. Molecular mobility in model dough systems studied by time–domain nuclear magnetic resonance spectroscopy ［ J ］. Journal of Cereal Science, 2007, 45 (3): 257–262.

［25］Engelsen S B, Jensen M K, Pedersen H T, et al. NMR–baking and multivariate prediction of instrumental texture parameters in bread ［ J ］. Journal of Cereal Science, 2001, 33 (1): 59–69.

［26］Esselink E, van Aalst H, Maliepaard M, et al. Impact of industrial dough processing on structure: a rheology, nuclear magnetic resonance, and electron microscopy study ［ J ］. Cereal Chemistry, 2003, 80 (4): 419–423.

［27］Feng L, Li M Q, Li C R. The correlation of protein structural features and properties of dry noodles added with SPI ［ J ］. Modern Food Science & Technology, 2014, 30 (1): 55–62.

［28］Fessas D, Schiraldi A. Water properties in wheat flour dough II: classical and knudsen thermogravimetry approach ［ J ］. Food Chemistry, 2001, 90 (1 – 2): 61–68.

［29］Fu B X. Asian noodles: History, classification, raw materials, and processing ［ J ］. Food Research International, 2008, 41 (9): 888–902.

［30］Geankoplis C J. Transport processes and unit operations ［ M ］. PTR Prentice Hall, 1993.

［31］George R L, Howard W W I, Andrew S P. Process analytical technology (PAT) in pharmaceutical development ［ J ］. Spectrose, 1998, 52 (1): 17–21.

［32］Ghosh P K, Jayas D S, Smith E A, et al. Mathematical modelling of wheat kernel drying with input from moisture movement studies using magnetic resonance imaging (MRI), Part I: Model development and comparison with MRI observations ［ J ］. Biosystems Engineering, 2008, 100 (3): 389–400.

［33］Guler S, Ksel H K, Ng P K W. Effects of industrial pasta drying temperatures on starch properties and pasta quality ［ J ］. Food Research International, 2002, 35 (5): 427.

［34］Hatcher D W, Kruger J E, Anderson M J. Influence of water absorption on the processing and quality of oriental noodles ［ J ］. Cereal Chemistry, 1999, 76 (4): 566–572.

[35] He H, Wu D, Sun D. Non-destructive and rapid analysis of moisture distribution in farmed *Atlantic salmon* (*Salmo salar*) fillets using visible and near-infrared hyperspectral imaging [J] . Innovative Food Science & Emerging Technologies, 2013, 18: 237-245.

[36] Hemdane S, Jacobs P J, Bosmans G M, et al. Study on the effects of wheat bran incorporation on water mobility and biopolymer behavior during bread making and storage using time-domain 1H NMR relaxometry [J] . Food Chemistry, 2017: In Press.

[37] Hills B P, Godward J, Wright K M. Fast radial NMR microimaging studies of pasta drying [J] . Journal of Food Engineering, 1997, 33 (3) : 321-335.

[38] Hills B P, Nott K P. NMR studies of water compartmentation in carrot parenchyma tissue during drying and freezing [J] . Applied Magnetic Resonance, 1999, 17 (4) : 521-535.

[39] Inazu T. Effective moisture diffusivity of fresh Japanese noodle (udon) as a function of temperature [J] . Bioscience Biotechnology & Biochemistry, 1999, 63 (4) : 638-641.

[40] Inazu T, Iwasaki K, Furuta T. Effect of air velocity on fresh Japanese noodle (udon) drying [J] . LWT-Food Science and Technology, 2003, 36 (2) : 277-280.

[41] Inazu T, Iwasaki K, Furuta T. Effect of temperature and relative humidity on drying kinetics of fresh Japanese noodle (udon) [J] . LWT-Food Science and Technology, 2002, 35 (8) : 649-655.

[42] Inazu T, Iwasaki K, Furuta T. Desorption isotherms for Japanese noodle (udon) [J] . Drying Technology, 2001, 19 (7) : 1375-1384.

[43] Ishida N, Takano H, Naito S, et al. Architecture of baked breads depicted by a magnetic resonance imaging [J] . Magnetic Resonance Imaging, 2001

[44] Joykumar Singh N, Pandey R K. Convective air drying characteristics of sweet potato cube (*Ipomoea batatas* L.) [J] . Food and Bioproducts Processing, 2012, 90 (2) : 317-322.

[45] Kojima T I, Horigane A K, Nakajima H, et al. T_2 Map, moisture distribution, and texture of boiled japanese noodles prepared from different types of flour [J] . Cereal Chemistry, 2004, 81 (6) : 746-751.

[46] Kojima T I, Horigane A K, Yoshida M, et al. Change in the status of water in japanese noodles during and after boiling observed by nmr micro imaging [J] . Journal of Food Science, 2001, 66 (9) : 1361-1365.

[47] Lai H M, Hwang S. Water status of cooked white salted noodles evaluated by MRI [J] . Food Research International, 2004, 37 (10) : 966.

[48] Lamacchia C, Baiano A, Lamparelli S, et al. Changes in durum wheat kernel and pasta proteins induced by toasting and drying processes [J] . Food Chemistry, 2010, 118 (2) : 191-198.

[49] Leung H K, Magnuson J A, Bruinsma B L. Pulsed nuclear magnetic resonance study of water mobility in flour doughs [J] . Journal of Food Science, 1979, 44 (5) : 1408-1411.

[50] Leung H K, Magnuson J A, Bruinsma B L. Water binding of wheat flour droughts and breads as studied by deuteron relaxation [J] . Journal of Food Science, 1983, 48 (1) : 95-99.

[51] Li M, Luo L, Zhu K, et al. Effect of vacuum mixing on the quality characteristics of fresh noodles [J] .

Journal of Food Engineering, 2012, 110（4）: 525–531.

[52] Li S, Dickinson L C, Chinachoti P. Proton relaxation of starch and gluten by solid–state nuclear magnetic resonance spectroscopy［J］. Cereal Chemistry, 1996, 73（6）: 736–743.

[53] Lodi A, Abduljalil A M, Vodovotz Y. Characterization of water distribution in bread during storage using magnetic resonance imaging［J］. Magnetic Resonance Imaging, 2007, 25（10）: 1449–1458.

[54] Loveday S M, Huang V T, Reid D S, et al. Water dynamics in fresh and frozen yeasted dough［J］. Critical Reviews in Food Science & Nutrition, 2012, 52（5）: 390–409.

[55] Lu Z, Seetharaman K. Nuclear magnetic resonance（NMR）and differential scanning calorimetry （DSC）studies of water mobility in dough systems containing barley flour［J］. Cereal Chemistry, 2013, 90（2）: 120–126.

[56] Maertens K, Reyns P, De Baerdemaeker J. On–line measurement of grain quality with nir technology ［J］. Transactions of the ASAE, 2004（40）: 1135–1140.

[57] Malcolmson L J, Matsuo R R, Balshaw R. Effects of drying temperature and farina blending on spaghetti quality using response surface methodology［J］. Cereal Chemistry, 1993, 70（1）: 1–7.

[58] Mao H, Wang F, Mao F, et al. Measurement of water content and moisture distribution in sludge by 1H nuclear magnetic resonance spectroscopy［J］. Drying Technology, 2016, 34（3）: 267–274.

[59] Mercier S, Marcos B, Moresoli C, et al. Modeling of internal moisture transport during durum wheat pasta drying［J］. Journal of Food Engineering, 2014, 124（1）: 19–27.

[60] Migliori M, Gabriele D, Cindio B D, et al. Modelling of high quality pasta drying: mathematical model and validation［J］. Journal of Food Engineering, 2005, 69（4）: 387–397.

[61] Mortimer R G, Eyring H. Elementary transition state theory of the soret and dufour effects［J］. Proceedings of the National Academy of Sciences of the United States of America, 1980, 77（4）: 1728–1731.

[62] Park C S, Baik B K. Flour characteristics related to optimum water absorption of noodle dough for making white salted noodles［J］. Cereal Chemistry, 2002, 79（6）: 867–873.

[63] Petitot M, Brossard C, Barron C, et al. Modification of pasta structure induced by high drying temperatures. Effects on the in vitro digestibility of protein and starch fractions and the potential allergenicity of protein hydrolysates［J］. Food Chemistry, 2009, 116（2）: 401–412.

[64] Philip J R, Vries A D. Moisture movement in porous materials under temperature gradient［J］. Transactions, American Geophysical Union, 1957, 38（2）: 222–232.

[65] Rondeau–Mouro C, Cambert M, Kovrlija R, et al. Temperature–Associated Proton Dynamics in Wheat Starch–Based Model Systems and Wheat Flour Dough Evaluated by NMR［J］. Food & Bioprocess Technology, 2015, 8（4）: 777–790.

[66] Ruan R R, Wang X, Chen P L, et al. Study of water in dough using nuclear magnetic resonance.［J］. Cereal Chemistry, 1999, 76（2）: 231–235.

[67] Sannino A, Capone S, Siciliano P, et al. Monitoring the drying process of lasagna pasta through a novel sensing device–based method［J］. Journal of Food Engineering, 2005, 69（1）: 51–59.

［68］Saravacos G D, Maroulis Z B. Transport Properties of Foods［M］. Marcel Dekker Inc, 2001.

［69］Sekulic S S, Ward H W, Brannegan D R, et al. On-line monitoring of powder blend homogeneity by near-infrared spectroscopy［J］. Analytical Chemistry, 1996, 68（3）: 509-513.

［70］Simmons A L, Vodovotz Y. The effects of soy on freezable bread dough: A magnetic resonance study［J］. Food Chemistry, 2012, 135（2）: 659-664.

［71］Solah V A, Crosbie G B, Huang S, et al. Measurement of color, gloss, and translucency of white salted noodles: Effects of water addition and vacuum mixing［J］. Cereal Chemistry, 2007, 84（2）: 145-151.

［72］Srikiatden J, Roberts J S. Moisture transfer in solid food materials: A review of mechanisms, models, and measurements［J］. International Journal of Food Properties, 2007, 10（4）: 739-777.

［73］Steglich T, Bernin D, R Ding M, et al. Microstructure and water distribution of commercial pasta studied by microscopy and 3D magnetic resonance imaging［J］. Food Research International, 2014（62）: 644-652.

［74］Tamburini E, Vaccari G, Tosi S, et al. Near-infrared spectroscopy: A tool for monitoring submerged fermentation processes using an immersion optical-fiber probe［J］. Applied Spectroscopy, 2003, 57（2）: 132-138.

［75］Thorvaldsson K, Hans J. A model for simultaneous heat, water and vapour diffusion［J］. Journal of Food Engineering, 1999, 40（3）: 167-172.

［76］Umbach S L, Davis E A, Gordon J, et al. Water self-diffusion coefficients and dielectric properties determined for starch-gluten-water mixtures heated by microwave and by conventional methods［J］. Cereal Chemistry, 1992, 69（6）: 637-642.

［77］Veladat R, Ashtiani F Z, Rahmani M. A rigorous analysis of simultaneous heat and mass transfer in the pasta drying process［J］. Heat and Mass Transfer, 2013, 49（10）: 1481-1488.

［78］Veladat R, Ashtiani F Z, Rahmani M, et al. Review of numerical modeling of pasta drying, a closer look into model parameters［J］. Asia-Pacific Journal of Chemical Engineering, 2012, 7（7）: 159-170.

［79］Villeneuve S, Gélinas P. Drying kinetics of whole durum wheat pasta according to temperature and relative humidity［J］. LWT – Food Science and Technology, 2007, 40（3）: 465-471.

［80］Waananen K M, Okos M R. Effect of porosity on moisture diffusion during drying of pasta［J］. Journal of Food Engineering, 1996, 28（2）: 121-137.

［81］Waananen K M, Okos M R. Analysis of bulk flow moisture transfer during drying of pasta at temperatures above the boiling point of water［J］. Technology Today, 1991（5）: 289-296.

［82］Wang X, Choi S G, Kerr W L. Water dynamics in white bread and starch gels as affected by water and gluten content［J］. LWT – Food Science and Technology, 2004, 37（3）: 377-384.

［83］West R, Seetharaman K, Duizer L M. Effect of drying profile and whole grain content on flavour and texture of pasta［J］. Journal of Cereal Science, 2013, 58（1）: 82-88.

［84］Whitaker S. Simultaneous heat, mass, and momentum transfer in porous media: A theory of drying［J］. Advances in Heat Transfer, 1977（13）: 119-203.

[85] Xing H, Takhar P S, Helms G, et al. NMR imaging of continuous and intermittent drying of pasta [J]. Journal of Food Engineering, 2007, 78（1）: 61–68.

[86] Xiong X, Narsimhan G, Okos M R. Effect of comparison and pore structure on binding energy and effective diffusivity of moisture in porous food [J]. Journal of Food Engineering, 1992, 15（3）: 187–208.

[87] Ye Y, Zhang Y, Yan J, et al. Effects of flour extraction rate, added water, and salt on color and texture of chinese white noodles [J]. Cereal Chemistry, 2009, 86（4）: 477–485.

[88] Yong Y P, Emery A N, Fryer P J. Heat transfer to a model dough product during mixed regime thermal processing [J]. Transactions of the Institution of Chemical Engineer, 2002, 80（3）: 183–192.

[89] 艾宇薇. 和面工艺对面团品质影响的研究 [D]. 郑州: 河南工业大学, 2013.

[90] 陈成, 王晓曦, 王瑞, 等. 核磁共振技术在食品中水分迁移状况的研究现状 [J]. 粮食与饲料工业, 2015（8）: 5–8.

[91] 陈海峰, 郑学玲, 王凤成. 面条的国内外研究现状 [J]. 粮食加工, 2005（1）: 39–42.

[92] 陈建国. 中日两国挂面生产技术的现状和对比 [J]. 食品科技, 2002（8）: 60–63.

[93] 陈书攀, 何国庆. 菊粉对面条烹煮和干燥过程中水分分布的影响 [C]. 中国食品科学技术学会第十一届年会论文摘要集, 杭州, 2014: 2.

[94] 陈卫江. 核磁共振技术在淀粉糊化回生中的研究与应用 [D]. 南昌: 南昌大学, 2007.

[95] 陈卫江, 林向阳, 阮榕生, 等. 核磁共振技术无损快速评价食品水分的研究 [J]. 食品研究与开发, 2006（4）: 125–127.

[96] 程晓燕, 刘建学. 远红外技术在食品工程中的应用与进展 [J]. 河南科技大学学报（农学版）, 2003（10）: 14–16.

[97] 褚小立, 袁洪福, 陆婉珍. 在线近红外光谱过程分析技术及其应用 [J]. 现代科学仪器, 2004（2）: 3–21.

[98] 丛冬菊. 挂面酥条的原因及预防措施 [J]. 粮食与饲料工业, 1992（3）: 22.

[99] 丛冬菊. 挂面烘房温湿度微机自动控制系统简介 [J]. 粮食与饲料工业, 1994（2）: 35–36.

[100] 樊海涛, 刘宝林, 王欣, 等. 乳化剂对冷冻面团水分状态和玻璃化转变温度的影响 [J]. 食品科学, 2012（17）: 10–14.

[101] 范玲, 王晓曦, 马森, 等. 损伤淀粉及加水量与面团水分分布特性的关系研究 [J]. 粮食与油脂, 2016, 29（2）: 33–37.

[102] 冯俊敏. 冷冻面条品质改善的研究 [D]. 无锡: 江南大学, 2012.

[103] 高飞. 挂面高温干燥系统工艺参数控制及挂面品质研究 [D]. 郑州: 河南工业大学, 2010

[104] 高飞, 陈洁, 王春, 等. 干燥风速对挂面品质的影响 [J]. 河南工业大学学报（自然科学版）, 2009, 30（6）: 17–20.

[105] 高亚军. 挂面烘房温湿度平衡计算及节能设计 [D]. 郑州: 河南工业大学, 2011.

[106] 顾伯勤. 挂面烘干中的节能问题 [J]. 粮油食品科技, 1983（4）: 20–21.

[107] 顾伯勤. 挂面生产的节能技术 [J]. 北京节能, 1994（5）: 24–25.

[108] 郝晓峰, 吕建雄, 俞昌铭, 等. 基于容积密度计算的X射线法测定木材含水率分布 [J]. 林业

科学, 2014 (1): 125–132.

[109] 何承云. 核磁共振及成像技术在馒头加工与储藏过程中的研究 [D]. 南昌: 南昌大学, 2006.

[110] 后其军, 鞠兴荣, 何荣. 近红外光谱分析技术在粮油品质评价中的研究应用进展 [J]. 中国粮油学报, 2015, 30 (7): 135–140.

[111] 黄东印, 林作楫. 冬小麦品质性状与面条品质性状关系的初步研究 [J]. 华北农学报, 1990 (1): 40–45.

[112] 蒋衍恩. 如何使用近红外仪实现面粉生产的过程控制 [J]. 现代面粉工业, 2010 (6): 18–20.

[113] 居然, 秦中庆. 简论挂面三段干燥法 [J]. 粮食与食品工业, 1996 (2): 21–23.

[114] 李光辉. 苹果近红外无损检测技术研究 [D]. 咸阳: 西北农林科技大学, 2012.

[115] 李光磊, 曾洁, 刘青燕. 手工条品质影响因素研究 [J]. 食品科技, 2009 (2): 149–153.

[116] 李华伟, 陈洁, 王春, 等. 预干燥阶段对挂面品质影响的研究 [J]. 粮油加工, 2009 (5): 84–86.

[117] 李曼. 生鲜面制品的品质劣变机制及调控研究 [D]. 无锡: 江南大学, 2014.

[118] 李世岩. 挂面加工技术的应用趋势 [J]. 农产品加工, 2009 (10): 17–18.

[119] 李世岩, 罗晨. 寻找挂面干燥工艺的突破口——中国农机院 "全封闭智能控制挂面干燥系统" [J]. 农业机械, 2010 (2): 32–33.

[120] 李韦谨, 张波, 魏益民, 等. 机制面条制作工艺研究综述 [J]. 中国粮油学报, 2011, 26 (6): 86–90.

[121] 李妍, 林向阳, 吴佳, 等. 利用核磁共振技术监测海带湿面贮藏品质 [J]. 中国食品学报, 2015, 15 (5): 254–260.

[122] 李洋, 吴志生, 潘晓宁, 等. 在线近红外光谱在我国中药研究和生产中应用现状与展望 [J]. 光谱学与光谱分析, 2014 (10): 2632–2638.

[123] 李友萍, 冯雪梅, 雷念芳. 计算机在挂面烘房温湿度控制中的应用 [J]. 粮食与饲料工业, 1996 (8): 41–42.

[124] 林向阳, 陈卫江, 何承云, 等. 核磁共振及其成像技术在面团形成过程中的研究 [J]. 中国粮油学报, 2006, 21 (6): 163–167.

[125] 林向阳, 何承云, 阮榕生, 等. MRI研究冷冻馒头微波复热过程水分的迁移变化 [J]. 食品科学, 2005 (8): 82–86.

[126] 林向阳, 阮榕生, 陈卫江, 等. NMR和MRI技术研究面团的发酵过程 [J]. 食品科学, 2006, 27 (11): 142–146.

[127] 林向阳, 张宏, 林玲, 等. 利用核磁共振技术研究添加剂对面团持水性的影响 [J]. 食品科学, 2008 (10): 353–356.

[128] 林作楫, 李玉娟, 章蜀贤. 小麦杂种优势研究 [J]. 河南农业科学, 1994 (12): 1–2.

[129] 刘锐. 和面方式对面团理化结构和面条质量的影响 [D]. 北京: 中国农业科学院, 2015.

[130] 刘锐, 魏益民, 张波, 等. 面条制作过程中蛋白质组成的变化 [J]. 中国食品学报, 2013, 13 (11): 198–204.

[131] 鲁军生, 张晔, 孟昊, 等. 挂面干燥控制系统设计 [J]. 农业工程, 2014 (4): 44–47.

［132］陆启玉.挂面生产工艺与设备［M］.北京:化学工业出版社,2007.

［133］陆启玉.谈谈如何实现挂面生产中的节能降耗［J］.粮食与食品工业,2014,21（1）:1-3.

［134］罗忠民.挂面"近室温调湿烘干"技术的工艺装置及其温湿度参数变化与脱水规律的研究［J］.粮食与食品工业,1999（2）:24-28.

［135］骆丽君,李曼,朱红卫,等.真空和面对生鲜面品质特性的影响研究［J］.食品工业科技,2012,33（3）:129-131.

［136］马忠惠,孔造杰,褚小立.在线近红外光谱分析仪在汽油自动调合系统中的应用［J］.石油仪器,2006（2）:26-29.

［137］孟素荷.2018年挂面行业分析报告［J］.中国面制品,2019（2）:14-19.

［138］牛猛.全麦鲜湿面褐变机制及品质改良的研究［D］.无锡:江南大学,2014.

［139］潘永康,王喜忠,刘相东.现代干燥技术-第2版［M］.北京:化学工业出版社,2007.

［140］蒲登鑫,王文茂,李军会,等.近红外在线质量监控技术在中药葛根素生产中的应用［J］.现代仪器,2003（5）:27-29.

［141］潘南萍.寒冷季节气温与挂面酥条关系［J］.粮食与食品工业,2006（1）:42-44.

［142］秦中庆.日本制面新技术发展动向（二）［J］.粮食与食品工业,1999（4）:34-37.

［143］秦中庆.再谈日本挂面干燥技术的新进展［J］.粮食与食品工业,1995（2）:11-13.

［144］沈群.挂面生产配方与工艺［M］.北京:中国化学工业出版社,2008.

［145］施润淋,王晓东.高温烘干——挂面干燥新技术［J］.面粉通讯,2005（2）:33-38.

［146］孙丙虎.不同干燥方法的木材水分迁移与横向弛豫特性研究［D］.呼和浩特:内蒙古农业大学,2012.

［147］覃炳达.中药关键生产过程在线近红外质量监控系统的设计与实现［D］.桂林:桂林电子科技大学,2011.

［148］檀革宝,杨艳虹,刘淑君,等.挂面酥条的控制技术研究［J］.粮食与食品工业,2011（4）:19-21.

［149］田纪春,王延训,张忠义.高蛋白优质面包冬小麦新品种PH82-2-2［J］.中国农学通报,1995（2）:41.

［150］汪磊.烩面面团加工特性研究［D］.郑州:河南工业大学,2016.

［151］王春,高飞,陈洁,等.温度对挂面干燥工艺品质的影响［J］.粮食与饲料工业,2010（6）:33-35.

［152］王冠岳,陈洁,王春,等.氯化钠对面条品质影响的研究［J］.中国粮油学报,2008,23（6）:184-187.

［153］王建中,田东贤.提高高温烘干挂面质量的有效措施［J］.食品科技,1995（4）:28-29.

［154］王杰,张影全,刘锐,等.隧道式烘房挂面干燥工艺特征分析［J］.中国粮油学报,2014（3）:84-89.

［155］王杰,张影全,刘锐,等.挂面干燥工艺研究及其关键参数分析［J］.中国粮油学报,2014,29（10）:88-93.

［156］王晶.常温贮藏花生的质量变化规律与近红外快速无损检测研究［D］.武汉:华中农业大学,

2013.

[157] 王乐, 史永革, 李勇, 等. 在线近红外过程分析技术在豆粕工业生产上的应用 [J]. 中国油脂, 2015 (1): 91–94.

[158] 王娜, 张锦胜, 金志强, 等. 核磁共振技术研究淀粉及其抗性淀粉中水分的流动性 [J]. 食品科学, 2009, 30 (17): 20–23.

[159] 王培慧. 面粉、面片色泽影响因素的研究 [D]. 郑州: 河南工业大学, 2012.

[160] 王世新, 杨强, 李新华. 水分对冷冻小麦面团质构及面筋蛋白二级结构的影响 [J]. 食品科学, 2017, 38 (9): 149–155.

[161] 王涛. 冷冻熟制面条节能加工技术及冻藏期品质变化规律的研究 [D]. 郑州: 河南农业大学, 2015.

[162] 王玮, 张泽俊, 薛文通, 等. 近红外检测技术在小麦品质及面制品研究中的应用 [J]. 食品科技, 2008 (9): 211–214.

[163] 王霞, 张范容. 挂面生产过程脂肪酸的变化 [J]. 粮油食品科技, 2009, 17 (6): 9.

[164] 王兴明. 低温生产线挂面的酥条成因及对策分析 [J]. 食品研究与开发, 2010 (9): 211–214.

[165] 王振华, 魏益民, 张影全, 等. 挂面烘房的能耗分析与节能建议 [C]. 中国食品科学技术学会第十一届年会, 杭州: 2014: 2.

[166] 王振华, 张波, 张影全, 等. 面条干燥过程的湿热传递机理研究进展 [J]. 农业工程学报, 2016 (13): 310–314.

[167] 王振华, 张影全, 于晓磊, 等. 原料成分对面条干燥过程水分迁移特性的影响 [C]. 中国食品科学技术学会第十二届年会暨第八届中美食品业高层论坛论文摘要集, 大连, 2015: 386–387.

[168] 王震. 我国挂面行业分析及中粮集团挂面业务发展概要 [J]. 粮食与食品工业, 2009, 16 (3): 3–6.

[169] 魏立立. 近红外光谱技术在面制品品质检测中的应用 [D]. 郑州: 河南工业大学, 2010.

[170] 魏巍, 魏明东. 节能减排技术在挂面设备中的研究与应用 [J]. 食品科技, 2012 (2): 205–207.

[171] 魏益民. 中华面条之起源 [J]. 麦类作物学报, 2015, 35 (7): 881–887.

[172] 魏益民, 王振华, 于晓磊, 等. 挂面干燥过程水分迁移规律研究 [J]. 中国食品学报, 2017, 17 (12): 1–12.

[173] 魏益民, 张国权, 欧阳韶晖, 等. 小麦粉品质和制面工艺对面条品质的影响研究 [J]. 中国粮油学报, 1998 (5): 44–47.

[174] 魏益民, 张影全, 张波, 等. 一种挥发性物质的动态分析装置: 中国, 104181073A [P]. 2014–12–03.

[175] 吴酉芝, 刘宝林, 樊海涛. 低场核磁共振分析仪研究添加剂对冷冻面团持水性的影响 [J]. 食品科学, 2012 (13): 21–25.

[176] 武亮, 刘锐, 张波, 等. 干燥条件对挂面干燥脱水过程的影响 [J]. 现代食品科技, 2015 (9):

191–197.

[177] 武亮, 刘锐, 张波, 等. 隧道式挂面烘房干燥介质特征分析 [J]. 农业工程学报, 2015（S1）: 355–360.

[178] 夏青, 吴艺卿. 挂面酥条原因及预防措施 [J]. 现代面粉工业, 2010（3）: 38–41.

[179] 项勇, 陈明霞. 低温烘房挂面生产工艺及质量控制 [J]. 食品工业科技, 2000（4）: 52–53.

[180] 肖东, 周文化, 陈帅, 等. 亲水多糖对鲜湿面货架期内水分迁移及老化进程的影响 [J]. 食品科学, 2016, 37（18）: 298–303.

[181] 叶一力, 何中虎, 张艳. 不同加水量对中国白面条品质性状的影响 [J]. 中国农业科学, 2010, 43（4）: 795–804.

[182] 薛雅萌, 赵龙, 李保国. 低场核磁共振法测定热烫面团水分迁移特性及超微结构分析 [J]. 食品科学, 2014（19）: 96–100.

[183] 闫爱萍. 挂面水分烘干工艺关键控制点分析 [J]. 广西质量监督导报, 2011（9）: 50–51, 53.

[184] 闫龙, 蒋春志, 于向鸿, 等. 大豆粗蛋白、粗脂肪含量近红外检测模型建立及可靠性分析 [J]. 大豆科学, 2008（5）: 833–837.

[185] 严衍禄. 近红外光谱分析基础与应用 [M]. 北京: 中国轻工业出版社, 2005.

[186] 杨铭铎, 于亚莉, 高峰, 等. 国内外面条的研究进展 [J]. 中国粮油学报, 2003, 18（1）: 1–4.

[187] 张波, 魏益民, 李韦谨. 影响面条感官质量的因素分析 [J]. 中国农业科学, 2012, 45（12）: 2447–2454.

[188] 张建锋. 基于核磁共振成像技术的作物根系原位无损检测研究 [D]. 杭州: 浙江大学, 2014.

[189] 张锦胜. 核磁共振及其成像技术在食品科学中的应用研究 [D]. 南昌: 南昌大学, 2007.

[190] 张伟. 挂面烘干工艺的研究与应用 [J]. 西部粮油科技, 1999（1）: 12–13.

[191] 张影全, 郭波莉, 魏益民, 等. 物料水分含量和状态在线测定技术平台: 中国, 110333259A [P]. 2019–10–15.

[192] 张玉荣, 高艳娜, 林家勇, 等. 顶空固相微萃取–气质联用分析小麦储藏过程中挥发性成分变化 [J]. 分析化学, 2010, 38（7）: 953–957.

[193] 赵晋府. 食品工艺学 [M]. 2版. 北京: 中国轻工业出版社, 2009.

[194] 钟世友, 李新鸿, 王立荣, 等. 浅议热水循环在挂面烘干工序的应用 [J]. 粮食与食品工业, 2012（1）: 12–13.

[195] 周水琴. 基于核磁共振成像的梨果品质无损检测方法研究 [D]. 杭州: 浙江大学, 2013.

[196] 祝树森. 基于低场NMR的胡萝卜干燥过程水分状态及其分布的研究 [D]. 南昌: 南昌航空大学, 2012.

第二章

食品水分分析技术平台及应用

食品、农产品、林产品等物料在贮藏、加工、运输等过程中都会伴随着水分含量和水分状态的变化，这些变化对产品质量特性具有显著影响。因此，大多数食品、农产品、林产品需要干燥或复水处理，以保证其达到安全贮藏的水分含量和质量性状的要求。研发可在线实时测定物料水分含量和状态的技术平台，有助于更好地分析和研究物料干燥动力学、水分状态及其动态变化规律，为产品质量控制、干燥工艺参数优化、智能干燥器的设计和过程控制等提供理论依据和技术参数。

有专家认为，干燥是最古老的操作单元之一，同时也是最复杂，人们了解最浅的技术（潘永康等，2006）。利用湿热空气对物料进行干燥，是常用的技术手段。物料，尤其是食品、农产品、林产品在一定温湿度条件下，在干燥设备内进行干燥；随着干燥器内湿热空气的流动，带走物料蒸发出来的水分，使得产品达到安全含水量要求。反之，使物料复水，恢复原有产品形态。物料干燥是水分迁移和脱除的过程，而物料复水是水分反向迁移和吸附过程。干燥过程水分含量、状态、分布及其变化与干燥条件、产品特性等有关。物料水分含量的测定方法主要有传统的烘箱法、近红外法、核磁共振法等。低场核磁共振技术（LF-NMR）是目前表征物料水分形态、分布和运动过程的经典方法。LF-NMR是利用氢质子在磁场中的自旋 – 弛豫特性，通过弛豫时间的变化表征水分结合状态、分布和迁移过程。横向弛豫时间（T_2）越短，说明样品中水分的自由度越小，与非水组分（物质）结合越紧密；T_2越长，表示水分自由度越大（刘锐等，2015）。LF-NMR技术在食品、农产品、林产品等物料干燥领域已经有了大量研究与应用。

为研究挂面干燥特性及其干燥动力学，作者团队设计并制造了"一种物料水分含量动态分析装置",装置示意图见图 2-1(专利号:ZL201410418889.5;软件著作权:2015SR105404)。利用该装置作者所在团队系统研究了干燥工艺参数(温度、相对湿度等)对挂面干燥动力学的影响。同时,也尝试利用低场核磁共振技术,研究了挂面干燥过程水分结合状态的变化规律(魏益民等,2017;于晓磊等,2018,2019a,2019b;Wang 等,2019;Yu 等,2018)。但相关研究主要采用定时离线取样的方式,按照试验设计的取样时间,定时打开"食品水分分析平台",剪取部分挂面样品,放入低场核磁共振仪测定样品水分结合状态、水分质子密度图等。在试验过程中需要频繁开关平台,取样频次不宜太多。否则,会对试验的重复性、准确性造成一定影响。同时,离线取样需设置多次取样,工作量大,效率低,且不能实现对同一块物料水分结合状态、水分质子密度图谱的实时、在线、原位测定。

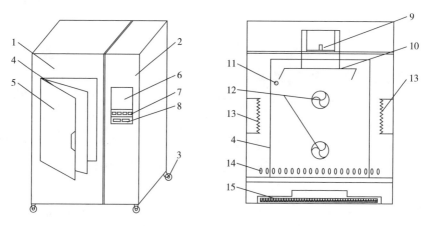

图 2-1　一种物料水分含量动态分析装置结构示意图

1—工作室　2—控制室　3—滚轮　4—透明密封内门　5—外门　6—液晶显示屏　7—操作控制按键
8—数据输出接口　9—质量分析组件　10—样品架　11—温湿度传感器　12—风速调节组件
13—加热组件　14—气体出口　15—加湿组件

为解决上述技术缺陷,实现对物料干燥过程中水分含量和状态的在线实时动态监测,作者团队与苏州纽迈分析仪器股份有限公司合作,在原有技术平台的基础上,引入低场核磁共振设备,设计制造了新型"物料水分含量和状态在线测定技术平台"(专利申请号:201910577820.X)。

本章主要介绍该平台的结构和功能,并通过测定挂面的在线干燥过程,分析被测挂面水分含量和水分状态的重复性,调查在线测定平台工作条件的稳定性,评估该测定技术平台的技术效能。

第一节　平台的结构与功能

一、平台的结构

平台结构示意图及实物如图 2-2 所示。"物料水分含量和状态在线测定技术平台"（专利申请号：201910577820.X）主要由恒温恒湿装置、水分含量分析装置、水分状态分析装置、循环风机和管路构成的空气介质循环回路等组成。

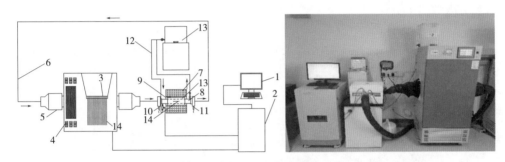

图 2-2　物料水分含量和状态在线测定技术平台结构示意图及实物图

1—数据采集与分析系统　2—控制系统　3—物料水分含量分析装置
4—恒温恒湿装置　5—循环风机　6—循环管路　7—永磁体
8—核磁检测线圈　9—核磁线圈内温度检测器
10—气体入口温湿度检测器　11—气体出口温湿度检测器
12—恒温液体循环管路13—核磁线圈恒温装置　14—样品

二、平台的功能

该平台主要功能为可实时在线测定物料水分含量、水分结合状态及相对含量等。平台与计算机的数据采集与分析系统相连接，可实现在线监测、过程控制、样品检测、数据记录、数据输出等自动化功能；可以对同一物料干燥过程的水分含量、水分结合状态做原位检测；同时，还可获得物料干燥曲线、干燥速率曲线，以及不同状态水分干燥过程运动转化规律等。

第二节 平台应用效能测试设计

一、材料与方法

（一）试验设计

试验在恒定温湿度（40℃、75%）条件下，以挂面为干燥物料，进行干燥试验，干燥时间300min。干燥过程仪器自动记录挂面水分含量、水分结合状态检测数据，记录时间间隔5min，单次试验可获得61条有效试验数据。根据获得的试验数据绘制挂面干燥曲线、干燥速率曲线、不同结合状态水分状态（强结合水 T_{21}、弱结合水 T_{22}、自由水 T_{23}）和相对含量比例（强结合水 A_{21}、弱结合水 A_{22}、自由水 A_{23}）动态变化曲线等。同时检测物料干燥空间的温度、相对湿度；水分状态检测空间（核磁线圈中心样品区）温度等环境参数信息。试验重复三次。

（二）试验材料

小麦品种永良4号面粉。

（三）试验方法

1. 挂面干燥过程水分含量、水分状态测定

参照魏益民等（2017a）挂面加工配方和工艺，制作挂面产品。称取200g面粉，制作含水率为35%的湿挂面。切条后的湿挂面分为三部分；一部分剪取30.00g左右湿挂面样品，采用烘箱法测定湿挂面初始含水量；第二部分剪取2cm长面条4根，平铺于核磁检测器线圈内部物料载床上，用于测定挂面的水分状态变化；剩余挂面样品悬挂于物料干燥空间内，用于测定干燥过程水分含量变化。水分状态、水分含量变化设置为自动记录，采样时间间隔为5min。

2. 挂面干燥曲线、干燥速率曲线绘制

参照魏益民等（2017a, 2017b）方法，计算并绘制挂面干燥曲线、干燥速率曲线。

3. 挂面干燥过程水分状态分析

利用CPMG脉冲序列对挂面进行自旋－自旋弛豫时间（T_2）的测定。序列参数设置为：主频 SF_1=21MHz，偏移频率 O_1=61606.59Hz，采样点数 TD=30004，采样频率 SW=100.00kHz，采样间隔时间 TW=500.000ms，回波个数 Echo Count=3000，

回波时间 Echo Time=0.100ms，累加次数 NS=128。采用自动检测程序，两次检测时间间隔 190s；检测完成后自动保存数据。利用核磁数据分析软件（苏州纽迈分析仪器股份有限公司），采用联合迭代反演算法（SIRT）对横向弛豫数据进行多组分反演拟合，得到不同状态水对应峰顶点时间及峰面积等数据。

二、数据处理方法

采用 Excel 处理数据。为评估平台设备工作环境的稳定性以及获得试验数据的可重复性，采用 SPSS 18.0 软件，进行单样本 t 检验和多因素方差分析，确定实际工作环境与试验设定参数之间，以及不同重复之间是否存在显著差异；采用 Excel 中 STDEV 函数计算不同时间点测得的水分含量或状态三次重复间的标准偏差（s_i，其中 i=1，2，3，…，61）。s_i 代表某一时间点测定样品水分含量或状态的离散性，s_i 越大，说明不同重复间离散性越大，反之亦然。参照《测量方法与结果的准确度（正确度与精密度）　第 2 部分：确定标准测量方法重复性与再现性的基本方法》（GB/T 6379.2—2004）给出的方法，按式（2-1）计算水分含量或状态的重复性标准差 s_r。s_r 代表样品重复间标准偏差（s_i）的离散性，s_r 越大，说明不同重复性越差；反之 s_r 越小，说明试验的重复性越好。利用 Origin 9.0 绘制挂面中水分结合状态 T_2 谱随时间变化三维图，进行挂面干燥模型拟合、回归分析。

$$s_r = \sqrt{\frac{\sum_{i=1}^{p} s_i^2}{p}} \qquad\qquad (2-1)$$

第三节　测试工作平台条件稳定性分析

（一）测定平台工作环境及稳定性

1. 温度

本节设定物料干燥温度为 40℃。物料空间温度探头监测结果显示，三次重复间没有显著差异（$P<0.05$），平均值为（39.88±0.38）℃（表 2-1）。单样本 t 检验结果显示，物料空间温度与设置温度（40℃）之间没有显著差异（$P<0.05$）。说明物料空间温度工作稳定，且与试验设置温度一致。

核磁线圈内部中心点温度监测结果显示，三次重复间没有显著差异（$P<0.05$），

平均值为（43.75±1.66）℃（表2-1）。单样本 t 检验结果显示，核磁线圈内部中心点温度显著高于40℃（$P<0.05$）。可能是由于核磁线圈内部空间较小，导致空气流速较慢，造成局部温度较高。

表2-1　　　　　　　　　　平台工作环境（物料空间）温度监测

环境	重复	平均值/℃	标准差	变异系数
物料空间	1	39.85[aB]	0.65	1.63
	2	39.89[aB]	0.08	0.20
	3	39.89[aB]	0.05	0.13
	平均值	39.88[B]	0.38	0.95
核磁线圈内部中心点	1	43.31[aA]	0.56	1.29
	2	43.38[aA]	2.53	5.83
	3	43.54[aA]	0.80	1.80
	平均值	43.75[A]	1.66	3.8

注：小写字母不同表示同一位置重复间有显著差异（$P<0.05$）；大写字母不同表示不同位置温度有显著差异（$P<0.05$）。

2. 相对湿度

本节设定物料干燥相对湿度为75%。物料空间湿度探头监测结果显示，三次重复间物料空间相对湿度没有显著差异（$P<0.05$），平均值为（74.75±3.12）%（表2-2）。单样本 t 检验结果显示，物料空间相对湿度与75%之间没有显著差异（$P<0.05$）。说明物料空间相对湿度稳定，且与试验设置相对湿度一致。

表2-2　　　　　　　检测平台工作环境（物料空间）相对湿度

序号	平均值/%	标准差	变异系数
1	74.55[a]	1.28	1.72
2	74.83[a]	0.22	0.29
3	74.86[a]	0.17	0.23
平均值	74.75	3.12	4.19

注：字母不同表示同一位置重复间有显著差异（$P<0.05$）。

（二）挂面干燥过程水分含量在线测定结果

1. 干燥曲线

根据平台自动记录的干燥过程挂面产品质量，计算并绘制恒定工作条件（温

度 40℃、相对湿度 75%）下挂面干燥曲线及三次（Ⅰ、Ⅱ、Ⅲ）重复间标准偏差（图
2-3）。从图 2-3 可以看出，重复间标准偏差（s）变幅为 0.023%~1.112%，干燥开
始阶段标准差相对较大，整体标准偏差绝大部分都未超过 1%，说明不同时间点三
次重复测定的挂面含水量离散度较小。根据式（2-1）计算的挂面含水率的重复性
标准差（s_r）为 0.549%，说明三次试验的获得的挂面干燥曲线重复性较好。

从挂面干燥曲线可以看出挂面含水率随干燥时间延长逐渐降低，180min 以
后曲线变化缓慢，最终达到平衡含水率；结果与魏益民等（2017）研究结果一
致。参照武亮（2016）的方法，对工作条件（40℃、75%）下的挂面干燥曲线进行
Page 模型拟合及评价（表 2-3），三次重复试验 R^2 均大于 0.99868，$RMSE$ 均小于
9.014×10^{-3}，χ^2 均小于 8.705×10^{-5}，计算获得的模型参数 k 值和 α 值也较接近。说
明应用该平台可获得相同的测试结果。

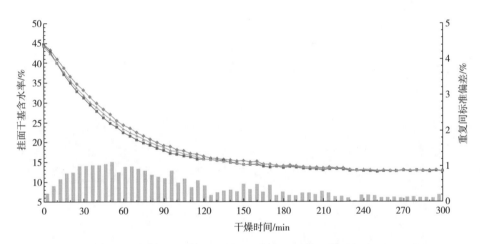

图 2-3　工作条件（40℃、75%）下挂面干燥曲线及重复标准偏差

■ s　→ Ⅰ　→ Ⅱ　→ Ⅲ

表 2-3　　　　　　　　挂面干燥 Page 模型数据拟合及评价

重复	模型参数		统计		
	k	α	R^2	$RMSE$	χ^2
Ⅰ	0.01145	1.08440	0.99868	9.014×10^{-3}	8.705×10^{-5}
Ⅱ	0.01482	1.06651	0.99942	7.919×10^{-3}	6.719×10^{-5}
Ⅲ	0.01203	1.09695	0.99954	6.242×10^{-3}	4.175×10^{-5}

2. 干燥速率曲线

根据平台自动记录的干燥过程挂面产品质量,计算并绘制工作条件(温度40℃、相对湿度75%)下挂面干燥速率曲线及三次(Ⅰ、Ⅱ、Ⅲ)重复间标准偏差(s,图2-4)。从图2-4可以看出,重复绝大部分标准偏差均未超过0.100g/(g·min),说明不同时间点三次重复测定的挂面含水量离散度较小。根据式(2-1)计算的挂面干燥速率的重复性标准差(s_r)为0.045g/(g·min),说明三次试验的获得的挂面干燥曲线重复性较好。

干燥速率曲线呈现三段式特征,初始干燥阶段(0~20min)挂面干燥速率呈抛物线式上升趋势;主干燥阶段(20~150min)干燥速率呈下降趋势;完成干燥阶段(150~300min)挂面干燥速率基本处于准平衡阶段。这一结果与魏益民等(2017a,2017b)的研究结果一致。

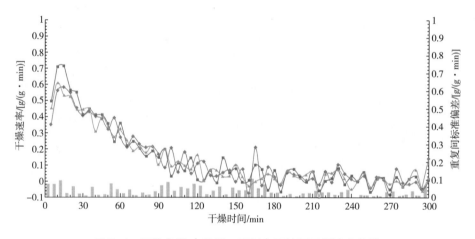

图2-4   工作条件(40℃、75%)下挂面干燥速率曲线

■ s ← Ⅰ   ← Ⅱ   ← Ⅲ

(三)挂面干燥过程水分结合状态在线测定结果

根据平台系统自动测定记录的干燥过程挂面内部水分结合状态的横向弛豫时间(T_2),绘制了挂面干燥过程(40℃、75%)水分结合状态变化三维图(图2-5)。从图2-5可以看出,挂面中主要存在三种状态水,即强结合水(T_{21})、弱结合水(T_{22})和自由水(T_{23}),其中弱结合水(T_{22})所占比例最大。与于晓磊等(2018,2019a,2019b)研究结果一致。由于强结合水(T_{21})和自由水(T_{23})在挂面中相对含量较少,且干燥过程变化加大,本节仅以弱结合水的横向弛豫时间T_{22}及其相对

含量为研究对象，分析评估挂面干燥过程水分状态在线测定结果的可重复性。

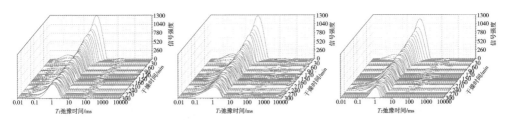

图 2-5 挂面干燥过程（40℃、75%、300min）水分结合状态

1. 弱结合水（T_{22}）结合状态变化曲线

从图 2-6 可以看出，挂面中 T_{22} 随干燥时间逐渐降低，120min 左右基本趋于稳定，三次重复试验趋势一致。挂面中 T_{22} 变异范围为 0.87~5.34ms。不同时间点测定的 T_{22} 重复间标准偏差变异范围为 0.00~0.26ms，重复间变异较小。重复性标准差（s_r）为 0.13ms，说明三次试验重复性较好。

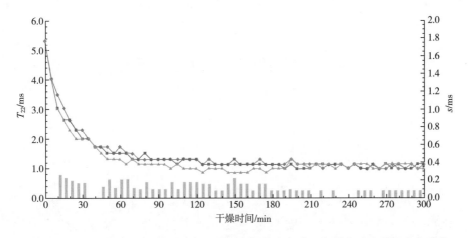

图 2-6　工作条件（40℃、75%）下挂面中弱结合水（T_{22}）横向弛豫时间变化曲线

■ s ◆ Ⅰ ● Ⅱ ▲ Ⅲ

2. 不同状态水相对含量（A_2）动态变化

以某一状态水单峰面积占总峰面积的比例代表该状态水的相对含量。挂面干燥过程弱结合水相对含量（A_{22}）变化曲线如图 2-7 所示。挂面中弱结合水相对含量（A_{22}）最高，变异范围为 86.84%~100.00%，预干燥阶段（0~30min）挂面中弱结合水相对含量（A_{22}）迅速上升，之后相对含量基本保持稳定，三次重复试验趋势

一致。不同时间点测定的 A_{22} 重复间标准偏差变异范围为 0.17%~5.48%，重复间变异较小。重复性标准差（s_r）为 1.38%，说明三次试验重复性较好。

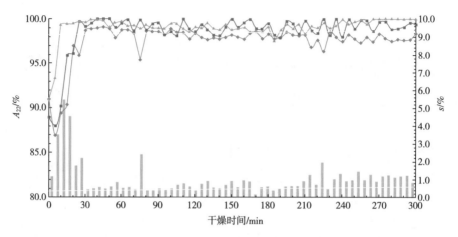

图 2-7   工作条件（40℃、75%）下挂面中弱结合水（T_{22}）相对含量变化曲线

■ s   ◆ I   ■ II   ▲ III

第四节   工作条件控制效果及开发潜力

一、讨论

（一）工作条件控制效果及稳定性

物料水分含量和状态测定技术平台的物料空间环境温度可调节范围为 15~90℃，相对湿度可调节的范围为 40%~95%，可以满足绝大部分物料干燥或吸附所需的温湿度条件。使用操作时，可以通过数据采集与分析系统（图 2-2），设置干燥温度、相对湿度、运行时间等参数。测定平台既可实现单段恒温恒湿条件自动控制，也可实现多段变温变湿条件自动控制。

为保证物料空间、核磁线圈内温湿度条件的一致性。测定平台设计制造时，分别在物料空间、核磁检测线圈出入口安装有温湿度监测探头。由于核磁线圈内部空间较小，线圈内部仅安装有温度监测探头。实时监测记录平台环境空间内温湿度变化，并将温湿度信息反馈至仪器操作系统，从而实现对环境温湿度的自动调控。

　　仪器设备工作环境的控制效果及稳定性是评估平台设备效能的关键指标，也是保证试验顺利进行，试验数据准确性的先决条件。挂面干燥试验过程中，系统设定参数温度40℃、相对湿度75%、时间300min，温湿度记录时间间隔60s。平台监测记录数据显示，物料空间环境温度、相对湿度平均值分别为（39.88±0.38）℃、（74.75±3.12）%，与设定的40℃、75%之间没有显著差异；同时，三次重复试验间没有显著差异（表2-1、表2-2）。说明平台设备物料空间内温湿度控制较好、工作环境稳定。核磁线圈内部中心点温度平均值为（43.75±1.66）℃，显著高于设定40℃（表2-1）。核磁线圈内的温度比系统设置温度高2℃左右，主要原因是由于线圈内空间较小，系统目前使用的循环风机不能调整空气流量，导致线圈内部湿热空气流动较差，使得线圈内温度略高于物料空间内温度。这一问题可以在下一步设备升级改造中通过更换可以调节流量的循环风机等方案解决。

　　（二）检测目标特性的可重复性及稳定性

　　参照GB/T 6379.2—2004的方法，以三次重复试验不同测定点的标准差及重复性标准差（s_r）来表征和判断测定平台设备获得试验数据的离散程度和可重复性。三次重复试验测得的挂面水分含量、干燥速率、弱结合水（T_{22}）水分状态，弱结合水相对含量（A_{22}）的重复性标准差均较小，分别为0.549%、0.045g/（g·min）、0.13ms、1.38%，说明试验具有较好的重复性和稳定性。另外，试验获得挂面干燥曲线、干燥速率曲线、干燥特征、模型拟合等均与魏益民等（2017）的研究结果一致。利用该平台设备，作者团队首次实现了对挂面干燥过程水分含量、水分结合状态的高频次、实时、在线、原位检测。

　　（三）平台的功能及开发潜力

　　目前，物料干燥动力学研究、干燥工艺参数设计、干燥设备制造与改造等，大多依赖经验，特别是在传统食品、药材、木材等物料干燥领域。"食品水分分析技术平台"是作者团队在原有"一种物料挥发性物质的动态分析装置"基础上，结合低场核磁共振技术，重新设计研发的仪器设备，该平台能够实现对同一块物料水分含量、水分结合状态、质子密度图谱的实时、在线、原位检测，并自动获取、记录和输出试验数据，获得物料干燥或复水过程水分含量、结合状态动态变化曲线，以及水分分布的动态变化图。相关验证试验结果表明，该平台系统环境参数具有较好的可控性、较高的稳定性。利用该平台可以获得高精度的干燥曲线、干燥速率曲线，不同状态水随干燥时间变化曲线等，试验数据重复性较好。该平台可以作为食品、药材、木材等物料干燥动力学研究，以及新型干燥设备或工艺设计与制造的高效实验平台或工具。

"食品水分分析技术平台"已经能够满足大部分物料干燥所需工作条件，但平台系统的内部控制、自动化、可视化等方面仍需要进一步升级、开发或完善。物料干燥过程除了受环境温度、相对湿度影响外，风速、干燥设备结构和工况等也会对物料干燥过程产生影响。平台的应用范围也需要进一步拓展。

二、小结

（1）测试验证结果表明，测定平台系统环境具有较好的可控性、较高的稳定性，良好的试验重复性。

（2）"食品水分分析技术平台"可实现物料水分含量、状态、分布的实时、在线、原位检测，可以获得高精度的干燥曲线、干燥速率曲线，不同状态水随干燥时间变化曲线、水分分布状态等数据信息。

（3）该平台可以作为食品、药材、木材等物料干燥动力学研究，新型干燥设备或工艺设计与制造的实验平台或工具。

（本章由张影全、魏益民撰写）

参考文献

［1］Assifaoui A, Champion D, Chiotelli E, et al. Characterization of water mobility in biscuit dough using a low-field 1H NMR technique［J］. Carbohydrate Polymers, 2006, 64（2）: 197-204.

［2］Bosmans Geertrui M, Lagrain Bert, Deleu Lomme J, et al. Assignments of proton populations in dough and bread using NMR relaxometry of starch, gluten, and flour model systems［J］. Journal of Agricultural and Food Chemistry, 2012, 60（21）: 5461-5470.

［3］Curti Elena, Bubici Salvatore, Carini Eleonora, et al. Water molecular dynamics during bread staling by nuclear magnetic resonance［J］. LWT-Food Science and Technology, 2011, 44（4）: 854-859.

［4］Hopkins Erin J, Newling Benedict, Hucl Pierre, et al. Water mobility and association by 1H NMR and diffusion experiments in simple model bread dough systems containing organic acids［J］. Food Hydrocolloids, 2019（95）: 283-291.

［5］Kojima T I, Horigane A K, Yoshida M, et al. Change in the status of water in Japanese noodles during and after boiling observed by NMR micro imaging［J］. Journal of Food Science, 2001, 66（9）: 1361–1365.

［6］Nivelle Mieke A, Beghin Alice S, Bosmans Geertrui M, et al. Molecular dynamics of starch and water during bread making monitored with temperature–controlled time domain 1H NMR［J］. Food Research International, 2019（119）: 675–682.

［7］Wang Zhenhua, Yu Xiaolei, Zhang Yingquan, et al. Effects of gluten and moisture content on water mobility during the drying process for Chinese dried noodles［J］. Drying Technology, 2019, 37（6）: 759–769.

［8］Yu Xiaolei, Wang Zhenhua, Zhang Yingquan, et al. Study on the water state and distribution of Chinese dried noodles during the drying process［J］. Journal of Food Engineering, 2018（233）: 81–87.

［9］刘锐, 武亮, 张影全, 等. 基于低场核磁和差示量热扫描的面条面团水分状态研究［J］. 农业工程学报, 2015（9）: 288–294.

［10］潘永康, 王喜忠, 刘相东. 现代干燥技术［M］. 2版. 北京: 化学工业出版社, 2006.

［11］渠琛岭, 汪紫薇, 王雪珂, 等. 基于低场核磁共振的热风干燥过程花生仁含水率预测模型［J］. 农业工程学报, 2019, 35（12）: 290–296.

［12］任广跃, 曾凡莲, 段续, 等. 利用低场核磁分析玉米干燥过程中内部水分变化［J］. 中国粮油学报, 2016, 31（8）: 95–99.

［13］孙炳新, 赵宏侠, 冯叙桥, 等. 基于低场核磁和成像技术的鲜枣贮藏过程水分状态的变化研究［J］. 中国食品学报, 2016, 16（5）: 252–257.

［14］魏益民, 王振华, 于晓磊, 等. 挂面干燥过程水分迁移规律研究［J］. 中国食品学报, 2017, 17（12）: 1–12.

［15］魏益民, 王杰, 张影全, 等. 挂面的干燥特性及其与干燥条件的关系［J］. 中国食品学报, 2017, 17（1）: 62–68.

［16］魏益民, 张影全, 张波, 等. 一种物料挥发性物质的动态分析装置［P］. ZL201410418889.5.

［17］武亮, 刘锐, 张波, 等. 干燥条件对挂面干燥脱水过程的影响［J］. 现代食品科技, 2015（9）: 191–197.

［18］武亮. 挂面干燥工艺模型与过程控制研究［D］. 北京: 中国农业科学院, 2016.

［19］杨慧萍, 李冬珅, 乔琳, 等. 基于低场核磁研究稻谷吸附/解吸过程水分分布变化［J］. 中国粮油学报, 2016, 31（12）: 6–11.

［20］于晓磊, 王振华, 张影全, 等. 加工工艺对挂面干燥过程不同状态水分比例（A2）的影响［J］. 中国食品学报, 2019, 19（5）: 129–138.

［21］于晓磊, 王振华, 张影全, 等. 加工工艺对挂面干燥过程水分状态的影响［J］. 中国食品学报, 2019, 19（2）: 80–89.

［22］于晓磊, 王振华, 张影全, 等. 加工工艺对挂面干燥及产品特性的影响［J］. 中国食品学报, 2018（10）: 144–154.

［23］中国农业科学院原子能利用研究所. 一种挥发性物质的动态分析软件V1.0［CP/OL］.

[24] 中华人民共和国国家质量监督检验检疫总局, 中国国家标准化管理委员会. GB/T 6379.2—2004　测量方法与结果的准确度（正确度与精密度）　第2部分: 确定标准测量方法重复性与再现性的基本方法 [S]. 北京: 中国标准出版社, 2004.

第三章

挂面干燥工艺及关键控制点调查分析

　　挂面干燥是指将热量施加于湿面条并排除其中的水分，而获得一定含水率面条产品的过程。实际生产中，挂面干燥一般采用对流热力干燥法，即利用热源加热干燥室的空气，并借助风力使热空气吹过面条表面，对湿面条进行加热，同时带走湿面条中蒸发出来的水分。这是一个复杂的能量传递和质量传递同时进行的过程，也是挂面内部质构、理化特性等发生变化的过程。

　　我国在 1992 年制定了《挂面生产工艺技术规程》（SB/T 10072—1992），为挂面干燥工艺参数提供了指南。但多数挂面生产企业缺少有效的实验室或在线监测手段或能力；企业根据各自的厂房结构和生产能力，自行设计挂面生产线；设备制造企业和生产企业对烘房和设备的效率缺少系统地评估。这些因素致使生产上干燥工艺标准化水平较低、产品质量不稳定、生产效率低、能耗大等问题普遍存在。如何实现挂面干燥工艺的标准化、自动化，进而向智能化发展，已经成为制约挂面行业发展的技术瓶颈之一。

　　目前，国内的挂面生产企业多采用中低温干燥工艺，主干燥段的最高温度约为 45℃，不同品种及规格的挂面通常采用相同的干燥工艺，或凭经验调整干燥时间，干燥时间为 3.5~5h。干燥过程中对烘房温度和相对湿度的控制比较粗放，一般通过人工调节导热油（水）管和排潮量来控制，且烘房内的温度和相对湿度容易受外界气候条件的影响。因此，挂面生产企业急需要了解挂面在烘房的干燥过程及其变化，分析影响干燥过程的主要时段和因素，确定关键控制点。通过调查分析企业挂面干燥工艺的特征、挂面干燥工艺参数，导致质量事故的原因，进而优化和改进挂面干燥工艺。

第一节　隧道式挂面烘房的干燥工艺

隧道式烘房，是当前我国挂面生产企业使用最普遍的一种烘房。目前，挂面加工企业对于挂面干燥工艺还没有标准化的工艺参数可依，自动化的控制系统已有运行，但挂面干燥工艺还必须依靠烘房技术人员的经验和精心操作来实现，且烘房内的温度和相对湿度容易受到季节和天气变化的影响，导致产品质量不稳定（劈条、酥条、水分含量超标、过度干燥），能耗利用不合理，直接影响企业效益。对于挂面干燥工艺参数，应准确及时地测定其数据，掌握变化其规律，建立挂面干燥脱水曲线模型，以便操作人员及时监控和调整生产工艺参数。

近年来，高精度数字化或在线温度和相对湿度传感器已经广泛用于生产，其特点是直读、灵敏、准确，具有自动存储数据和绘图功能，其所能耐受的工作环境及用途也越来越广泛。将此类测量仪器应用于挂面干燥过程的在线监测，分析烘房的挂面干燥工艺参数，指导烘房工艺参数控制，具有重要的应用价值。

通过采用179A–TH智能温度湿度记录仪在线监测隧道式烘房挂面干燥过程中的温度和相对湿度；测定干燥过程中挂面的水分含量，绘制干燥曲线；分析挂面干燥过程中温度、相对湿度及挂面水分含量的动态变化，确定工艺参数及其关键控制点；最终为挂面干燥工艺的过程控制提供依据和方法。

一、材料与方法

（一）时间与地点

本节试验于2013年3月1~4日在挂面生产企业5排60米隧道式烘房实施。该隧道式烘房长60m、宽6m、高3.5m，主要由烘道、供热系统、通风排潮系统和传动系统等组成。挂面在传动系统的控制下匀速直行；挂面上方为供热系统，采用循环导热油通过管式散热器向烘房提供热量；通风排潮系统主要由吊扇和排潮风机构成，分别用于产生热对流和排出烘房内的高湿空气（图3–1）。

（二）仪器与设备

179A–TH智能温度湿度记录仪（美国Apresys精密光电有限公司）、BSA323S–CW电子天平［赛多利斯科学仪器（北京）有限公司］、DHG–9140电热恒温鼓风干燥箱（上海一恒科技有限公司）。

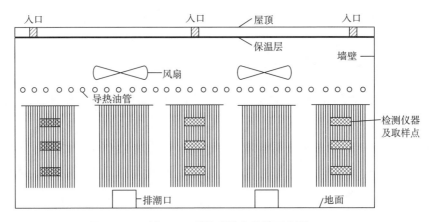

图 3-1　5排60m隧道式烘房结构示意图

（三）试验方法

1. 挂面干燥工艺参数在线监测

本节测定试验的干燥产品为宽2mm的精粉挂面，根据挂面在面杆上的悬挂长度（1.30m），制作3个宽50mm的不锈钢钩条。将179A-TH智能温度、相对湿度记录仪分别固定在不锈钢钩条的上、中、下位置；在挂面切条上架后，将准备好的仪器与设备并排悬挂在烘房隧道的第1道、第3道、第5道挂面传送装置上，即左、中、右位置；仪器设备跟随挂面的链条传动装置一起运行，在线监测烘房隧道9个空间位置的温度和相对湿度数据（图3-1）。监测试验重复三次。

2. 干燥曲线的绘制

干燥曲线为挂面水分含量随干燥位置变化的曲线，且与挂面干燥的温度湿度在线监测同步进行。设定干燥挂面的取样位置为1、15、30、45和59m，并且与9个温度湿度记录仪所处的空间位置相对应。对应不同干燥位置挂面的水分含量参照《食品安全国家标准　食品中水分的测定》（GB/T 5009.3—2016）测定，和计算。最后，根据水分含量和干燥时间，绘制挂面干燥曲线。

（四）数据处理方法

采用Excel 2010和SPSS 18.0进行数据处理和统计分析。

二、结果与分析

（一）挂面干燥过程中空气温度的变化曲线及特征

图 3-2 为隧道式挂面烘房 9 个监测位置处的空气温度曲线。烘房温度呈现近似抛物线，初始干燥温度为 22℃，持续 20 min 后温度开始上升，上升过程烘房的温度均匀性较差；102 min 时温度达到了最高值，为 45.07℃；150min 后烘房温度开始降低，在 181~201min 时间段内烘房降温速率较快；烘房末尾的干燥温度稍高于初始干燥温度。

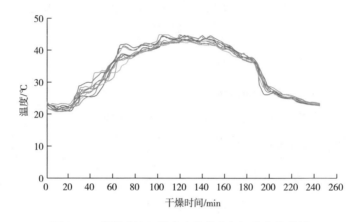

图 3-2　隧道式挂面烘房内部的空气温度变化曲线

——左上　　——左中　　——左下
——中上　　——中中　　——中下
——右上　　——右中　　——右下

烘房 9 个监测位置的温度参数如表 3-1 所示。烘房内不同位置的平均温度表现出一定的差异，右上位置的平均温度最高（34.0℃），右下位置的平均温度最低（32.2℃），最大差值达 1.8℃。不同位置温度的变异系数比较接近。

表 3-1　　　　　　　　　隧道式烘房空间位置的温度特征

位置	平均值 /℃	最大值 /℃	最小值 /℃	标准差	变异系数 /%
左上	33.46	44.76	16.00	8.74	26.11
左中	32.36	43.58	15.54	8.47	26.19
左下	32.45	43.20	15.69	8.39	25.84
中上	33.47	44.68	15.90	8.68	25.94

续表

位置	平均值 /℃	最大值 /℃	最小值 /℃	标准差	变异系数 /%
中中	32.65	43.39	16.24	8.11	24.85
中下	32.67	43.61	15.49	8.38	25.65
右上	34.00	45.07	16.25	8.52	25.07
右中	32.86	43.59	16.49	8.08	24.57
右下	32.20	43.01	15.52	8.21	25.52

　　对烘房空间位置上、中、下及左、中、右的温度值进行配对方差分析认为（表3-2），上、中、下及左、中、右位置间的温度均存在显著差异。基本趋势为从上到下、从右到左温度逐渐降低。可见，即使在有对流风扇的同一开放空间，不同位置的空气介质温度仍然存在显著差异。初步分析认为，这与烘房的管式散热器位置及循环导热油的进出口位置有关。

表 3-2　　　　　　　　　　隧道式烘房空间位置的温度差异分析

位置	样品数 / 个	平均值 /℃	标准差	变幅 /℃	变异系数 /%
上	2205	33.65[a]	8.65	15.90~45.07	25.71
中	2205	32.62[b]	8.22	15.54~43.59	25.20
下	2205	32.44[c]	8.33	15.49~43.61	25.68
左	2205	32.76[c]	8.54	15.54~44.76	26.07
中	2205	32.93[b]	8.40	15.49~44.68	25.51
右	2205	33.02[a]	8.30	15.52~45.07	25.14

注：字母不同表示存在显著性差异（$P<0.05$）。

（二）挂面干燥过程中空气相对湿度的变化曲线及特征

　　图 3-3 为与空气温度曲线相对应的挂面干燥过程的相对湿度曲线。从图中可以看出，相对湿度在起始阶段快速升高，20 min 后烘房相对湿度接近饱和状态；右上位置的相对湿度相对较低；从 101 min 开始，相对湿度呈现降低趋势。在181~201min 时间段内，相对湿度出现"V"形波动。波动原因与烘房该位置处导热油管网的分布设计和排潮量的大小有关。

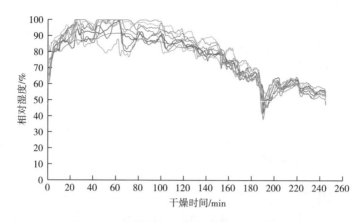

图 3-3   隧道式烘房挂面干燥相对湿度曲线

—— 左上   —— 左中   —— 左下
—— 中上   —— 中中   —— 中下
—— 右上   —— 右中   —— 右下

烘房各监测位置的相对湿度特征如表 3-3 所示。9 个空间位置的平均相对湿度为 74%~82%，各位置相对湿度的变异较大，为 16.41%~22.29%。在前期干燥的部分时间段内，部分烘房空间位置的相对湿度达到了 100% 的饱和状态。

表 3-3   隧道式烘房空间位置的相对湿度特征

位置	平均值/%	最大值/%	最小值/%	标准差	变异系数/%
左上	78.19	100.00	43.04	14.11	18.05
左中	78.70	99.52	49.05	14.16	17.99
左下	75.86	92.11	40.91	14.03	18.50
中上	77.21	100.00	41.98	14.39	18.64
中中	79.79	100.00	37.73	17.21	21.57
中下	79.66	100.00	42.20	17.76	22.29
右上	74.32	93.84	45.47	12.20	16.41
右中	82.61	100.00	52.15	14.90	18.03
右下	82.37	99.60	48.07	16.07	19.51

对烘房空间位置上、中、下及左、中、右的相对湿度值进行配对方差分析，结果如表 3-4 所示。烘房上、中、下及左、中、右位置间的相对湿度均存在显著差异。中、下位置的相对湿度显著高于上部；右边显著高于左边。

表 3-4　　　　　　　　　　　隧道式烘房空间位置的相对湿度差异分析

位置	样品数 / 个	平均值 /%	标准差	变幅 /%	变异系数 /%
上	2205	76.58^c	13.70	41.98~100	17.89
中	2205	80.36^a	15.56	37.73~100	19.36
下	2205	79.30^b	16.24	40.91~100	20.48
左	2205	77.58^c	14.15	40.91~100	18.24
中	2205	78.89^b	16.56	37.73~100	20.99
右	2205	79.77^a	14.98	45.47~100	18.78

注：字母不同表示存在显著性差异（$P<0.05$）。

（三）挂面干燥曲线及特征

在线监测挂面烘房内部空气的温度和相对湿度的同时，定点测定了挂面的水分含量并绘制了挂面干燥曲线（图 3-4）。

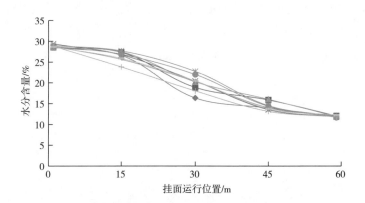

图 3-4　隧道式烘房空间位置挂面的干燥脱水曲线

　◆ 左上　　　■ 左中　　　▲ 左下
　✕ 中上　　　✳ 中中　　　● 中下
　＋ 右上　　　━ 右中　　　━ 右下

挂面干燥过程的水分含量变化如表 3-5。挂面干燥的初始和结束时刻的平均水分含量分别为 28.71% 和 11.88%，干燥过程四个阶段的脱水率（脱水率＝阶段脱水量 / 总脱水量）分别为 13.79%、38.68%、33.09%、14.44%，约 71.77% 的挂面水分在烘房 15~45 m 的干燥过程中被脱去。

表3-5　　　　　　　　　　隧道式烘房挂面干燥过程的水分含量

挂面运行位置/m	平均值/%	标准差	最大值/%	最小值/%	变异系数/%
1	28.71	0.27	29.36	28.44	0.93
15	26.39	1.20	27.63	23.77	4.55
30	19.88	1.95	22.70	16.30	9.79
45	14.31	1.00	15.99	13.10	6.98
59	11.88	0.17	12.23	11.64	1.45

另外,从表3-5中可以看出,烘房初始(1m)和末端(59m)取样点9个空间位置挂面的水分含量非常接近,变异系数仅为0.93%和1.45%;其他取样点(15、30、45m)的水分含量变异系数也均小于10%。表明在相同干燥时间时,烘房内部不同空间位置处挂面的水分含量差异不大,干燥过程的干燥速率较为一致。

（四）隧道式烘房挂面干燥脱水模型

根据烘房9个不同位置处挂面的干燥曲线数据,对挂面在烘房中的运行位置和水分含量进行回归分析(图3-5)。结果显示,三次多项式回归方程的相关性最高,回归方程如式(3-1)所示,方程决定系数 R^2=0.9994。

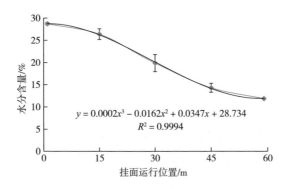

图3-5　隧道式烘房挂面干燥脱水模型曲线

$$y=0.0002x^3-0.0162x^2+0.0347x+28.734 \tag{3-1}$$

式中　x——挂面在烘房中的运行距离,m;

　　　y——挂面在烘房中运行至x(m)处的水分含量,%。

三、讨论

采用 179A-TH 智能温度湿度记录仪对隧道式烘房挂面干燥过程的温度和相对湿度进行在线监测，能够直观显示和判断烘房内部空气的温度、相对湿度的动态变化及其分布特征。与此同时，建立隧道式烘房挂面干燥过程的拟合模型曲线，可为优化挂面干燥工艺、改造挂面干燥设备、实现挂面干燥工艺标准化及自动化提供方法和参数依据。

企业生产中挂面干燥工艺基本是按照"三段式"挂面干燥理论进行设计和操作。预干燥阶段通常是指将面条含水量从（30±0.5）% 降到（28±0.5）% 的阶段，干燥温度一般控制在 15~25℃，相对湿度 85%~95%。预干燥阶段的主要目的是蒸发面条表面水分，固定面条组织，防止由自身重力而导致面条断裂和被拉长。主干燥阶段通常是指将挂面水分含量从（28±0.5）% 降至（17±0.5）% 的阶段，最高干燥温度一般在 45℃以下，相对湿度不得低于 75%。由于面条脱水量较大，干燥速率较高，因此，主干燥阶段既是挂面脱水干燥的主要阶段，又是防止产品质量出现问题的关键阶段。主干燥阶段的挂面干燥需要遵循"保湿烘干"原理，即保持烘房较高的相对湿度，使面条表层水分的汽化速率始终小于或等于内部水分向表面的迁移速率。完成干燥阶段属于降温散热阶段，要求挂面在缓慢降温的过程中继续脱水干燥，最终达到规定成品的水分要求（14.5% 以下），并保持面条内外水分和温度的平衡。降温速率通常以每分钟降低 0.5℃为宜。

挂面干燥工艺的标准化、自动化和智能化是未来挂面行业的发展方向。本节在在线监测挂面干燥工艺参数的同时，测定挂面的干燥曲线，并针对挂面在烘房中的运行位置和水分含量进行回归分析，得到了决定系数较高的三次多项式回归方程，再现了挂面在烘房干燥过程中的脱水规律。进一步的研究还应验证及修正已经建立的回归方程，并在挂面干燥生产线配备在线测量水分含量的仪器，结合该回归方程建立挂面干燥工艺参数（温度、相对湿度、干燥时间）的自动控制系统，从而实现挂面水分含量等质量特性的在线检测，以及干燥工艺的自动化控制。

四、小结

通过测定隧道式烘房中不同空间位置处空气的温度和相对湿度等分布规律，得到如下结论：

（1）智能温度湿度记录仪能够在线监测隧道式烘房挂面干燥过程的温度、相对湿度和干燥时间；

（2）本节挂面隧道式烘房的干燥工艺参数满足挂面干燥工艺技术规程；

（3）挂面干燥过程的三次多项式回归方程，对实现挂面干燥工艺标准化和自动化具有重要的指导意义。

第二节　索道式挂面烘房的干燥工艺

索道式烘房也叫单行回行式烘房，即单行挂面在烘房中往复运行，依次经过由隔墙划分的若干区域进行分段热力干燥，是 20 世纪 80 年代我国从日本引进的一种挂面烘房。与隧道式烘房相比，索道式烘房有其自身的优点和缺点。优点是可以根据"三段式（或四段式）"挂面干燥理论对挂面干燥的各个阶段进行有效的区域划分，使各阶段的挂面干燥能够在相对独立的空间内进行，在一定程度上能够避免各区域之间的相互影响，从而可以更好地对各阶段的挂面干燥工艺参数进行控制。缺点是由于挂面在烘房中的运行呈"S"形，温度和相对湿度在烘房两端处容易受外界环境的影响。其次，由于挂面是单行运行，要想提升产量，就得增加链条的运行速度，传送系统的压力较大，容易出现落杆及设备故障等现象。为了发挥索道式烘房特有的优点，克服其缺点，挂面生产企业和设备制造企业正在对索道式烘房进行改进或重新设计，以期达到最佳挂面干燥效果。

本节采用 179A-TH 智能温度湿度记录仪对索道式烘房挂面干燥过程中空气的温度和相对湿度进行在线监测，测量挂面的干燥曲线，并对挂面产品的水分含量、色泽及抗弯强度等质量性状进行测定；通过相关性和逐步回归分析，明确干燥工艺参数与挂面质量的关系，确定挂面干燥工艺关键控制点，为挂面干燥工艺的过程控制提供依据和方法。

一、材料与方法

（一）时间与地点

本节试验于 2013 年 5 月 7—10 日在某大型挂面生产企业的索道式烘房实施。

（二）仪器与设备

179A-TH 智能温度湿度记录仪（美国 Apresys 精密光电有限公司）、BSA323S-

CW 电子天平［赛多利斯科学仪器（北京）有限公司］、DHG-9140 电热恒温鼓风干燥箱（上海一恒科技有限公司）、DA7200 近红外分析仪（瑞典 Perten 公司）、CR-400 彩色色差计（日本柯尼卡美能达公司）。

（三）试验方法

1. 挂面干燥工艺参数在线监测

179A-TH 智能温度湿度记录仪悬挂在不锈钢钩条上，钩条与挂面等长。记录仪放置位置为不锈钢钩条的上、中、下，即三等分位置，动态在线监测烘房上、中、下位置挂面干燥过程的温度和相对湿度。监测试验重复三次，即在 3 个班次分别开展试验。

2. 干燥曲线的绘制

干燥曲线为挂面水分含量随干燥时间变化的曲线。挂面干燥过程的取样位置如图 3-6 中的圆点所示，分别在挂面的上、中、下位置取样，水分含量的测定参照 GB/T 5009.3—2016 测定。

图 3-6 索道式挂面烘房平面及取样位置示意图

3. 挂面产品质量性状测定

被监测的挂面运行至烘房末端时，将温度湿度记录仪的前、后两杆挂面取下，在上、中、下位置取样；每个位置取样 500g，截取的挂面长度不得小于 20cm；密封包装，室温存放 24h，测定其产品质量。

水分含量测定：采用 DA7200 近红外分析仪测定，每份样品重复测量三次，取平均值。

色泽测定：将挂面均匀摆放在长方形的平底托盘里，用遮光布将 CR-400 彩色色差计的探头和挂面罩住测量，每份样品重复测量 5 次，取平均值。

抗弯强度测定：截取长度为 20 cm 的挂面，用自制的测量仪将挂面左端固定于零刻线位置，右端以恒定速度沿刻度尺的水平方向缓慢向左移动；记录挂面断裂时的轴向压缩距离；该距离的大小则表示挂面的抗弯强度。轴向压缩量越大，则挂面抗弯强度越大；反之，则挂面抗弯强度越小。每份样品重复测量 10 次，取平均值。

4. 数据处理方法

采用 Excel 2010 和 SPSS 18.0 进行数据处理和统计分析。

二、结果与分析

（一）挂面干燥过程中空气温度的变化曲线及特征

图 3-7 所示为烘房某一班次挂面干燥的空气温度变化曲线。由图可知，烘房内部的空气温度曲线呈现近似抛物线形状。初始干燥温度为 28℃，此后逐渐上升；上升过程的烘房上、中、下温度差异较为明显。干燥至 40min 时，烘房温度上升到 40℃，挂面进入主干燥区（Ⅱ 区和 Ⅲ 区）；主干燥区的烘房温度保持在（45±2）℃。干燥至 80min 和 160min 时，温度曲线出现的"U"形波动，这是由于挂面在回行转弯时，烘房的保温性能差和排潮设置粗放所致。干燥至 188min 时，挂面进入烘房干燥的 Ⅳ 区，其温度不但没有下降，反而有所升高，在干燥至 205min 达到最高的 52.83℃后，温度开始降低，降温速率小于 0.5℃/min，最终干燥空气的温度为 38℃。

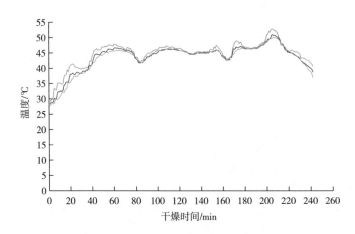

图 3-7　挂面干燥过程中空气温度的变化曲线

——上　——中　——下

烘房 4 个区域的上、中、下位置温度参数如表 3-6 所示。烘房 Ⅰ 区温度平均值较低，变幅较大，其标准差和变异系数均大于其他 3 个区域；烘房 Ⅱ、Ⅲ、Ⅳ 区

温度平均值较为接近；但烘房Ⅱ区温度的变幅、标准差和变异系数均小于Ⅲ区和
Ⅳ区。另外，对烘房4个区域上、中、下位置的温度值进行配对方差分析认为，上、
中、下位置间的温度均存在显著差异，其基本规律为从上到下温度逐渐降低。

表3-6　　　　　　　索道式烘房不同空间位置的空气温度特征及差异分析

区域	位置	平均值/℃	变幅/℃	标准差	变异系数/%
Ⅰ区	上	38.32[a]	25.86~44.12	3.99	10.41
	中	36.27[b]	26.42~42.57	4.00	11.03
	下	35.19[c]	26.08~42.14	4.19	11.90
Ⅱ区	上	45.19[a]	41.19~49.47	1.72	3.80
	中	44.37[b]	40.83~47.95	1.61	3.63
	下	44.16[c]	39.96~47.09	1.58	3.57
Ⅲ区	上	46.15[a]	39.45~55.19	3.20	6.93
	中	45.20[b]	39.60~52.25	2.75	6.09
	下	45.10[c]	39.71~51.31	2.51	5.57
Ⅳ区	上	46.07[a]	37.19~52.83	2.98	6.46
	中	44.42[b]	37.75~50.94	2.97	6.70
	下	43.90[c]	35.89~50.06	3.40	7.74

注：字母不同表示存在显著性差异（$P<0.05$）。

（二）挂面干燥过程中空气相对湿度的变化曲线及特征

图3-8为与温度曲线相对应的挂面干燥过程中的空气相对湿度曲线。从图中
可以看出，挂面干燥的起始相对湿度为70%；干燥20min后，烘房中、上位置的相
对湿度达到90%以上，而烘房下位置的相对湿度达到了100%（饱和状态）。在主
干燥阶段，烘房相对湿度保持在（90±5）%。干燥至80min和160min时，与温度
曲线类似，相对湿度曲线出现了"V"形波动，这与温度参数的波动原因相同。但
由于相对湿度受温度和空气实际含水量的影响较大，因此，与温度波动相比，相
对湿度的波动幅度更大。干燥至195min时，烘房空气的相对湿度开始下降，下降
速率约每分钟1%；干燥结束阶段空气的相对湿度与车间内的相对湿度接近，为
（40±5）%。

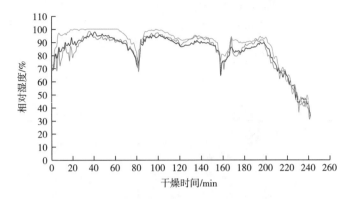

图 3-8　索道式烘房挂面干燥过程相对湿度曲线

——上 —— 中 —— 下

烘房 4 个区域的上、中、下位置处的空气相对湿度参数如表 3-7 所示。烘房Ⅰ、Ⅱ、Ⅲ区的相对湿度平均值较高，在 80%~95% 之间，其标准差和变异系数均小于烘房Ⅳ区。烘房Ⅳ区相对湿度的平均值较低，变幅、标准差及变异系数较大。另外，对烘房 4 个区域上、中、下位置的相对湿度进行配对方差分析认为，烘房下部位置的相对湿度均显著高于上、中位置；烘房Ⅲ区上、中位置间的空气相对湿度无显著差异。

表 3-7　　索道式烘房空间位置的相对湿度特征及差异分析

区域	位置	平均值 /%	变幅 /%	标准差	变异系数 /%
Ⅰ区	上	82.90[c]	49.63~98.36	10.59	12.78
	中	85.13[b]	54.84~97.07	8.89	10.44
	下	93.79[a]	59.15~100.0	9.01	9.61
Ⅱ区	上	90.11[b]	65.16~97.19	4.95	5.49
	中	89.00[c]	66.62~97.88	4.81	5.40
	下	94.42[a]	70.23~100.0	4.69	4.97
Ⅲ区	上	82.01[b]	59.52~95.28	8.63	10.53
	中	82.00[b]	64.53~92.11	6.80	8.30
	下	86.92[a]	68.84~96.70	6.95	7.99
Ⅳ区	上	57.97[c]	25.01~91.58	20.75	35.79
	中	58.77[b]	29.24~89.77	19.13	32.55
	下	60.25[a]	26.14~94.27	21.61	35.87

注：字母不同表示存在显著性差异（$P<0.05$）。

（三）挂面干燥曲线及特征

在线监测挂面干燥温度和相对湿度的同时，测定挂面干燥过程曲线（图3-9）。

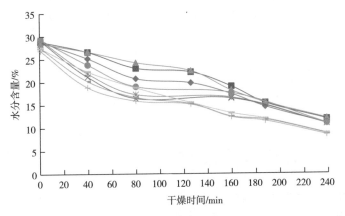

图 3-9　索道式烘房挂面干燥曲线

→← 左上　—■— 左中　—▲— 左下
—×— 中上　—*— 中中　—●— 中下
—+— 右上　—— 右中　—— 右下

由图 3-9 和表 3-8 可知，挂面干燥的初始水分含量为（28.34±0.91）%，变异系数仅为 3.21%。随着挂面在烘房的运行，相同位置处挂面的水分含量出现较大的差异，标准差范围在 1.39%~3.49%，变异系数均大于 10%。其中，烘房内部上、中、下三个位置处挂面的干燥速率存在规律性差异，表现为上 > 中 > 下；不同生产班次挂面的干燥速率也存在较大差异。

表 3-8　　　　　　　　　　挂面干燥过程的水分含量特征

干燥时间 /min	样品数 / 个	平均值 /%	最小值 /%	最大值 /%	标准差	变异系数 /%
1	9	28.34	26.82	29.28	0.91	3.21
40	9	22.91	18.83	26.58	2.76	12.05
80	9	19.09	15.87	24.20	2.98	15.60
126	7	18.34	15.09	22.39	3.49	19.05
160	9	15.83	12.26	18.93	2.56	16.20
188	7	13.38	11.39	15.46	1.92	14.35
239	9	10.31	8.36	12.02	1.39	13.48

（四）挂面产品的质量性状

对 3 个班次生产的 9 份挂面样品进行质量性状测定，结果如表 3-9 所示。由表可知，挂面产品的水分含量、色泽 a* 值和抗弯强度的变异系数较大，分别达到了 10.88%、16.54% 和 19.74%，色泽 L* 值和色泽 b* 值的变异系数较小。

表 3-9   挂面产品的质量性状

质量性状	样品数 / 个	平均值	变幅	标准差	变异系数 /%
水分含量	9	11.83%	9.80%~13.16%	1.29	10.88
色泽 L*	9	86.91	85.23~88.11	0.93	1.07
色泽 a*	9	−0.58	−0.69~−0.45	0.10	16.54
色泽 b*	9	17.30	16.18~18.98	0.99	5.73
抗弯强度	9	98.38mm	70.9~124.5mm	19.42	19.74

（五）挂面干燥工艺参数与产品质量的关系

1. 产品质量与工艺参数的相关性

由相关性分析可知，挂面产品的水分含量、色泽 a* 值和抗弯强度与挂面干燥工艺参数关系最为密切（表 3-10）。其中，水分含量与烘房的 I 区温度呈极显著负相关，与 III、IV 区相对湿度呈极显著正相关；色泽 a* 值与烘房的 III、IV 区相对湿度呈极显著负相关；抗弯强度与烘房 I、II、III 区的温度呈极显著正相关，而与 I、II、III 区的相对湿度呈显著负相关。

表 3-10   产品质量与工艺参数的相关性分析

项目	水分含量 /%	L*	a*	b*	抗弯强度 /mm
I 区温度	−0.819**	0.574	0.697*	−0.652	0.879**
II 区温度	−0.511	−0.058	0.398	−0.062	0.825**
III 区温度	−0.765*	0.340	0.618	−0.443	0.805**
IV 区温度	0.093	−0.321	−0.192	0.318	0.491
I 区相对湿度	0.686*	−0.726*	−0.585	0.742*	−0.774*
II 区相对湿度	0.638	−0.611	−0.554	0.643	−0.758*
III 区相对湿度	0.915**	−0.659	−0.818**	0.762*	−0.705*
IV 区相对湿度	0.954**	−0.496	−0.898**	0.645	−0.631

注：* 表示相关系数 $a=0.05$ 显著水平，** 表示相关系数 $a=0.01$ 显著水平，$n=9$。

2. 挂面干燥工艺参数与产品质量的回归分析

以挂面干燥工艺参数（Ⅰ区温度 X_1、Ⅱ区温度 X_2、Ⅲ区温度 X_3、Ⅳ区温度 X_4、Ⅰ区相对湿度 X_5、Ⅱ区相对湿度 X_6、Ⅲ区相对湿度 X_7、Ⅳ区相对湿度 X_8）为自变量，对挂面产品的质量（水分含量 Y_1、色泽 a^* 值 Y_2、抗弯强度 Y_3）分别进行逐步（Stepwise）回归分析，得到多元线性回归方程（表 3–11）。

表 3-11　　　　　　　　工艺参数与产品质量的逐步（Stepwise）回归分析

产品质量性状	最优回归方程	方程判定系数（R^2）
水分含量	$Y_1=6.373+0.091X_8$	0.910
色泽 a^*	$Y_2=-0.195-0.006X_8$	0.807
抗弯强度	$Y_3=-214.51+8.55X_1$	0.772

通过上述回归分析表明，烘房的Ⅳ区相对湿度是影响挂面产品水分含量和色泽 a^* 值的重要因素；Ⅳ区平均相对湿度越高，则挂面产品的水分含量越高、色泽 a^* 值越小。另外，烘房的Ⅰ区温度与挂面产品抗弯强度关系密切，Ⅰ区平均温度越高，则挂面产品的抗弯强度越大。因此，将烘房的Ⅰ区温度和Ⅳ区相对湿度，作为挂面干燥工艺的关键控制点。

三、讨论

本节在确定挂面干燥工艺的关键控制点时，选择挂面产品水分含量、色泽和抗弯强度作为质量控制指标，以挂面干燥 4 个阶段（即烘房 4 个区域）的空气温度和相对湿度作为影响因素进行分析和探讨。结果表明，干燥产品的质量波动主要来源于烘房Ⅰ区温度和Ⅳ区相对湿度的波动。

烘房Ⅰ区属于挂面的预干燥阶段。预干燥阶段的主要目的是蒸发面条表面水分，固定面条组织，防止挂面由自身重力而导致面条拉长或断裂。由挂面干燥脱水曲线（图 3-9）可知，挂面在烘房Ⅰ区的干燥脱水范围为（28.34±0.91）%~（22.91±2.76）%。陆启玉（2007）认为，引起面条干燥龟裂和断条的极限含水量为（25.5±0.5）%。该极限含水量正好介于烘房Ⅰ区的挂面干燥脱水范围。因此，控制烘房Ⅰ区的温度和相对湿度，特别是挂面在极限含水量时的干燥温度不宜过高，相对湿度不宜过低，否则由于面条表面水分梯度过大而产生较大的剪应力，使面条发生龟裂（劈条）和断条。另外，烘房Ⅰ区的入口与外界相通，烘房温度和相对湿度容易受到季节和天气变化的影响而产生波动，使得挂面在起始时的干燥速率不能够保持一致，从而扰乱了后续阶段的挂面干燥速率，增加了对后续工艺参数的调整难度。密切监测烘房Ⅰ区的空气温度、相对湿度以及挂面的干燥速率是保证产品质量的重要前提。

由烘房的挂面干燥过程中不同位置处空气的温度和相对湿度曲线（图 3-7 和图 3-8）可知，主干燥阶段（Ⅱ区和Ⅲ区）的干燥温度和相对湿度，除了在回行转弯时受到一定的影响和波动外，其余时刻基本稳定在了较高的水平，分别为（45±2）℃和（90±5）%。因此，主干燥阶段的挂面干燥完全满足"保湿烘干"的工艺理论和技术要求，而且挂面在高温、高湿的环境下干燥，既减少了由于排湿而耗费的能量，又保证了产品质量。当挂面进入烘房Ⅳ区时，必须进一步升温，并且逐步降低烘房的相对湿度，使面条水分在高温低湿条件下全面及时地蒸发，避免出现面条回湿现象。此阶段虽然是面条脱水的高峰区，但由于面条自身温度较高，表层水分的汽化速度较快，而内部水分未能彻底迁往表层，仍有"结膜"的可能，使得面条"外干内湿"。因此，应控制该过程的排潮量，不能使烘房的相对湿度下降过快。另外，在干燥结束阶段时，还需要对挂面进行降温和缓苏，以平衡面条内外部的水分和温度。综合分析认为，烘房的Ⅰ区和Ⅳ区是挂面干燥过程的关键控制区域；Ⅰ区温度和Ⅳ区相对湿度是挂面干燥过程的关键控制参数。

四、小结

通过测定索道式烘房中不同空间位置处空气的温度和相对湿度等分布规律及其对挂面质量性状的影响，得到如下结论：

（1）采用智能温度湿度记录仪在线监测烘房的空气温度和相对湿度，得到其变化曲线及分布特征，为研究挂面干燥工艺参数及其对产品质量的影响提供了方法和依据。

（2）挂面产品的质量性状中，水分含量、色泽 a^* 值和抗弯强度的变异系数较大，且与烘房干燥温度和相对湿度关系最为密切。因此，可将挂面水分含量、色泽 a^* 值和抗弯强度作为质量控制指标来研究挂面干燥工艺及其关键控制点。

（3）通过分析烘房的挂面干燥工艺及参数特征，采用逐步（Stepwise）回归分析方法建立挂面干燥工艺参数与产品质量性状之间的关系认为，烘房的Ⅰ区温度和Ⅳ区相对湿度是挂面干燥工艺的关键控制点。

第三节 挂面干燥过程中干燥介质间的相互作用

干燥过程与挂面产品质量、加工能耗、生产效益密切相关。干燥工艺不当，不但会引起潮条、酥条、断条等现象，也会使企业生产能耗升高，抬高企业生产成本，降低企业产品市场竞争力（陆启玉，2007；沈群，2008；Hou等，2010）。温度、相对湿度、风速是影响挂面干燥的主要因素（Bin，2008；刘锐，2012）。在线监测挂面干燥介质参数，分析其变化规律及分布特征，明确干燥介质参数之间的相互影响，对调节挂面干燥工艺、稳定产品质量和提高生产效益提供重要参考。

面条属于内部扩散控制性物料，当水分内扩散小于外扩散时，会使挂面发生变形、酥面、裂纹等不良后果（Inazu等，2000，2002；Pronyk等，2010；沈再春，2001）。经典的传热传质理论认为，温度越高，干燥速率越快。但潘永康等（2010）认为干燥温度过高，干燥速率过快是导致产品质量劣变的重要原因。Bi等（2008）研究认为，合适的温度不仅能促进面条水分蒸发、提高面条品质，而且能缩短干燥时间，降低生产成本。目前的挂面干燥工艺其主干燥区段采用的最高温度在45℃左右，干燥时间为3.5~5h（王杰，2014）。干燥介质的相对湿度也是影响挂面干燥的主要因素，调节干燥介质的相对湿度可以控制面条水分外扩散的速度，使得挂面保持合理的脱水速率（丛冬菊，1992；秦中庆，1995）。徐秋水（1994）认为要防止酥面，防止湿面条表面结膜，必须在干燥前期保持较高的相对湿度，使面条在一定的相对湿度条件下缓慢蒸发，保持外扩散与内扩散速度基本平衡。目前行业标准SB/T 10072—1992要求，相对湿度在预干燥、主干燥和完成干燥阶段应分别控制为80%~85%、75%~80%、55%~65%。干燥介质的流速不仅影响面条表面水分的蒸发速度，还影响烘房温度、相对湿度的分布及均匀性。Chen等（2000）在实验室研究温度、相对湿度对乌冬面的热风干燥效果时认为，在考虑湿面条强度基础上，1.8m/s的风速较为合适；而Asano（1981）则认为高风速（3m/s）能够使得面条表面的饱和蒸汽层变薄，传热阻力降低，可提高干燥速率。高飞等（2010）通过实验室内不同风速条件下（2.0~4.5m/s）挂面的干燥过程分析认为，3.0m/s为挂面干燥的临界风速，在此条件下挂面产品含水率最低，较高的风速会在表面形成硬化膜，不仅会使挂面干燥受阻，而且有发生酥条的风险。沈再春等（2001）认为，在预干燥阶段风速不可过高，过高的风速会使得挂面表面水分散失过快，表面结膜，内部水分较难蒸发，引起挂面酥条。在挂面干燥的不同阶段对风速的要求不同。居然等（1996）认为，预干燥阶段、主干燥阶段、完成干燥阶段风速分别为：0.8、1.2、0.8m/s，在此风速下生产运转正常，产品质量稳定。

虽然学者对挂面的干燥理论有了较为深入的认识，但其干燥过程控制主要依靠工作人员的经验，通过调节干燥介质的温度、相对湿度及空气流速等来实现的。对于干燥介质的温湿度调节已有人通过将自动化仪表控制技术用于烘房的温湿度监测和调控，克服了烘干工序的随机性（刘锐，2012）。王杰等（2014）通过利用179A-TH智能温度湿度记录仪在线监测隧道式烘房挂面干燥过程中的温湿度，结果表明，隧道式烘房内温度先升高再降低，近似抛物线；相对湿度在烘房前一段距离内较高，在干燥的末段较低；烘房内温湿度在不同位置具有显著差异，此外其并未对烘房内干燥介质的流动进行分析。

目前，关于温度和相对湿度对挂面质量影响已有部分研究，对烘房内温度、相对湿度的变化规律也有了初步认识。然而，生产上烘房内干燥介质的流向、流速分布及其对温度和相对湿度的影响，尚未见报道。通过调查某挂面生产企业5排60m隧道式烘房干燥过程干燥介质特征（风向、风速、温度、相对湿度），分析风速对温度、相对湿度的影响，可为调节挂面干燥工艺、改造烘房结构、提高烘房内能量利用率提供技术手段和理论依据。

一、材料与方法

（一）试验对象

本节试验以某企业5排60m隧道式烘房为研究对象。

60m隧道式烘房是目前挂面干燥中应用最普遍的烘房，长60m、宽6m、高3.5m，两端部分开放，5排挂面呈直线运行，烘道顶部为平顶，四周设有保温层（图3-10）。隧道式烘房按照干燥距离均分为4段，0~15、15~30、30~45、45~60 m分别称为挂面干燥的Ⅰ区、Ⅱ区、Ⅲ区、Ⅳ区。

隧道式烘房主要由传动装置、供热系统及通风排潮系统组成。挂面在传动系统的带动下匀速运行，运行时间为4 h，运行速度为0.25 m/min。挂面上方为供热系统，利用循环导热油通过管式换热器供热。通风系统由吊扇和排潮口组成，吊扇位于导热油管上方，沿挂面运行方向两排分布（图3-10）；排潮口单侧分布，为正方形（40cm），处于烘房的右下方位置（沿挂面运行方向观察），排潮口在干燥的前半段分布较为密集，后一段较为稀疏，各区排潮口数量分别为，Ⅰ区：5个，间距2.5m；Ⅱ区：4个，间距3m；Ⅲ区：2个，间距5m；Ⅳ区：1个，间距7.5m。

烘房内进口空气温度为24.4℃，相对湿度为86.3%，空气的流动主要依靠烘房内外的压力差；烘房出口处空气温度为34.3℃，相对湿度为76.2%。挂面初始含水率为（30.14±0.28）%，最终含水率为（12.83±0.37）%。该烘房生产能力为35t/d。

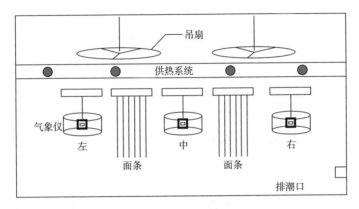

图3-10　气象仪悬挂位置图

（二）仪器与设备

Kestrel NK4500多功能便携式气象仪（北京哈维斯廷科技有限公司）。多功能便携式气象仪能够连续测定烘房内风向、风速、温度、相对湿度等参数，其测定精度分别为：温度0.1℃，相对湿度0.1%，风速0.1m/s，风向1°。

（三）试验方法

1. 挂面干燥过程干燥介质条件在线监测

根据气象仪测定要求，制作半径0.5m、高0.35m的不锈钢通透圆柱形托架。将气象仪固定在不锈钢托架上；挂面切条上架后，将不锈钢托架（气象仪）悬挂于挂面的传送装置上，使气象仪所处位置等同于悬挂挂面的中间部位；气象仪跟随挂面的链条传送装置一起运行，在线动态监测烘房左、中、右侧位置的温度、相对湿度、风速和风向。气象仪数据采集间隔为10s。

2. 挂面干燥过程风向频率统计

风向数据为0°~360°范围内的整数，其中0°代表正北方向。风向按顺时针分为8个方向，分别为正北（337.5°~0°，0°~22.5°）、东北（22.5°~67.5°）、正东（67.5°~112.5°）、东南（112.5°~157.5°）、正南（157.5°~202.5°）、西南

（202.5°~247.5°）、正西（247.5°~292.5°）、西北（292.5°~337.5°）风向。风向频率按式（3-2）计算。

$$风向频率 = \frac{该方向风的次数\ n}{风向总数\ N} \times 100\% \qquad (3-2)$$

（四）数据处理方法

采用 Excel 2010 和 SPSS 18.0 进行数据处理和统计分析。

二、结果与分析

（一）隧道式挂面烘房干燥介质特征分析

1. 隧道式烘房风向分布分析

为了解烘房内的风向分布，对烘房内的风向作风玫瑰图。由图 3-11 可知，风向在烘房内主要偏向于正东到西南的范围内，即偏向烘房内排潮口所处的一侧（右侧位置）。在烘房的左、右侧位置，风向主要偏向于正东或正南；在烘房的中间位置，风向为西南和正东。

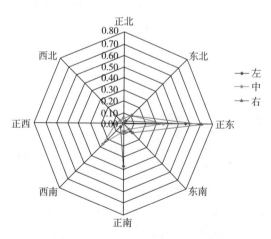

图 3-11　隧道式烘房风向分布图

2. 隧道式烘房风速特征分析

图 3-12 为隧道式烘房左、中、右侧平均风速分布图。由图 3-12 可知，烘房内平均风速为 0~3.0m/s，多数位置的风速处于 1.5m/s 以下。烘房中风速沿挂面运

行方向呈锯齿状波动式降低,其波形特征与烘房内吊扇的悬挂位置有关;风速较大的位置(波峰)为吊扇所处位置,风速较小的位置(波谷)处于相邻 2 个吊扇的中间位置。风速在烘房空间位置左、中、右之间存在差异,左、右侧风速明显大于中间位置,风速间的差异与烘房内吊扇沿挂面运行方向两排分布有关(图 3-12)。烘房 0~15m 的平均风速是 0.95m/s,变异系数是 84.21%;15~30m:0.89m/s,变异系数 82.02%;30~45m:0.79m/s,变异系数 106.76%;45~60m:0.50m/s,变异系数 124%。各区平均风速大小顺序为:$V_I > V_{II} > V_{III} > V_{IV}$。

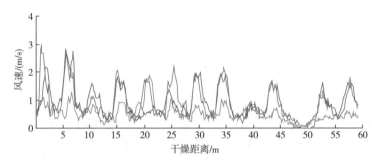

图 3-12　隧道式烘房挂面干燥风速变化曲线

——右　——中　——左

3. 隧道式烘房温度特征分析

烘房内的温度沿挂面运行方向呈近似抛物线式变化(图 3-13),温度先上升再下降。各区平均温度为:T_I,27.87℃;T_{II},41.10℃;T_{III},45.55℃;T_{IV},39.99℃。烘房入口温度为 25℃,沿挂面运行方向温度快速上升,干燥距离 15m 处温度升至 40℃。II 区缓慢升温,干燥距离 30 m 处至 45℃。III 区(干燥距离 30~45m)温度稳定在 45℃左右。在烘房 IV 区温度又缓慢下降,平均温度为 40℃;烘房末端的干燥温度显著的高于初始干燥温度。

4. 隧道式烘房相对湿度特征分析

由图 3-14 可知,烘房内沿挂面运行方向相对湿度呈现锯齿状波动式降低,末端变化较为平缓。各区平均相对湿度为:H_I,84.48%;H_{II},80.49%;H_{III},73.87%;H_{IV},68.70%。在干燥的前段相对湿度为(80±10)%,变化幅度较大;在干燥的后端相对湿度为(70±10)%,末端较为稳定。由于挂面的干燥脱水主要发生在 I 区、II 区,脱水量占脱水总量的 74.18%;在 III 区、IV 区的脱水量较少。同时,又由于烘房 III 区、IV 区空气流速较慢,导致相对湿度较 I 区、II 区稳定。

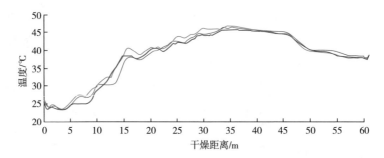

图 3-13　隧道式烘房挂面干燥温度变化曲线

—— 右　　—— 中　　—— 左

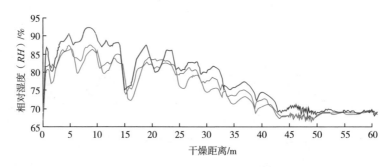

图 3-14　隧道式烘房挂面干燥相对湿度变化曲线

—— 右　　—— 中　　—— 左

5. 隧道式烘房空间位置的干燥介质参数差异分析

烘房内各干燥阶段左、中、右位置的风速、温度、相对湿度分布如表 3-12 所示。在 4 个干燥区段，左、右两侧风速均显著高于中间位置（$P<0.05$）。在 I 区、II 区、III 区，中间位置温度显著高于左、右两侧（$P<0.05$）；而在 IV 区，$T_右 > T_左 > T_中$。相对湿度在各干燥区段内均表现为 $H_左 > H_右 > H_中$，不同位置间的差异达到显著水平（$P<0.05$）。

表 3-12　　　　　　　　　隧道式烘房空间位置的干燥介质参数差异分析

干燥区段	位置	样品数/个	风速/（m/s）	变异系数/%	温度/℃	变异系数/%	相对湿度/%	变异系数/%
0~15m	左	4320	1.10 ± 0.87[b]	79.31	27.53 ± 4.85[b]	17.60	87.29 ± 4.73[a]	5.41
	中	4320	0.59 ± 0.43[c]	71.82	28.51 ± 4.52[a]	15.85	82.50 ± 3.89[c]	4.72
	右	4320	1.15 ± 0.88[a]	76.78	27.55 ± 3.82[b]	13.85	83.64 ± 3.87[b]	4.62

续表

干燥区段	位置	样品数/个	风速/（m/s）	变异系数/%	温度/℃	变异系数/%	相对湿度/%	变异系数/%
15~30m	左	4320	1.08 ± 0.84^a	77.65	40.67 ± 2.54^c	6.25	82.11 ± 4.03^a	4.91
	中	4320	0.73 ± 0.59^c	80.13	41.82 ± 2.58^a	6.17	78.80 ± 4.08^c	5.17
	右	4320	0.85 ± 0.70^b	82.08	40.83 ± 2.81^b	6.87	80.57 ± 3.56^b	4.42
30~45m	左	4320	0.86 ± 0.85^b	98.04	45.17 ± 1.23^c	2.73	75.18 ± 4.78^a	6.35
	中	4320	0.57 ± 0.43^c	75.15	45.79 ± 1.26^a	2.76	71.64 ± 3.42^c	4.77
	右	4320	0.94 ± 0.81^a	86.24	45.68 ± 1.34^b	2.93	72.97 ± 4.14^b	5.67
45~60m	左	4461	0.54 ± 0.70^b	128.20	39.89 ± 2.35^b	5.90	69.31 ± 3.41^a	4.91
	中	4448	0.29 ± 0.31^c	110.24	39.74 ± 2.40^c	6.04	68.29 ± 2.85^c	4.18
	右	4459	0.66 ± 0.71^a	108.44	40.34 ± 2.37^a	5.86	68.49 ± 2.87^b	4.19

注：字母不同表示同一列数据之间存在显著性差异（$P<0.05$）。

（二）风速对烘房内温度和相对湿度的影响

如表3-13所示，烘房内干燥介质的流速对温度、相对湿度有显著影响。在挂面干燥的Ⅰ区和Ⅳ区，风速与温度显著负相关（$P<0.05$）；在Ⅱ区和Ⅲ区，风速与温度极显著正相关（$P<0.01$）。在Ⅰ、Ⅱ、Ⅲ区，风速与相对湿度极显著负相关（$P<0.01$）。

表3-13　　　　　　　　干燥介质流速与温、相对湿度的相关性分析

干燥区段	风速与温度相关性	风速与相对湿度相关性
0~15 m（Ⅰ区）	-0.177^*	-0.171^{**}
15~30 m（Ⅱ区）	0.129^{**}	-0.372^{**}
30~45 m（Ⅲ区）	0.185^{**}	-0.124^{**}
45~60 m（Ⅳ区）	-0.186^{**}	0.000

注：* 表示在 $P<0.05$ 水平上显著，** 表示在 $P<0.01$ 水平上显著。

三、讨论

（一）烘房干燥介质的特征分析

烘房内干燥介质的温度、相对湿度和风速是影响挂面干燥的最主要外部因

素。温湿度在烘房内各干燥区段之间存在显著差异，呈先上升后下降的特点，相对湿度整体呈现逐渐降低的趋势，温度和相对湿度在烘房的左、中、右之间存在显著性差异。这与王杰等（2014）关于隧道式烘房挂面干燥工艺特征的研究结果一致。风速在烘房各区之间存在显著性差异（$P<0.05$），从Ⅰ区到Ⅳ区风速逐渐降低，各区平均风速为：Ⅰ区0.95m/s、Ⅱ区0.89m/s、Ⅲ区0.79m/s、Ⅳ区0.50m/s，均低于行业标准（SB/T 10072—1992），以及居然等（1996）的建议，更是远低于高飞等（2009）所提出的3 m/s的干燥风速。可以认为，在保证产量和末端水分含量要求的前提下，较小的风速，有利于工艺前端保湿和保温，降低干燥介质排量，增加干燥介质的焓，减少热量损耗。

相对湿度在烘房不同位置处存在差异。烘房两侧相对湿度显著高于中间，这可能是由于烘房中间位置处温度较高所致。左、右两侧的相对湿度差异主要是受排潮口位置的影响；左侧位置无排潮口，相当于起到了保潮的作用，而右侧位置由于排潮口向外排潮，使得相对湿度显著低于左侧。

（二）风速对挂面干燥介质温度和相对湿度的影响

烘干室内的空气既是载热体，又是载湿体，通风及空气对流直接影响到烘房的温湿度及均匀性。该试验结果确证了风速对温度和相对湿度的显著影响。烘房Ⅰ区和Ⅳ区是挂面干燥的预干燥区和降温缓苏区，导热油管数量少，且与烘房外部连接，较高的风速会使得烘房内外干燥介质对流加快，增加烘房内外热量交换，降低烘房温度；Ⅱ区和Ⅲ区是挂面干燥的主干燥区，导热油管数量多，密布在风扇与挂面之间，提高风速会加速导热油散热。干燥理论认为，较高的风速会降低物料界面层厚度，增大传热效率和相对湿度梯度，加快脱水速率，使得干燥介质的相对湿度增大（潘永康，2007）。而本节中风速会降低空气湿度，这是因为隧道式烘房是一个半封闭的环境，通过排潮口可以向外界排潮，加大风速会增加排潮量，导致烘房内的相对湿度降低。

四、小结

（1）隧道式烘房的空气流动分布不均匀；风向主要偏向于排潮口一侧，风速表现为锯齿状波动式降低。沿挂面运行方向，温度先上升后下降，在30~45m干燥区内最高，均值为45.55℃；而相对湿度呈逐渐降低的趋势。

（2）在各干燥区段，左、右两侧风速均显著高于中间位置。在0~45m的3个干燥区内，中间位置温度显著高于左、右两侧；而在 45~60m，中间位置温度最低。相对湿度在各干燥区段内均表现为靠近排潮口一侧（右侧）最高，左、右两侧位置高于中间位置，左、右两侧的相对湿度差异主要是受排潮口位置影响。

（3）风速显著影响烘房内的温湿度。在 15~45m 干燥区内，风速与温度显著正相关；在 0~15m 和 45~60m 干燥区内，风速与温度显著负相关（$P<0.05$）。在 0~45m 干燥区内，风速与相对湿度显著负相关（$P<0.05$）。风速对烘房内的温湿度在各干燥区段的影响方向和大小有所不同。

第四节　干燥介质条件对挂面干燥过程的影响

温度、相对湿度和风速是影响挂面干燥的最主要因素（Fu，2008；Hou 等，2010）；干燥脱水量及脱水速率与挂面产品质量密切相关，也是评价干燥效率的主要指标。分析干燥介质各因素（温度、相对湿度和风速）对挂面脱水量的影响规律，可以为企业挂面干燥工艺调节和控制提供依据。

科学合理的干燥工艺，不仅能够缩短干燥时间，节约能源，还能提高产品质量（Inazu 等，2002，2003）。不合理的温度、相对湿度和风速不仅造成能源浪费，还可能引发挂面酥条风险。目前，多数学者将挂面的干燥过程分为三个阶段，即预干燥、主干燥和完成干燥三段。不同的干燥段有不同的干燥目的和要求。陆启玉（2007）认为在预干燥阶段主要通过控制空气介质的相对湿度除去部分表面层水分，当相对湿度 >95%，或温度 <10℃时，要适当加温；在主干燥阶段的前期要逐步提高干燥介质温度，调整相对湿度，保持表面层水分汽化速度小于或等于水分的内扩散速度，在主干燥的后期要继续增温，降低相对湿度（不可过于干燥），快速除去挂面表面水分；在最后阶段仅靠流动空气的风力作用，降低挂面温度，脱去小部分水分，平衡面条内外水分和温度。对于干燥介质各因素对挂面干燥影响的主次顺序，沈再春等（2001）研究认为，相对湿度是影响挂面干燥的最主要因素，利用自然温度（>20℃），不需要人工加温，通过保潮排潮控制烘房相对湿度，即可保证细挂面（宽度 / 厚度 / 直径 <1.2mm）的烘干质量。罗忠民等（1988）认为干燥介质的温湿度和时间是影响挂面干燥的最主要因素，其中又以相对湿度影响较大，其次为干燥介质的温度。李华伟等（2009）通过测定成品挂面的抗弯曲强度和拉伸应力认为，预干燥阶段干燥介质各因素的主次顺序为：温度 > 风速 > 相对湿度 > 时间。王杰等（2014）通过对索道式挂面干燥工艺特征分析认为，烘房Ⅰ区温度和Ⅳ区相对湿度是挂面干燥工艺的关键控制点，Ⅰ区温度越高，挂面产品抗弯强度越大，Ⅳ区相对湿度越高，挂面产品水分含量越高、色泽 a* 值越小。

　　挂面干燥的控制调节主要是通过调节干燥介质的温度、相对湿度和风速，对此已积累了大量的研究资料。但是，烘干过程不论干燥介质参数（温度、相对湿度及风速）如何变化，最终反映在挂面的干燥脱水量。因此，根据脱水量大小和快慢控制产品质量和调节干燥过程，可能是较好的方法。目前，国外学者根据本国产品自身特点研究了乌冬面、意大利面条的脱水干燥曲线，并对其动力学模型进行了分析（秦中庆，1999；Villeneuve，2007；Inazu 等，2000，2002；Ogawa 等，2012），国内也有学者对挂面的干燥进行了研究，但对挂面干燥脱水量与烘干室工艺参数之间变化规律的研究大都是定性论述，尚未有系统的定量研究结果。测定挂面干燥过程烘房内干燥介质参数（温度、相对湿度、风速）及干燥过程挂面含水率，分析干燥介质温度、相对湿度和风速对挂面脱水量的影响规律，明确烘房内温度、相对湿度、风速对挂面干燥脱水量的影响主次顺序，为挂面干燥过程控制和工艺调节提供理论依据和技术指导。

一、材料与方法

（一）试验对象

试验对象同本章第三节"试验对象"。

（二）试验材料与设备

　　试验材料：小麦粉、水、食盐，除此之外未添加任何食品添加剂。试验中的 3 种条形挂面厚度相同，进入烘房时面条宽度分别为 1、2 和 3mm。

　　设备：JA2003N 千分之一天平（上海精密科学仪器有限公司）、101 型电热鼓风干燥箱（北京科伟永兴仪器有限公司）、Kestrel NK4500 多功能便携式气象仪（美国尼尔森 – 科尔曼公司）。

　　多功能便携式气象仪是一种非常好的测定烘房内干燥介质参数的仪器，能够实现连续测定，检测对象包括温度、相对湿度、风速、风向、露点等。其中干燥介质的温度、相对湿度与风速是影响挂面干燥脱水量的主要因素，其测定精度分别为，相对温度 0.1℃，相对湿度 0.1%，风速 0.1m/s。

（三）试验方法

1. 挂面干燥过程干燥介质条件在线监测

烘房内干燥介质的测定同本章第三节"试验方法"。

本节中，根据挂面含水率测定的位置，将 1~15m、15~30m、30~45m、45~59m 和 1~59m 干燥段分别称为挂面干燥Ⅰ区、Ⅱ区、Ⅲ区、Ⅳ区，和整个干燥过程。

2. 样品采集及含水率测定方法

连续采样 1、2、3mm 条型挂面各 12 个班次，分别在 1、15、30、45、59m 干燥距离处五排面的左、中、右 3 处位置的中间处采样，并做记录（采样位置见图 3-10），共采集挂面样品 540 份。样品采集后用自封袋密封，放至室温。

将湿挂面（1、15、30m 位置处样品）用剪刀剪成小段，混匀，称样；干挂面（45、59m 处）先粉碎、混匀，再称样。称取 10g 左右的样品，在 135℃的条件下烘烤 4h；然后放入干燥器中，冷却至室温；用千分之一天平称重，并做记录。每份样品测量两次，取其平均值。脱水量的计算按照式（3-3）进行。

$$脱水量（W\%）= 前一位置处的含水率 W_1 - 后一位置处的含水率 W_2 \qquad (3-3)$$

（四）数据处理方法

采用 Excel 2010 和 SPSS 18.0 进行数据处理和统计分析。

二、结果与分析

（一）1mm 条形挂面干燥介质特征与干燥特性分析

1.1mm 条形挂面干燥工艺参数特征分析

1mm 条形挂面的干燥介质参数如表 3-14 所示。由表 3-14 可知，烘房内干燥介质温度呈先增后减的趋势，Ⅰ区温度最低（27.87℃），Ⅲ区最高（45.55℃），烘房末端温度（39.99℃）显著地高于烘房前端温度（27.87℃）；同时发现烘房Ⅲ区温度变异系数最小（2.88%），温度最为稳定。烘房内相对湿度和风速逐渐降低。相对湿度在各干燥区段均低于 90%，烘房末端相对湿度较为稳定，变异系数（4.50%）较其他三区小。烘房内风速最不稳定，各干燥区段变异系数均大于 80%，平均风速大小在各干燥区均低于 1.0m/s，在烘房的Ⅳ区平均风速较低，仅有 0.50m/s。

表 3-14　　　　　　　　　1mm 条形挂面过程干燥介质参数分析

条形	干燥段	温度 /℃	变异系数 /%	相对湿度 /%	变异系数 /%	风速 /（m/s）	变异系数 /%
	1~15m（Ⅰ区）	27.87 ± 4.44^d	15.93	84.48 ± 4.65^a	5.50	0.95 ± 0.80^a	84.21
	15~30m（Ⅱ区）	41.10 ± 2.69^b	6.55	80.49 ± 4.12^b	5.12	0.89 ± 0.73^b	82.02
1mm	30~45m（Ⅲ区）	45.55 ± 1.31^a	2.88	73.87 ± 4.16^c	5.63	0.79 ± 0.74^c	93.67
	45~59m（Ⅳ区）	39.99 ± 2.39^c	5.98	68.70 ± 3.09^d	4.50	0.50 ± 0.62^d	124.00
	1~59m（全过程）	38.64 ± 7.15	18.50	76.67 ± 7.40	9.65	0.78 ± 0.74	94.87

注：字母不同表示同一列数据之间存在显著性差异（$P<0.05$）。

2.1mm 条形挂面干燥特性分析

随着干燥的进行，1mm 条形挂面含水率逐渐降低（表 3-15）。1mm 条形挂面在进入烘房时其含水率为 30.97%~29.83%，干燥结束时其含水率为 11.99%~13.44%，根据挂面行业标准（SB/T 10068—1992），成品挂面含水率均小于标准规定的含水率（<14.5%），满足产品质量要求。挂面在进入烘房和结束干燥时其含水率较为稳定，变异系数较小；干燥过程中挂面含水率变化较大，变异系数较高；在干燥进行到一半（30m）时，变异系数最大（7.84%）。

表 3-15　　　　　　　　　1mm 条形挂面不同干燥距离处含水率

条型	样品数 / 个	距离 /m	平均值 /%	变幅 /%	标准差	变异系数 /%
		1	30.14	30.97~29.83	0.28	0.93
		15	24.45	20.80~27.60	1.80	7.36
1mm	36	30	16.96	14.77~23.59	1.33	7.84
		45	13.40	12.52~13.91	0.42	3.13
		59	12.83	11.99~13.44	0.37	2.88

由表 3-16 可知，1mm 条形挂面干燥过程各区脱水百分比分别为：Ⅰ区 33.21%，Ⅱ区 40.97%，Ⅲ区 22.79%，Ⅳ区 3.03%，呈现先增后减的趋势。脱水量主要集中在干燥的前一半距离（30m）内，其脱水量占中脱水总量的 74.18%；在干燥的后一半距离内脱水量较少，尤其是在干燥的Ⅳ区，脱水量最少，仅占脱水总量的 3% 左右（表 3-16）。

表 3-16   1mm 条形挂面不同干燥阶段脱水量

条型	干燥段	干燥脱水量 /%	脱水百分比 /%
1mm	1~15m（Ⅰ区）	5.79 ± 1.86	33.21
	15~30m（Ⅱ区）	7.14 ± 2.12	40.97
	30~45m（Ⅲ区）	3.97 ± 1.74	22.79
	45~59m（Ⅳ区）	0.53 ± 0.44	3.03
	1~59m（全过程）	17.43 ± 0.60	100

（二）2mm、3mm 条形挂面干燥介质特征与干燥特性分析

为了分析不同条形挂面干燥过程干燥脱水量的变化，在测定 1mm 挂面干燥温度、相对湿度、风速及含水率的同时，采用相同的方法连续测定 2mm 与 3mm 条形挂面各 12 个班次。结果表明，3 种条形挂面在烘房内的干燥时间没有显著性差异，均能在相同的时间内完成干燥，其中，1mm：（4.03 ± 0.05）h；2mm：（4.06 ± 0.06）h；3mm：（4.05 ± 0.13）h。3 种条形挂面干燥介质温度、相对湿度和风速变化规律相同，各因素在 3 种条形挂面之间差异较小，数值上较为接近。

表 3-17 为 3 种条形挂面干燥过程不同距离处的含水率。由表 3-17 和图 3-15 可知，3 种条形挂面干燥过程其含水率变化规律相同，含水率随着干燥的进行逐渐减少，最终含水率均能满足产品质量要求（<14.5%）。在干燥距离为 1、15 和 30m 时，3 种条形挂面的含水率之间不存在显著性差异（$P<0.05$），在干燥距离为 45 和 59m 时，1mm 和 2mm 条形挂面含水率之间不存在显著性差异，1mm、2mm 与 3mm 条形挂面含水率之间存在显著性差异，3mm 条形挂面的含水率略低于 1mm 和 2mm 条形挂面含水率（表 3-17）。虽然干燥距离为 45 和 59m 处 3 种条形挂面含水率之间存在显著性差异，但其含水率差值最大仅为 0.44%（<0.5%），能够满足实际生产的过程控制要求。

表 3-17   3 种条形挂面干燥过程不同干燥距离的含水率

挂面干燥距离 /m	含水率 /%		
	1mm	2mm	3mm
1m	30.14 ± 0.28[a]	30.06 ± 0.38[a]	30.16 ± 0.45[a]
15m	24.45 ± 1.80[a]	24.76 ± 1.73[a]	24.34 ± 1.25[a]
30m	16.96 ± 1.33[a]	17.44 ± 1.47[a]	17.47 ± 1.07[a]
45m	13.40 ± 0.42[a]	13.42 ± 0.61[a]	13.04 ± 0.42[b]
59m	12.83 ± 0.37[a]	12.74 ± 0.25[a]	12.39 ± 0.36[b]

注：字母不同表示同一列数据之间存在显著性差异（$P<0.05$）。

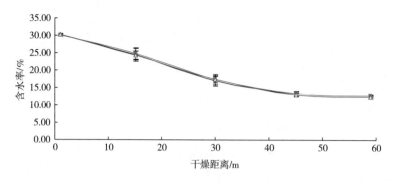

图 3-15　三种条形挂面的干燥曲线

——◆——1mm　——■——2mm　——△——3mm

（三）三种条形挂面干燥过程脱水量差异分析

表 3-18 为三种条形挂面在各个干燥段内的脱水量。由表 3-18 可知，2mm 和 3mm 条形挂面在各个干燥区段内的脱水量变化与 1mm 条形挂面变化规律相同，呈现先增后减的趋势。在各个干燥区段内三种条形挂面的干燥脱水量之间不存在显著性差异（$P<0.05$），即三种条形挂面在各个干燥区段内的脱水速率之间不存在显著性差异。对于整个干燥过程，3mm 条形挂面的干燥脱水量略高于 1mm 和 2mm 条形挂面的干燥脱水量，而 1mm 与 2mm 条形挂面的干燥脱水量之间不存在显著性差异（$P<0.05$）。

表 3-18　　　　　　　　　　不同条形挂面干燥过程脱水量

条型	1~15m（Ⅰ区）	15~30m（Ⅱ区）	30~45m（Ⅲ区）	45~59m（Ⅳ区）	1~59m
1mm	5.79 ± 1.86[a]	7.14 ± 2.12[a]	3.97 ± 1.74[a]	0.53 ± 0.44[a]	17.43 ± 0.60[b]
2mm	5.31 ± 1.77[a]	7.31 ± 2.20[a]	4.03 ± 1.51[a]	0.68 ± 0.50[a]	17.33 ± 0.49[b]
3mm	5.82 ± 1.18[a]	6.87 ± 1.82[a]	4.43 ± 1.15[a]	0.65 ± 0.43[a]	17.77 ± 0.55[a]

注：字母不同表示同一列数据之间存在显著性差异（$P<0.05$）。

（四）挂面干燥脱水量与干燥介质参数的关系

1. 干燥介质各因素与三种条形挂面脱水量的相关性

三种条形挂面干燥脱水量与干燥介质条件参数密切相关（表 3-19）。由表 3-19 可知，温度和相对湿度会显著的影响挂面干燥的脱水量，风速对三种条形挂面的干燥脱水量影响较小。对于1mm条形挂面,干燥的Ⅰ区相对湿度与挂面干燥脱水量呈极显著负相关,在干燥的Ⅳ区温度与干燥脱水量之间呈显著正相关,在其他干燥区段温度、相对湿度对挂面干燥的影响均不显著。对于整个干燥过程,挂面脱水量与相对湿度之间呈显著负相关,与温度、风速之间关系不显著。2mm条形挂面干燥Ⅰ区脱水量与相对湿度之间极显著负相关;Ⅱ区、Ⅳ区脱水量与相对湿度显著正相关;在其他干燥区段挂面脱水量与温度、相对湿度关系不显著。3mm条形挂面干燥的Ⅳ区脱水量与温度极显著负相关;在其他干燥区段挂面脱水量与温湿度关系不显著。对于干燥的不同阶段和整个干燥过程,风速与挂面干燥脱水量均无显著关系。

表3-19   1mm、2mm和3mm条形挂面干燥介质条件与挂面脱水量的相关性

条形	干燥段	温度	相对湿度	风速
1mm	1~15m（Ⅰ区）	NS	−0.357*	NS
	15~30m（Ⅱ区）	NS	NS	NS
	30~45m（Ⅲ区）	NS	NS	NS
	45~59m（Ⅳ区）	NS	NS	NS
	1~59m（全过程）	NS	−0.405*	NS
2mm	1~15m（Ⅰ区）	NS	−0.377*	NS
	15~30m（Ⅱ区）	NS	0.612**	NS
	30~45m（Ⅲ区）	NS	NS	NS
	45~59m（Ⅳ区）	NS	0.437**	NS
	1~59m（全过程）	NS	NS	NS
3mm	1~15m（Ⅰ区）	NS	NS	NS
	15~30m（Ⅱ区）	NS	NS	NS
	30~45m（Ⅲ区）	NS	NS	NS
	45~59m（Ⅳ区）	−0.571**	NS	NS
	1~59m（全过程）	NS	NS	NS

注: * 表示相关系数 $\alpha<0.05$ 显著水平, ** 表示相关系数 $\alpha<0.01$ 显著水平, NS 表示相关性不显著。

2. 二次回归分析

为进一步明确干燥介质参数与挂面干燥脱水量（速率）的关系,制作散点图,并进行二次回归分析。结果表明,1mm条形挂面干燥的Ⅲ区温度,2mm条形挂面Ⅲ区风速、Ⅳ区温度、整个干燥过程温度,3mm条形挂面Ⅲ区温度、Ⅳ区相对湿

度与挂面干燥脱水量(速率)均呈二次曲线关系(图 3-16~ 图 3-21),分别解释其变异的 15.74%、23.52%、15.13%、35.92%、19.34%、19.74%。1mm 条形挂面干燥的 Ⅲ 区,在一定范围内,挂面干燥速率随温度(<45.82℃)的增加而提高,但超过该温度就会对挂面干燥速率产生负向影响。2mm 条形挂面干燥的 Ⅲ 区、Ⅳ 区,在一定范围内(风速 <1.24m/s、温度 <39.66℃),干燥速率随风速、温度的升高而加快升高而降低,超过该范围挂面的干燥速率会加快;2mm 条形挂面干燥的整个过程,挂面的干燥速率随温度(<38.90℃)的增加而加快,超过该温度会对挂面的干燥速率产生反向作用。这说明挂面的干燥温度并非越高越好,较高的干燥温度不一定有利于挂面的干燥脱水。3mm 条形挂面干燥的 Ⅲ 区、Ⅳ 区,在一定范围内(温度 <45.79℃、相对湿度 <69.02%),干燥速率随温度、相对湿度的升高而降低,超过该范围挂面的干燥速率会加快。由于温度、相对湿度和风速,以及排潮超量之间存在非线性关系,因此,干燥介质单一因素和脱水量的关系不密切,回归方程的 R^2 很低,回归方程不具有实际指导意义。

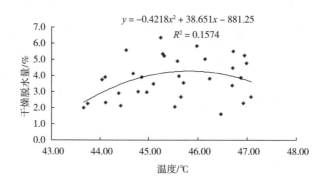

图 3-16 1mm-Ⅲ 区干燥介质温度 – 干燥脱水量关系

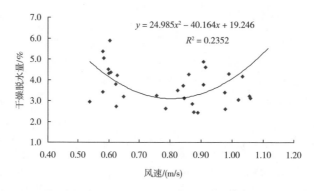

图 3-17 2mm-Ⅲ 区风速 – 干燥脱水量关系

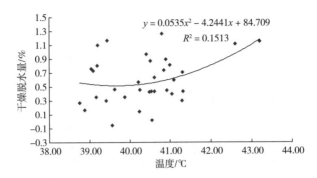

图 3-18　2mm- Ⅳ区干燥介质温度－干燥脱水量关系

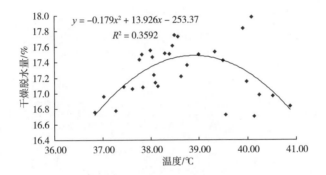

图 3-19　2mm- 整个干燥过程温度－干燥脱水量关系

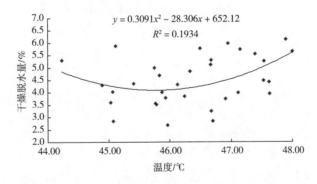

图 3-20　3mm-Ⅲ区干燥介质温度－干燥脱水量关系

3. 多元线性回归分析

从挂面干燥脱水量的预测回归模型（表 3-20）可以看出，挂面的干燥脱水量主要受干燥介质相对湿度的影响。相对湿度分别解释了 1mm 条形挂面干燥 Ⅰ区、1~59m 和 2mm 条形挂面干燥 Ⅰ区、Ⅱ区、Ⅳ区干燥脱水量变异程度的 12.7%、

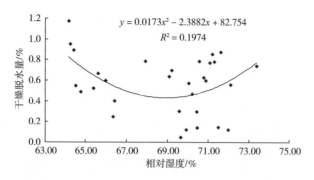

图 3-21　3mm-Ⅳ区相对湿度－干燥脱水量关系

16.4%、14.2%、37.5%、19.1%。3mm 条形挂面干燥的Ⅳ区，干燥脱水量主要受到空气流速和温度的影响，解释了 41.4% 的变异；其中，温度的贡献最大，解释了变异的 32.6%。

表 3-20　　　　　　　挂面干燥脱水量与干燥介质参数的预测回归模型

条形	区段	回归模型	决定系数 R^2/%
1mm	Ⅰ区	$y=22.664-0.230RH$	12.7
	1~59m	$y=23.929-0.087RH$	16.4
2mm	Ⅰ区	$y=19.258-0.168RH$	14.2
	Ⅱ区	$y=-3.436+0.054RH$	37.5
3mm	Ⅳ区	$y=-5.528+0.087RH$	19.1
	Ⅳ区	$y=5.003+0.494V-0.115T$	41.4

注：RH：相对湿度；V：空气流速；T：温度。

三、讨论

（一）干燥介质条件对不同条形挂面干燥脱水过程的影响

挂面在干燥过程中除了受到干燥介质温湿度的影响外，还会受到面条规格的影响。前人研究认为，截面积小的挂面比截面积大的容易干燥（秦中庆，1999）。三种条形挂面干燥初始含水率相同，不同班次产量较为稳定（11t/6h），干燥介质各条件参数基本一致，最终挂面产品的含水率要求相同，则不同条形挂面干燥过程除去的总水量相同。1、2、3mm 挂面经相同的和面、压延工艺，其湿面条的厚度基本相同，只是切条的面刀不同（宽窄不同），面条越窄，其表面积越大，其干燥速率相应也较快，即 1mm 挂面干燥速率最快，2mm 挂面次之，3mm 挂面干燥速率最慢。分析结果表明，三种条形挂面干燥过程其含水率及各干燥段脱水量之间差值较小，干燥过程之间几乎无差异。这说明在该烘房内条形对挂面干燥的影响较小，而与干燥介质的特性密切相关。干燥介质各因素又会受到烘房结构的影响，这就进一步的说明适宜的烘房结构对挂面干燥过程的保潮、稳定产品质量和提高能量利用率有直接的促进作用。由此也发现，该烘房挂面实际干燥过程中，干燥介质特性及烘房的结构对挂面干燥的影响要比挂面本身的性质对干燥过程的影响大。

虽然在各个干燥段内三种条形挂面含水率之间没有显著性差异，但对于整个干燥过程，3mm 条形挂面脱水量略高于 1mm 和 2mm 条形（表 3–17）。这与干燥介质及挂面本身的差异有关。虽然不同条形干燥介质参数在数值上较为接近，差异较小，但是随着干燥过程的进行，这种差异对挂面干燥影响的量效关系开始显现。此外，本节中所采用的挂面的规格对挂面的整个脱水过程产生了影响。由相关性和回归分析结果可知，干燥介质对挂面干燥脱水量的影响随挂面条形的变化表现为首先是相对湿度，其次是风速，最后是温度。这是因为 1mm 条形挂面的比表面积较 2mm 和 3mm 条形挂面要大，相对湿度的变化对挂面的脱水影响较大，而 3mm 条形挂面较 1mm 和 2mm 条形挂面较宽，温度的传导较慢，在干燥的后期温度的变化对挂面干燥的影响要大。本节中所采用的面条条形只有一种厚度，只是宽度不同，对于薄厚、宽窄差异较大的挂面，其干燥过程存在哪些差异，还需要作进一步的研究。此外，采用相同干燥工艺参数干燥不同条形挂面的质量和能量利用效率之间的差异，也需要进一步的研究。实际生产中，虽然采用基本相同的干燥工艺可以使得三种条形挂面含水率无显著差异，但建议企业在某一烘房内生产一种条形的挂面，可以稳定产量，保证质量，减少能耗。

（二）干燥介质条件对挂面干燥脱水过程干燥脱水量的影响

干燥介质的温度、相对湿度和风速是挂面干燥的基本条件。温度能提高挂面自身热量、促进内部水分向表面转移，是挂面水分得以蒸发的动力；相对湿度直接反映了空气的吸水能力，相对湿度的高低，决定着挂面水分蒸发的快慢；流通的空气不仅可以带出烘房内的湿空气，还对烘干室内温湿度的均匀性和分布产生影响。挂面的干燥是干燥介质条件各因素综合作用的结果，但各因素对挂面干燥的影响不同。由试验结果可知，相对湿度是影响挂面干燥脱水量的最主要因素，其次是温度和风速。这与沈再春（2001）、罗忠民（1988）等的观点一致。但在不同的干燥阶段，各因素对挂面干燥的影响不同。风速对挂面干燥脱水的影响较小，一方面与风速在烘房内的变化较为剧烈有关，另一个方面也说明，烘房内风速的主要作用是通过调节干燥介质的相对湿度、温度对挂面干燥产生影响。此外，风速的变化还与烘房内外的湿热传递转移有直接关系，这对研究挂面干燥的能效关系具有重要的意义。在实际干燥过程中，干燥介质的温度和风速能够进行直接调节控制，相对湿度的调节主要是通过调节温度和风速控制干燥速率和排潮量间接地调节。由各因素的变异程度可知，各因素调节的稳定性为：温度＞风速，但如果想对烘房内干燥介质进行快速调节，则调节的顺序为：风速＞温度，即可以通过调节风速对烘房内干燥介质条件进行快速的调节。

四、小结

实际生产过程中，可以采用基本相同的干燥工艺干燥厚度相同、宽度为1、2、3mm条形的挂面，其产品含水率之间无显著差异。影响挂面干燥的主要因素是相对湿度，其次是温度和风速，但在不同条形挂面及同一条形挂面的不同干燥区段其表现略有差异；影响1mm条形挂面干燥脱水量的最主要因素是相对湿度，其次是温度，风速对1mm条形挂面干燥脱水量的影响较小；影响2mm条形挂面干燥脱水量的最主要因素是相对湿度，其次是风速，再次是温度；影响3mm条形挂面干燥脱水量的最主要因素是温度，其次是相对湿度，风速对3mm条形挂面干燥脱水量的影响较小。干燥介质各因素对挂面干燥脱水量的影响大于本节条形对挂面干燥脱水量的影响。此外对于干燥介质参数（温度、相对湿度、风速）的选择并非越大越好，要在考虑挂面干燥工艺要求、产品质量和综合效益的基础上合理确定。

第五节　基于近红外技术的挂面干燥过程含水率监测

挂面干燥是挂面生产的关键工序。前人研究结果表明，挂面属于内部扩散控制型物料，干燥过程控制的关键在于控制挂面干燥过程的干燥速率。过快的挂面干燥速率会使得挂面内部水分扩散速率小于表面水分蒸发速率，使挂面表面快速失水，表面收缩，密度加大，进而引发挂面产品质量问题。以挂面内部的水分扩散速率为基准，来调节挂面表面水分的蒸发速率，保持挂面内部水分扩散和表面水分蒸发速率处于同一水平，生产效率较高，同时能保证挂面产品质量。

　　控制挂面的干燥速率主要是控制挂面干燥过程某一位置处的含水率。因此，测定干燥过程挂面含水率对控制挂面的干燥过程十分重要。目前，挂面干燥过程含水率的测定主要通过烘箱法、粮食水分测定仪法，以及通过工人的经验判断。烘箱法耗时较长，对实际生产的调节和控制相对滞后；粮食水分测定仪是通过样品电导率的变化来测定样品的含水率，结果的准确性与样品含水率、接触面积、操作者施加压力的大小密切相关，测定的准确性较差，且测试过程需要工作人员的辅助，测定结果不能很好地与干燥介质参数的调节结合；经验判定受限于烘房工作人员的从业年限和技能水平，依赖经验的积累，不具有可复制性。

　　当前，挂面生产装备的自动化水平已有很大提升，生产企业对挂面干燥过程的控制提出了更高的要求，迫切需要能够实时、准确、高效的对挂面干燥过程含水率进行测定的仪器和方法，以期进一步对挂面干燥过程进行智能控制和调节，达到产品优质、干燥节能高效、控制智能的目的。近年来，由于近红外分析技术具有快速、准确性和实时性，利用近红外技术进行过程分析得到了快速发展。在线近红外技术已经应用到许多领域，并取得了显著地经济和社会效益。如药物粉末混合过程监测（Sekulic 等，1996）、化学反应过程监测（George 等，1998）、微生物发酵过程监测（Tamburini 等，2003）、汽油自动调和（马忠惠等，2006）等。目前，已有学者将近红外分析技术应用于面粉生产过程质量控制，并在原粮验收、小麦搭配、控制润麦效果、制粉生产过程控制、工艺测定和诊断等方面进行了有益尝试（蒋衍恩，2010）。本节利用近红外技术建立挂面干燥过程含水率的在线监测模型，为挂面的干燥过程控制和调节提供技术支撑，以期达到产品优质、节能高效、智能控制的目的。

一、材料与方法

（一）试验对象

　　挂面样品采集自河北金沙河面业集团的挂面烘房，烘房为某公司生产的5排60m隧道式烘房，烘房特征与本章第三节试验对象一致。挂面初始含水率为（30.14 ± 0.28）%，最终含水率为（12.83 ± 0.37）%。

　　挂面样品的采集分三个时间段，分别为上午 7：00—11：00，下午 13：00—17：00 和晚上 19：00—23：00，重复 12 次，共获得 539 个样品。

（二）试验方法

1. 含水率的测定

样品采集后放入塑料自封袋内带入化验室，在室温（25℃左右）下平衡 2~3h，以确保样品温度接近室温且内部水分分布均匀。

样品前处理和含水率的测定按照式（3-3）进行。

2. 光谱采集和分析

挂面样品的光谱采集在实验室内完成。将面条样品（300g）放入一个自制的敞口长方体容器内，用近红外光谱分析仪（DA7200，瑞典波通公司）采集样品的光谱信息。光谱扫描波长范围 950~1650nm，分辨率 5nm，室温 25℃左右，每个样品重复扫描三次，存入计算机待用。

恰当的预处理方法会消除样品采集时的噪声和误差，降低非水组分（基团）的影响，提高模型预测的稳定性和准确性，但是过度的预处理会使得模型建立过于严格，也会影响模型预测样品的准确性，降低模型的适用性。本节利用 Unscrambler 9.7 提供的不同预处理方法对原始光谱进行预处理，采用的预处理方法有平滑处理（S.G）、标准化（normalize）、一阶求导（first derivative，1st）、二阶求导（second derivative，2nd）、标准正态变换（SNV）、多远散射校正（MSC）、Normalize+1st、Normalize+2nd、Normalize+S.G、1st+SNV、2nd+SNV 和 De-Trending+SNV，共 11 种预处理方法。

（三）数据处理方法

利用建模软件 Unscrambler 9.7 建模，利用偏最小二乘法（PLS_1）对挂面样品含水率进行建模分析。模型的评价采用交叉验证方法。利用校正回归决定系数（R_c^2）、验证回归决定系数（R_v^2）、验证均方根误差（$RMSEV$）和预测均方根误差（$RMSEP$）评价模型的预测准确性，$RMSEV$ 和 $RMSEP$ 值越小，R_c^2 和 R_v^2 值越大，模型的预测效果越好。为了保证建立模型的稳定性和预测结果的准确性，前处理后进行异常值的剔除，剔除的异常值数量不大于建模样本总数的 10%（$n \leqslant 54$）。

利用相对标准差（RSD）来评价模型的实际适用性。相对标准差为建模样品化学值的标准偏差（SD）与预测值的标准偏差（SEP）的比值。相对标准差（RSD）大于 5 的模型被认为能够很好的用于实际生产过程的质量控制。

为了评价模型预测挂面样品含水率的准确性和稳定性，本节对初步筛选的模型进一步用实际样品进行验证。在烘房内 0、7.5、15、22.5、30、37.5、45、52.5 和 60 m 干燥距离处随机采集三种宽度的面条。每种宽度（1、2 和 3mm）的面条重复采样三次，获得 81 个面条样品。样品采集方式和前处理与建模样品相同。样品采集后分别用烘箱干燥法和近红外模型测定样品的含水率，利用 t 检验对测定的挂面样品含水率进行方差分析。

采用 Excel 2010 和 SPSS 18.0 进行数据处理、方差分析和图表绘制。

采用 Unscrambler 9.7 建立挂面含水率监测模型，用内部交叉验证检验模型预测样品的准确性。

二、结果与分析

（一）面条含水率分析

表 3-21 为收集的挂面样品的含水率。由表可知，随着干燥的进行，挂面样品的含水率由最初的 30.12% 逐渐降低至 12.65%，样品的含水率覆盖挂面干燥过程含水率的变化范围。在干燥距离为 1、15 和 30m 时，三种条形挂面的含水率之间不存在显著性差异（$P<0.05$），在干燥距离为 45 和 59m 时，1mm 和 2mm 条形挂面含水率之间不存在显著性差异，1mm、2mm 与 3mm 条形挂面含水率之间存在显著性差异，3mm 条形挂面的含水率略低于 1mm 和 2mm 条形挂面含水率（表 3-21）。虽然干燥距离为 45 和 59m 处三种条形挂面含水率之间存在显著性差异，但其含水率差值最大仅为 0.44%（$P<0.05$），因此可以认为采集的样品来自同一个大样本。

表 3-21　　　　　　　　　　　挂面样品含水率分布

取样位置	1 mm			2 mm			3 mm		
	N	变幅 /%	含水率 /%	N	变幅 /%	含水率 /%	N	变幅 /%	含水率 /%
1m	36	29.83~30.97	30.14 ± 0.28[Aa]	36	29.40~30.87	30.06 ± 0.38[Aa]	36	29.05~30.97	30.16 ± 0.45[Aa]
15m	36	20.80~27.60	24.45 ± 1.80[Ab]	36	19.87~27.53	24.76 ± 1.73[Ab]	36	19.87~27.60	24.34 ± 1.25[Ab]
30m	36	14.77~23.59	16.96 ± 1.33[Ac]	35	15.66~22.47	17.42 ± 1.48[Ac]	36	14.77~23.59	17.47 ± 1.0[7Ac]
45m	36	12.52~13.91	13.40 ± 0.42[Ad]	36	12.46~15.86	13.42 ± 0.61[Ad]	36	12.27~15.86	13.04 ± 0.42[Bd]
59m	36	11.99~13.44	12.83 ± 0.37[Ae]	36	12.09~13.23	12.74 ± 0.25[Ae]	36	11.72~13.44	12.39 ± 0.36[Be]
合计	N=539			变幅 =11.72~30.97			平均值 ± 标准差 =19.57 ± 6.84		

注：大写字母不同表示同一行数据之间存在显著性差异（$P<0.05$），小写字母不同表示同一列数据之间存在显著性差异（$P<0.05$）。

图 3-22 为采集样品的含水率分布柱状图，由图 3-22 可知采集样品的含水率分布不均匀。样品含水率主要集中分布在 13.5%、17%、25% 和 30% 含水率左右，

含水率为 14%~16%、20%~22%、28%~29% 的样品量较少，这些数据间隔可能会影响模型的准确性和稳定性。

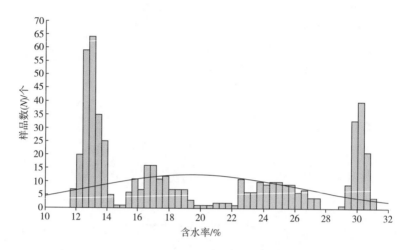

图 3-22　挂面样品含水率分布柱状图

（二）光谱前处理和近红外模型建立

对挂面样品进行光谱采集，得到光谱图（图 3-23）。由图可知，挂面在1400~1500nm 波长范围内存在明显的吸收峰，这主要是面条样品中 OH—基团的光谱吸收。因此，采用全光谱进行建模分析。

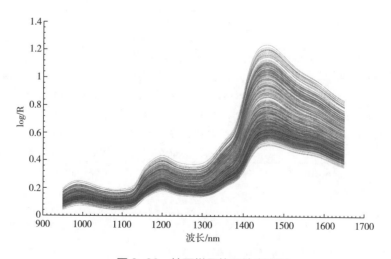

图 3-23　挂面样品的原始光谱图

　　含水率建模内部交叉验证的结果如表 3-22 所示。不同光谱预处理预测模型的主因子数相同，均为 3。整体看来，对光谱进行预处理可以提高预测模型的准确性，光谱经预处理后建立的模型各项评价指标要优于未进行光谱预处理的模型，组合预处理模型预测效果要好于较单一预处理。

　　由表 3-22 还可知，建立的挂面含水率近红外模型其相对标准差处于 6.51~8.88 的范围内，均大于 5，表明建立的模型均具有较好的实际应用性。在考虑模型评价指标和实际适用性的基础上，选择经 1st+SNV、2nd+SNV 和 De-Trending+SNV 光谱预处理建立的模型作为进一步验证的模型。

表 3-22　　　　　　　　　　　　不同光谱预处理建模结果分析

预处理方法	异常值	样品数/个	校正集		验证集		RSD
			$RMSECV$	R^2_c	$RMSEP$	R^2_v	
未处理	24	515	1.04	97.70	1.05	97.67	6.51
S.G	22	517	1.04	97.67	1.05	97.65	6.51
Normalize	29	510	1.01	97.86	1.02	97.83	6.71
First derivative（1st）	22	517	0.96	98.03	0.98	97.95	6.98
Second derivative（2nd）	25	514	0.99	97.91	1.03	97.73	6.64
SNV	23	516	0.92	92.39	0.93	93.19	7.35
MSC	17	522	0.93	98.17	0.94	98.13	7.28
Normalize+1st	24	515	0.87	98.40	0.88	98.37	7.77
Normalize+2nd	25	514	0.88	98.46	0.86	98.42	7.95
Normalize +S.G	19	520	1.03	97.79	1.04	97.76	6.58
1st + SNV	27	512	0.81	98.56	0.82	98.53	8.34
2nd + SNV	17	522	0.74	98.83	0.77	98.75	8.88
De-Trending+SNV	27	512	0.80	98.60	0.82	98.57	8.34

（三）实际样品测定

　　为了进一步验证建立的近红外模型预测挂面干燥过程含水率的准确性。利用选取的三个较优模型对实际生产过程中的挂面样品含水率进行测定，用 t 检验分析对预测结果和实验室测定结果进行分析，分析模型预测结果的准确性和稳定性。结果表明，通过 1st+SNV 预处理建立的预测模型是最优模型，其预测结果与实验室烘干法测定的结果具有较好的相关性，相关系数为 0.9775（表 3-23，图 3-24）。

表 3-23　　挂面含水率近红外模型预测实际样品准确性分析（1st+SNV）　　单位：%

样品	1mm 宽面条			2mm 宽面条			3mm 宽面条		
	实测值	预测值	差值	实测值	预测值	差值	实测值	预测值	差值
1	30.31	29.24	1.07	30.32	30.23	0.09	30.40	30.23	0.17
2	26.30	26.39	−0.99	27.09	27.21	−0.12	27.74	28.52	−0.78
3	26.29	26.79	−0.50	23.70	25.47	−1.77	26.72	26.58	0.14
4	24.45	24.35	0.10	22.88	23.00	−0.12	20.75	22.11	−1.36
5	17.00	15.20	1.80	16.91	18.25	−1.34	17.91	15.47	2.44
6	17.26	16.95	0.31	15.35	14.57	0.78	15.27	14.34	0.93
7	14.78	13.94	0.84	14.82	13.67	1.15	14.64	14.64	0.00
8	13.66	12.48	1.18	13.71	12.51	1.20	13.38	13.02	0.36
9	13.34	12.26	1.08	14.10	13.11	0.99	13.53	12.96	0.57
10	30.95	31.06	−0.11	29.40	29.61	−.021	29.56	29.92	−0.36
11	27.66	26.85	0.81	26.95	27.31	−0.36	27.62	28.10	−0.48
12	25.95	27.12	−1.17	22.95	24.73	−1.78	24.08	25.13	−1.05
13	20.64	21.62	−0.98	20.65	22.37	−1.72	23.00	24.26	−1.26
14	19.56	20.96	−1.40	19.07	21.2	−2.13	22.22	21.57	0.65
15	18.20	18.14	0.06	15.57	15.57	0.00	15.62	17.69	−2.07
16	16.09	17.00	−0.91	14.38	14.01	0.37	14.72	14.27	0.45
17	13.57	12.66	0.91	13.75	13.22	0.53	13.92	13.17	0.75
18	13.11	12.44	0.67	13.32	12.50	0.82	13.21	12.64	0.57
19	29.70	30.03	−0.33	30.05	29.05	1.00	29.84	29.34	0.50
20	26.71	27.34	−0.63	25.00	24.38	0.62	27.79	27.93	−0.14
21	24.30	26.57	−2.27	26.85	27.00	−0.15	26.37	25.87	0.50
22	20.55	21.58	−1.03	20.33	21.33	−1.00	20.97	20.99	−0.02
23	18.60	19.08	−0.48	19.00	18.55	0.45	18.89	21.56	−2.67
24	15.79	15.83	−0.04	15.31	15.27	0.04	14.39	13.04	1.35
25	16.39	16.67	−0.28	16.77	16.66	0.11	14.30	13.97	0.33
26	14.05	14.04	0.01	13.55	12.32	1.23	13.67	12.68	0.99
27	13.42	12.89	0.53	12.89	11.84	1.05	13.86	13.11	0.75

实测值：20.09 ± 5.94[a]，r=0.989

预测值：20.09 ± 6.31[a]，$P<0.05$

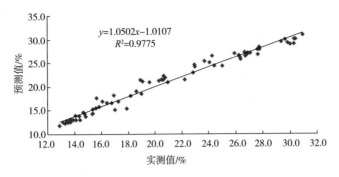

图 3-24 预测值与实测值一致性分析

三、讨论

结果表明，利用偏最小二乘法建立的近红外模型能够很好地预测干燥过程挂面的含水率。这为挂面干燥工艺过程控制提供了有效的技术手段，也为进一步通过测定挂面含水率调节挂面的干燥介质参数（温度、相对湿度）提供了可能。

虽然建立的挂面含水率近红外模型能够很好地预测挂面干燥过程含水率，但是离真正的挂面生产过程控制还有一段距离。面临的主要问题包括：①仪器价格昂贵，对于利润率较低的面制品加工企业难以承受，特别是缺乏能够同时对烘房内不同位置进行监测或同时监测不同烘房同一位置处的仪器设备；②现有的仪器设备不能很好地适应烘房内高温高湿的干燥环境；③挂面含水率控制的关键点尚不十分明确，不同烘房内干燥介质参数之间一致性较差。

四、小结

利用偏最小二乘法建立的近红外挂面含水率监测模型能够很好地预测干燥过程挂面的含水率。

（本章由魏益民、王杰、武亮撰写）

参考文献

［1］Asano R. Drying equipment of noodles［J］. Food Science，1981：56–59（Autumn extra publish）.

［2］Bin Xiao Fu. Asian noodles: History, classification, raw materials, and processing［J］. Food Research International，2008（41）：888–902

［3］Chen J Y, Isobe K, Zhang H, et al. Hot–air drying model for udon noodles［J］. Food Science and Technology Research, 2000, 6（4）: 284–287.

［4］George L Reid, Howard W Ward II , Andrew S Palm, et al. Process analytical technology（PAT）in pharmaceutical development［J］. Spectrose, 1998, 52（1）: 17–21.

［5］Hou G G. Asian noodles: science, technology, and processing［J］. Wiley, 2010.

［6］Hou G G. Oriental noodles［J］. Advances in food and nutrition research, 2001, 43: 141–193.

［7］Inazu T, Iwasaki K, Furuta T. Effect of air velocity on fresh Japanese noodle（udon）drying［J］. LWT–Food Science and Technology, 2003, 36（2）: 277–280.

［8］Inazu T, Iwasaki K, Furuta T. Effect of temperature and relative humidity on drying kinetics of fresh Japanese noodle（udon）［J］. LWT–Food Science and Technology, 2002, 35（8）: 649–655.

［9］Inazu T, Iwasaki K. Mathematical evaluation of effective moisture diffusivity in fresh Japanese noodles（udon）by regular regime theory［J］. Journal of Food Science, 2000, 65（3）: 440–444.

［10］Inazu T. Effective moisture diffusivity of fresh Japanese noodle（udon）as a function of temperature［J］. Bioscience Biotechnology & Biochemistry, 1999, 63（4）: 638–641.

［11］Ogawa T, Kobayashi T, Adachi S. Prediction of pasta drying process based on a thermogravimetric analysis［J］. Journal of Food Engineering, 2012, 111（1）: 129–134.

［12］Pronyk C, Cenkowski S, Muir W E. Drying kinetics of instant Asian noodles processed in superheated steam［J］. Drying Technology, 2010, 28（2）: 304–314.

［13］中华人民共和国商品部.SB/T 10072—92　挂面生产工艺技术规程［S］.北京: 中国标准出版社, 1992.

［14］Sekulic S S, Ward H W, Brannegan D R, et al. Online monitoring of powder homogeneity by near–infrared spectroscopy［J］. Analytical Chemistry, 1996（68）: 509–513.

［15］Tamburini E, Vaccari G, Tosi S, et al. Near–infrared spectroscopy: a tool for monitoring submerged fermentation processes using an immersion optical–fiber probe［J］. Application Speectrose, 2003, 57（2）: 132–138.

［16］Villeneuve S, Gélinas P. Drying kinetics of whole durum wheat pasta according to temperature and relative humidity［J］. LWT – Food Science and Technology, 2007, 40（3）: 465–471.

［17］丛冬菊. 挂面酥条的原因及预防措施［J］. 粮食与饲料工业, 1992（3）: 22.

［18］高飞. 挂面高温干燥系统工艺参数控制及挂面品质研究［D］.郑州: 河南工业大学, 2010.

［19］居然, 秦中庆. 简论挂面三段干燥法［J］. 食品科技, 1996（5）: 26–27.

［20］李华伟, 陈洁, 王春, 等. 预干燥阶段对挂面品质影响的研究［J］.粮油加工, 2009（5）: 84–86.

［21］刘锐. 挂面质量调查与质量安全控制方案分析［D］.北京: 中国农业科学院农产品加工研究所, 2012.

［22］陆启玉.挂面生产工艺与设备［M］. 北京:化学工业出版社, 2007.

［23］罗忠民.挂面脱水及空气温湿度参数的设计与研究［J］.中国粮油学报, 1988（4）: 7.

［24］马忠惠, 孔造杰, 褚小立, 等. 在线近红外光谱分析仪在汽油自动调合系统中的应用［J］.石

油仪器, 2006, 20（2）: 26–29.

［25］潘永康, 王喜忠, 刘相东. 现代干燥技术［M］.2版.北京: 化学工业出版社, 2007.

［26］秦中庆. 再谈日本挂面干燥技术的新进展［J］. 粮食与食品工业, 1995（2）: 11–13.

［27］沈群. 挂面生产配方与工艺［M］. 北京: 化学工业出版社, 2008.

［28］沈在春. 现代方便面和挂面生产实用技术［M］. 北京: 中国科学技术出版社, 2001.

［29］王杰, 张影全, 刘锐, 等. 挂面干燥工艺研究及其关键参数分析［J］. 中国粮油学报, 2014
（10）: 88–93.

［30］王杰, 张影全, 刘锐, 等. 隧道式烘房挂面干燥工艺特征分析［J］. 中国粮油学报, 2014（3）:
84–89.

［31］王杰. 挂面干燥工艺及过程控制研究［D］.北京: 中国农业科学院, 2014.

［32］徐秋水. 日本挂面干燥技术的重大突破［J］. 食品科技, 1994（6）: 4–5.

第四章

挂面干燥特性及其影响因素

前人对挂面干燥过程、水分含量的动态变化、烘房工艺参数的研究，以及质量事故原因的分析等，为进一步理解和控制挂面的干燥过程提供了依据或参考。

挂面的主要成分是小麦淀粉、蛋白质，这些物质属于不良湿热导体。其干燥过程表现为内部水分向外扩散速率远比表面水分汽化速率小，为内部扩散控制型物料，干燥速率取决于内部水分向外扩散的速率（陆启玉，2007）。湿面条在干燥的过程中不断进行湿热交换，当湿面条遇到热空气时，面条表面水分受热后向周围介质扩散，于是面条表面与内部形成了水分梯度，促使面条内部水分不断向表面转移。这种水分从物料表面向外扩散的过程称为给湿过程，而由于水分梯度引起的从高水分向低水分转移的过程称为导湿过程。面条干燥时的给湿和导湿是湿面条湿热交换的具体表现（赵晋府，2009）。给湿过程和自由液面蒸发水分相类似，实质上为挂面恒率干燥阶段的干制过程。此阶段的干燥速率主要取决于湿空气的温度、相对湿度和流速，以及挂面向外部扩散蒸汽的条件；导湿过程主要受水分在挂面内部的扩散转移的影响（陆启玉，2007）。合适的工艺条件是施加在湿面条上的热量全部用于表面水分的蒸发，使面条的表面水分蒸发速度尽可能等于面条内部水分的扩散率；同时避免面条形成温度梯度（赵晋府，2009）。以面条内部的水分向表面扩散的速度为基准，调节面条表面水分蒸发的速度，使面条内部和表面的含水率保持在同一状态，这种方法是保证挂面优质，且生产效率最好的干燥方法（秦中庆，1995）。

在挂面干燥的初始阶段，主要是蒸发挂面表面水分，固定其组织，防止由于自身重力而导致面条拉长和断裂（王杰，2014）。在干燥初期，干燥速率不宜太快，干燥过快会使湿面条表层迅速失水收缩，形成一层胶性薄膜，封闭了内部水分向外扩散的通道，加大了水分向外扩散的阻力，形成了外干内湿的现象；此时如果继续升温或排潮，内部水分气化产生一定的压力，于是水汽强行冲破外膜向外扩散，使挂面产生肉眼看不到的裂纹，部分面筋网络被破坏，放置一段时间后，面条便大量酥条（夏青，2010）。在主干燥阶段温度处于最高阶段，挂面干燥主要在这个阶段进行。在这个阶段挂面水分散失最快，挂面收缩，在截面上由于水分梯度的存在使得挂面产生各种应力，一旦内外水分扩散速率不等很容易使得挂面形成裂纹，在完成干燥或缓苏阶段形成裂纹面（夏青，2010）。完成干燥阶段又称缓苏阶段，作用主要是对面条进行调质，以使水分和温度分布趋向一致，同时消除面条因干燥收缩而产生的内应力，增强其韧性和弹性（赵晋府，2009）。在此阶段降温梯度不可过大，温度降速在 0.5℃ /min 以下，特别是在冬季或烘道外部温度过低时更应引起注意（项勇等，2000；王建中，1995）。温差大容易引起挂面酥条、龟裂、脆化（潘南萍，2006；闫爱萍，2011）。

作为影响挂面干燥过程的主要因素，空气的温度和相对湿度是最常见、最可控的因素，也是干燥过程研究的基本参数。在实际生产过程中，如果挂面干燥的温度、相对湿度以及空气流速等因素控制不当，会严重影响挂面产品质量、企业生产效率和企业利润。通过对挂面干燥工艺进行实地调研也发现，烘房内部的温度、相对湿度以及干燥时间是影响挂面干燥工艺最重要的因素；其他因素，如烘房结构、空气流速、排潮量以及天气状况等，也会直接或间接影响挂面干燥工艺。

通过对挂面干燥理论与技术的研究结果分析发现，已有的研究大部分依然停留在经验判断、现象描述、理论推测阶段，对很多问题依然没有给出更多的试验结果，合理的解释或试验求证，还没有为挂面干燥动力学、挂面干燥热力学提供更多的理论依据。如挂面组成成分、工艺参数等对挂面干燥特性、水分扩散特性、产品质量、能耗效率的影响等。因此，将湿面条在不同温度和相对湿度条件下进行干燥，研究温度和相对湿度对挂面干燥速率及平衡含水率等干燥特性的影响；测量不同干燥条件下的干燥能耗，分析温度和相对湿度对干燥过程能耗的影响；测定不同干燥条件下挂面的质量性状，分析温度和相对湿度对挂面品质的影响；对不同干燥条件的控制范围及水平进行明确的选择与划分，可为实际生产中的挂面干燥工艺参数提供依据或参考，为挂面干燥技术提供更多的理论支撑。

第一节　挂面干燥特性影响因素分析试验设计

（一）试验材料与设备

试验材料：小麦粉，特一粉，河北金沙河面业集团有限责任公司，样品的蛋白质含量为 11.64%，湿面筋含量 26.71%，吸水率 62.9%，稳定时间 3.1min，最大拉伸阻力 261.3EU，延伸性 128.2mm，峰值黏度 514 BU，崩解值 74BU。蒸馏水，购自中国农业大学西校区；食盐，购自中盐北京市盐业公司。

小麦粉质量测定方法：蛋白质含量采用 Perten DA 7200 型近红外分析仪测定，参照《粮油检验　小麦粉粗蛋白质含量测定　近红外法》（GB/T 24871—2010）。湿面筋含量测定参照《小麦和小麦粉　面筋含量　第 1 部分：手洗法测定湿面筋》（GB/T 5506.1—2008）。粉质参数采用 Brabender 粉质仪（Farinograph- E 电子型粉质仪）测定，参照《粮油检验　小麦粉面团流变学特性测试　粉质仪法》（GB/T 14614—2019）。拉伸参数采用 Brabender 拉伸仪（Extensograph®–E 电子式拉伸仪）测定，参照《粮油检验　小麦粉面团流变学特性测定　拉伸仪法》（GB/T 14615—2019）。

试验设备：见表 4-1。

表 4-1　　　　　　　　　　制面及干燥试验所需设备

设备名称	规格型号	设备生产企业
和面机	JHMZ 200	北京东孚久恒仪器技术有限公司
试验面条机	JMTD–168/140	北京东孚久恒仪器技术有限公司
恒温恒湿箱	BLC–250–111	北京陆希科技有限公司
电子天平	ME3002E	梅特勒 – 托利多仪器（上海）有限公司
微型计算机	开天 B6650	联想（北京）有限公司
重量记录软件	Balance Link 2.20	梅特勒 – 托利多集团
单相电子式电能表	DDS 334	青岛电度表厂
电子分析天平	BSA323S–CW	赛多利斯科学仪器（北京）有限公司
电热恒温鼓风干燥箱	DHG–9140A	上海一恒科学仪器有限公司
彩色色差计	CR–400	日本柯尼卡美能达公司
物性测定仪	TA.XT plus	英国 Stable Micro Systems 公司

（二）试验设计

参考调查的企业挂面干燥工艺参数，试验将挂面干燥温度和相对湿度分别设置为30、40、50℃和65%、75%、85%；将挂面干燥时间统一设定为300 min。因为，在该时段内的所有挂面几乎已达到水分平衡状态，即干燥速率为零的状态。按表4-2的试验设计在实验室自主研发的食品水分分析技术平台（参见第二章图2-1~图2-2）上开展试验，每个试验重复三次。

表4-2 挂面干燥试验设计表

试验序号	温度/℃	相对湿度/%	干燥时间/min
1	30	65	300
2	40	65	300
3	50	65	300
4	30	75	300
5	40	75	300
6	50	75	300
7	30	85	300
8	40	85	300
9	50	85	300

（三）试验方法

1. 挂面制作

称取200g面粉，倒入和面机，加入1%的食盐和适量的水，使面团最终含水量为34%。在和面机上和面4min，然后将和好的面絮在试验面条机上进行连续复合压延。压延工序如下：在1.5mm轴间距下压延三次，其中，直接压延一次、对折压延两次；放入自封袋中，室温醒发30min。然后，在轴间距1.2、0.9、0.7、0.5mm下分别压延一次，用2mm宽的切刀将面带切断，得到宽2mm、厚1mm的湿面条。

2. 挂面干燥及其在线水分含量测定

将湿面条挂在不锈钢面杆上，并从中抽取少量样品进行挂面初始水分含量的测定。取样完毕后，立即将挂面挂入预先设定参数且运行稳定的食品水分分析技术平台中进行干燥，自动记录挂面在干燥过程中的质量变化数值，记录频率设置为5 min/次（参见第二章图2-1~图2-2）。

　　根据挂面的初始水分含量、初始质量以及质量变化数值，可以计算出挂面在干燥每 5 min 时的水分含量，从而得到全过程的挂面干燥曲线和干燥速率曲线。其中，水分含量、干燥速率的计算，分别如式（4-1）和式（4-2）所示：

$$W_t = \frac{M_1 \times W_1 - M_1 + M_t}{M_t} \times 100 \qquad (4-1)$$

式中　　W_t——挂面干燥 t 时刻的水分含量，%；

　　　　M_1——挂面干燥初始时刻的质量，g；

　　　　W_1——挂面干燥初始时刻的水分含量，%；

　　　　M_t——挂面干燥 t 时刻的质量，g。

$$D_r = \frac{W_t - W_{t+\Delta t}}{\Delta t} \qquad (4-2)$$

式中　　D_r——挂面干燥速率，g/（100g·min）；

　　　　$W_{t+\Delta t}$——挂面 $t+\Delta t$ 时刻的水分含量，g/g；

　　　　Δt——干燥时间间隔，min。

3. 挂面干燥模型及评价指标

　　本节采用 4 个干燥动力学数学模型，见表 4-3。其中水分比（MR）用于表示一定干燥条件下挂面样品的剩余含水率，计算公式如式（4-3）所示：

$$MR = \frac{W_t - W_e}{W_0 - W_e} \qquad (4-3)$$

式中　　W_t——干燥过程中某一时刻挂面的干基含水率，%；

　　　　W_e——样品的平衡干基含水率，%（本节中以干燥结束时面条的干基含水率代替）；

　　　　W_0——样品的初始干基含水率，%。

表4-3　　　　　　　　　　　　挂面干燥曲线分析模型

编号	模型名称	模型公式	文献来源
1	Newton 模型	$MR = \exp(-k \cdot t)$	Hii（2009）
2	Page 模型	$MR = \exp(-k \cdot t^a)$	Chen 等（2000）
3	Henderson 模型	$MR = a \cdot \exp(-k \cdot t)$	王宝和（2009）
4	Verma 模型	$MR = a \cdot \exp(-k \cdot t) + (1-a) \cdot \exp(-g \cdot t)$	张鹏飞（2015）

　　利用选定的四种干燥动力学模型，对试验得到的水分比数据进行拟合回归分

析。采用决定系数 R^2、卡方检验值 χ^2 及均方根误差 $RMSE$ 对模型进行拟合评价，按照式（4-4）和式（4-5）计算 χ^2、RMSE，R^2 值越大、χ^2 和 $RMSE$ 越小，模型的拟合性越好。

$$\chi^2 = \frac{\sum_{i=1}^{N}(MR_{pre,j} - MR_{exp,i})^2}{N - n} \tag{4-4}$$

$$RMSE = \left[\frac{\sum_{i=1}^{n}(MR_{pre,j} - MR_{exp,i})^2}{N}\right]^{\frac{1}{2}} \tag{4-5}$$

4. 有效水分扩散系数

本节根据菲克扩散方程求得挂面干燥有效水分扩散系数，并假设所有的样品初始水分分布均相同，且样品在干燥过程中无收缩，样品的有效扩散系数方程如式（4-6）所示：

$$MR = \frac{8}{\pi^2}\sum_{n=0}^{\infty}\frac{1}{(2n+1)^2}\exp\left[-\frac{(2n+1)^2\pi^2 D_{eff}{}^t}{4L^2}\right] \tag{4-6}$$

式中　　D_{eff}——样品中水分的有效扩散系数，m^2/s；

L——样品厚度的一半，m；

T——干燥时间，s；

N——考虑的组数。

对于长时间的干燥，上式可以简化为式（4-7）：

$$MR = \frac{8}{\pi^2}\exp\left[-\frac{\pi^2 D_{eff}{}^t}{4L^2}\right] \tag{4-7}$$

5. 挂面干燥过程能耗测定

用外接电能表直接测量挂面干燥过程所消耗的电能，如第二章图2-1所示。

6. 挂面质量性状测定

干燥结束时，将干燥箱里的挂面取出，于室温条件下存放24 h，测定其质量性状，主要包括水分含量、色泽和抗弯强度。

水分含量测定：参照《食品安全国家标准　食品中水分的测定》（GB/T 5009.3—2010）进行测定。

色泽测定：将挂面均匀摆放在长方形的平底托盘里，用遮光布将CR-400彩色色差计的探头和挂面罩住进行测量，每份样品重复测量5次，结果取平均值。

抗弯强度测定：取厚度相同的挂面，截成18cm长，垂直放于物性测定仪专用平台上，用探头（Spaghetti Flexure A/SFR）将挂面以1.00mm/s的速度均速下压，直至挂面被折断，每份样品重复测量 10 次，结果取平均值。

（四）数据处理方法

采用 Excel 2010 进行数据处理，SPSS 18.0 进行方差分析，Origin 8.0 进行模型拟合、回归分析。

第二节 挂面干燥特性及其影响因素的试验结果与分析

（一）干燥条件对挂面干燥曲线和干燥速率的影响

由表 4-4 可知，挂面初始含水率之间不存在显著性差异（$P<0.05$）；经不同干燥处理后，挂面最终含水率之间存在显著性差异（$P<0.05$）。挂面的干燥速率和平衡含水率随干燥介质条件的不同而不同。整体表现为，干燥介质温度越高，挂面的干燥速率越大，干燥结束时含水率越低；干燥介质相对湿度越低，挂面的干燥速率越大，干燥结束时的平衡含水率越低。进一步分析发现，干燥介质相对湿度（$F=422.36^{**[1]}$）对挂面干燥终点含水率的影响大于温度（$F=68.80^{**}$）。

表 4-4　　　　不同干燥条件下挂面的终点含水率和干燥速率

干燥条件		初始干基含水率 /%	干燥终点干基含水率 /%	干燥速率 / [g/（100g·min）]
温度 /℃	相对湿度 /%			
30	85	46.21 ± 1.30^a	21.89 ± 0.48^a	0.0811 ± 0.0025^f
40	85	46.26 ± 0.72^a	21.56 ± 0.56^a	0.0833 ± 0.0007^f
50	85	46.19 ± 0.82^a	19.26 ± 0.45^b	0.0898 ± 0.0010^e
30	75	47.08 ± 0.49^a	18.25 ± 0.19^c	0.0961 ± 0.0009^d
40	75	47.16 ± 0.80^a	16.62 ± 0.23^d	0.1018 ± 0.0024^c
50	75	46.05 ± 0.79^a	15.60 ± 0.28^e	0.1015 ± 0.0016^c
30	65	46.56 ± 0.18^a	15.76 ± 0.11^e	0.1027 ± 0.0007^c
40	65	46.26 ± 0.43^a	14.59 ± 0.12^f	0.1056 ± 0.0010^b
50	65	46.16 ± 0.06^a	13.43 ± 0.57^g	0.1091 ± 0.0023^a

注：字母不同表示同一列数据之间存在显著性差异（$P<0.05$）。

[1] ** 表示极显著。

1. 温度对挂面干燥速率的影响

从图 4-1 中可以看出，当干燥相对湿度为 65% 时，挂面的干燥速率在前 30 min 表现为 40℃最高，30℃次之，50℃反而最低；在 30min 之后，50℃的挂面干燥速率超过 30 和 40℃，30 和 40℃的挂面干燥速率较为接近。在 160、105 和 125min 时，30、40 和 50℃的挂面水分含量均达到 14.5%（标准含水量）。干燥末尾（300min）时，30、40 和 50℃的挂面水分含量分别为 13.61%、12.73% 和 12.20%。

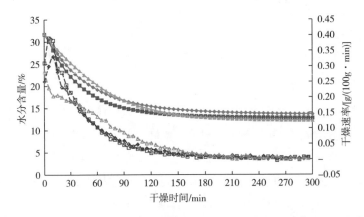

图 4-1　不同温度条件下的挂面干燥曲线及干燥速率曲线（RH=65%）

—◆— 30℃-65%　—■— 40℃-65%　—▲— 50℃-65%
--◆-- 30℃-65%　--□-- 40℃-65%　--△-- 50℃-65%

从图 4-2 可以看出，当干燥相对湿度为 75% 时，挂面的干燥速率在 30 min 前表现为 40℃最高，30℃次之，50℃最低；而 30 min 之后，50℃的挂面干燥速率超过 30 和 40℃，30 和 40℃的挂面干燥速率较为接近。在 225 和 155min 时，40 和 50℃的挂面含水率达到了 14.5%（标准含水量）；而在 300 min 时，30℃的挂面含水率仍未达到 14.5%。干燥末尾（300 min）时，30、40 和 50℃的挂面水分含量分别为 15.43%、14.25% 和 13.56%。

从图 4-3 可以看出，当干燥相对湿度为 85% 时，挂面的干燥速率在前 90 min 表现为 50℃最高，40℃次之，30℃最低；在 90 min 之后，三者的干燥速率近似。30、40 和 50℃在 300 min 时的挂面含水率均未达到 14.5%（标准含水量）。干燥末尾（300 min）时，30、40 和 50℃的挂面水分含量分别为 17.96%、17.53% 和 16.84%。

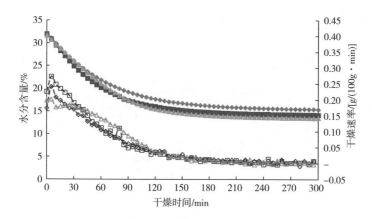

图4-2　不同温度条件下的挂面干燥曲线及干燥速率曲线（*RH*=75%）

　　──◆── 30℃-75%　　──■── 40℃-75%　　──▲── 50℃-75%
　　──◆── 30℃-75%　　──□── 40℃-75%　　──△── 50℃-75%

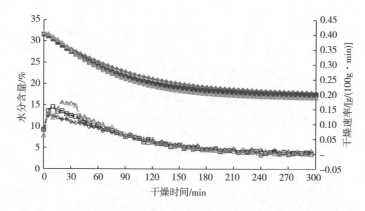

图4-3　不同温度条件的挂面干燥曲线及干燥速率曲线（*RH*=85%）

　　──◆── 30℃-85%　　──■── 40℃-85%　　──▲── 50℃-85%
　　──◆── 30℃-85%　　──□── 40℃-85%　　──△── 50℃-85%

2. 相对湿度对挂面干燥速率的影响

　　从图4-4可以看出，当干燥温度为30℃时，挂面的干燥速率在前70min表现为相对湿度65%最高，75%次之，85%最低；在此之后，三者间的干燥速率差异较小。在160min时，相对湿度65%的挂面含水率达到14.5%；而其他两个处理在300min的时间内均未达到14.5%。干燥末尾（300min）时，相对湿度65%、75%和85%的挂面水分含量分别为13.61%、15.43%和17.96%。

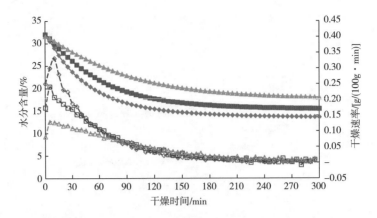

图 4-4　不同相对湿度条件下的挂面干燥曲线及干燥速率曲线（T=30℃）

⬥ 30℃-65%　■ 30℃-75%　▲ 30℃-85%
--◆-- 30℃-65%　--□-- 30℃-75%　--△-- 30℃-85%

从图 4-5 可以看出，当干燥温度为 40℃时，挂面的干燥速率在前 70min 表现为相对湿度 65% 最高，75% 次之，85% 最低；此后，三者间的干燥速率较为接近。在 105 和 225min 时，相对湿度 65% 和 75% 的挂面含水率达到了 14.5%；而在 300min 时，相对湿度 85% 的挂面含水率仍未达到 14.5%。干燥末尾（300min）时，相对湿度 65%、75% 和 85% 的挂面水分含量分别为 12.73%、14.25% 和 17.53%。

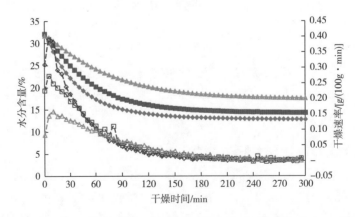

图 4-5　不同相对湿度条件下的挂面干燥曲线及干燥速率曲线（T=40℃）

⬥ 40℃-65%　■ 40℃-75%　▲ 40℃-85%
--◆-- 40℃-65%　--□-- 40℃-75%　--△-- 40℃-85%

从图 4-6 可以看出,当干燥温度为 50℃时,挂面的干燥速率在前 30min 表现为相对湿度 65% 最高,75% 次之,85% 最低;在此之后,相对湿度 65% 和 75% 的干燥速率近似,而 85% 的干燥速率较低;在 120min 之后,三者的干燥速率逐渐趋于一致。在 125 和 155min 时,相对湿度 65% 和 75% 的挂面含水率达到了 14.5%;而在 300min 时,相对湿度 85% 的挂面含水率未达到14.5%。干燥末尾(300 min)时,相对湿度 65%、75% 和 85% 的挂面水分含量分别为 12.20%、13.56% 和 16.84%。

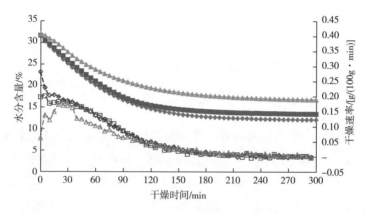

图 4-6　不同相对湿度的挂面干燥曲线及干燥速率曲线(T=50℃)

—◆— 50℃-65%　—■— 50℃-75%　—▲— 50℃-85%
--◆-- 50℃-65%　--□-- 50℃-75%　--△-- 50℃-85%

（二）温度和相对湿度对挂面干燥能耗的影响

由图 4-7 可以看出,当干燥温度一定时,不同相对湿度的能耗几乎相同,但略微呈现随干燥相对湿度的增加而增加的趋势。但是在相同湿度的条件下,不同干燥温度的能耗之间存在较大差异,特别是 50℃的干燥能耗远低于 30 和 40℃;在相对湿度 65%、75% 和 85% 下 50℃的能耗分别为 0.90、1.02 和 1.06kW·h。因为,当干燥空气的温度越高,其空气在相同相对湿度条件下所能容纳的水蒸气含量越多。因此,当挂面在低温(30 和 40℃)干燥时,由于挂面干燥需要蒸发大量的水蒸气,而在一定相对湿度下又不能容纳如此多的水蒸气,此时恒温恒湿箱必须启动除湿功能对干燥介质进行排湿,以维持恒定的相对湿度;而 50℃时则不用启动除湿功能。因此,也就节约了这部分能耗,节能效果比较显著。

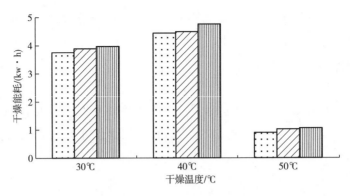

图 4-7 不同干燥条件下的能耗对比分析

⊡ 65%　　⊘ 75%　　▥ 85%

（三）干燥介质焓值对挂面干燥速率的影响

干燥过程是挂面生产过程热能消耗的主要环节。湿空气的热焓是表征干燥介质热含量的重要指标,其受湿空气温度和相对湿度影响。在压力不变的情况下,焓差值等于热交换量。挂面干燥过程中湿空气的状态变化过程可以看成是在恒压下进行的,可以用湿空气状态变化前后的焓差值来计算空气得到或失去的热量。湿空气的热焓反映了挂面生产的热能供应,与挂面干燥脱水密切相关。由表 4-5 可知,湿空气的热焓值处于 74.82~236.85kJ/kg 范围内,干燥介质的焓值越高,干燥的速率并非越快。在相对湿度一定的情况下,干燥速率随焓值的升高而增大;在温度一定的情况下,干燥速率随焓值的升高而减小。这说明,干燥过程热能的供应并非越多越好,合理的设定干燥介质温湿度不仅能降低热能消耗,也能提高干燥效率。

表 4-5　　　　　　　　　　干燥介质焓值与挂面干燥脱水的关系

干燥条件		热焓	干燥速率
温度 /℃	相对湿度 /%	/ （kJ/kg）	/ [g/ （100g·min）]
30	85	89.02	0.0811 ± 0.0025^{f}
40	85	146.12	0.0833 ± 0.0007^{f}
50	85	236.85	0.0898 ± 0.0010^{e}
30	75	81.89	0.0961 ± 0.0009^{d}
40	75	132.96	0.1018 ± 0.0024^{c}

续表

| 干燥条件 | | 热焓 | 干燥速率 |
温度 /℃	相对湿度 /%	/（kJ/kg）	/［g/（100g·min）］
50	75	212.73	0.1015 ± 0.0016^c
30	65	74.82	0.1027 ± 0.0007^c
40	65	120.01	0.1056 ± 0.0010^b
50	65	189.24	0.1091 ± 0.0023^a

注：①表中焓值由湿空气焓湿图查询软件查得；
②字母不同表示存在显著性差异（$P<0.05$）。

（四）温度和相对湿度对挂面质量性状的影响

1. 温度对挂面质量性状的影响

由表 4-6 可见，随着干燥温度的升高，挂面的水分含量和亮度 L^* 值减小，而色泽 a^*、色泽 b^* 和抗弯强度值增大。其中，干燥温度 30℃ 的挂面水分含量显著高于 40 和 50℃；干燥温度 50℃ 的挂面色泽 L^* 显著低于 30 和 40℃；色泽 b^* 值随着温度的升高而显著增加；而色泽 a^* 与抗弯强度在不同温度间无显著性差异。

表 4-6　　　　　温度对挂面质量性状的影响

干燥温度 /℃	水分含量 /%	L^*	a^*	b^*	抗弯强度 /g
30	11.11^a	85.17^a	-0.71^a	17.33^c	15.47^a
40	10.53^b	84.54^a	-0.69^a	17.94^b	16.12^a
50	10.38^b	83.60^b	-0.66^a	18.48^a	16.56^a

注：字母不同表示同一列数据之间存在显著性差异（$P<0.05$）。

2. 相对湿度对挂面质量性状的影响

由表 4-7 知，随着干燥空气相对湿度的升高，挂面的水分含量、色泽 a^* 和色泽 b^* 值增大，而亮度 L^* 值和抗弯强度值减小。其中，干燥相对湿度为 85% 的挂面水分含量和色泽 a^* 显著高于 65% 和 75%，而亮度 L^* 值和抗弯强度显著低于 65% 和 75%。相对湿度对挂面色泽 b^* 的影响较小。

表 4-7　　　　　　　　　相对湿度对挂面质量性状的影响

干燥相对湿度 /%	水分含量 /%	L^*	a^*	b^*	抗弯强度 /g
65	10.33[b]	84.94[a]	−0.73[b]	17.49[b]	16.75[a]
75	10.48[b]	84.62[a]	−0.75[b]	17.93a[b]	16.64[a]
85	11.20[a]	83.75[b]	−0.57[a]	18.32[a]	14.75[b]

注：字母不同表示同一列数据之间存在显著性差异（$P<0.05$）。

　　在外观质量方面（图 4-8），随着干燥相对湿度的增加，挂面的条形越来越平直，手感也变得越来越光滑，且色泽均匀自然，表面色泽不过分苍白。

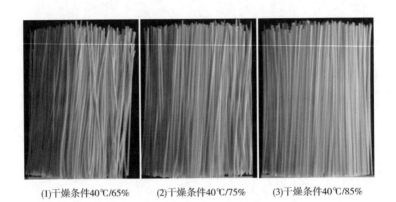

(1)干燥条件40℃/65%　　　(2)干燥条件40℃/75%　　　(3)干燥条件40℃/85%

图 4-8　相对湿度对挂面干燥外观质量性状的影响

（五）挂面干燥模型的拟合及求解

1. 干燥模型的拟合及求解

　　由表 4-8 可知，本节所采用的 4 个数学模型均能较好地模拟挂面干燥过程水分比变化规律，其 R^2 均大于 0.9981，$RMSE$ 均小于 0.01056，χ^2 均小于 3.0544×10^{-5}。在考虑模型简便性和各评价指标的基础上，认为 Page 模型是最为合适的模型，其 R^2 均值高达 0.9995，$RMSE$ 均值为 0.00516，χ^2 均值为 3.0544×10^{-5}。

　　为进一步研究挂面干燥过程中相对湿度（RH）和温度（T）对挂面脱水的影响，利用二次多项式对 Page 模型中的参数进行回归分析，除考虑每个变量的一次和二次作用外，还考虑各个因素之间的交互作用。发现因素的一次及其交互作用回归效果最好，得到温度、相对湿度与参数 a、k 之间的关系式如下：

表 4-8　　　　　　　　　　　挂面干燥模型数据拟合及评价

干燥模型	干燥条件		模型参数			统计		
	温度	相对湿度	k	a	g	R^2	$RMSE$	χ^2
Newton 模型	30	85	2.1515×10^{-4}			0.99593	1.7815×10^{-2}	3.2267×10^{-4}
	40	85	2.4552×10^{-4}			0.99627	1.6791×10^{-2}	2.8667×10^{-4}
	50	85	2.7838×10^{-4}			0.99784	1.2354×10^{-2}	1.5517×10^{-4}
	30	75	2.9988×10^{-4}			0.99965	4.8077×10^{-3}	2.35×10^{-5}
	40	75	3.4505×10^{-4}			0.99952	5.4472×10^{-3}	3.0167×10^{-5}
	50	75	3.2762×10^{-4}			0.99761	1.2603×10^{-2}	2.0×10^{-4}
	30	65	3.7155×10^{-4}			0.99874	8.4543×10^{-3}	7.2667×10^{-5}
	40	65	4.4231×10^{-4}			0.9986	8.5219×10^{-3}	7.3833×10^{-5}
	50	65	4.6671×10^{-4}			0.9987	8.2183×10^{-3}	6.8667×10^{-5}
Page 模型	30	85	7.7312×10^{-5}	1.1183		0.9998	3.9533×10^{-3}	1.6159×10^{-5}
	40	85	8.8312×10^{-5}	1.1200		0.99981	3.7274×10^{-3}	1.4365×10^{-5}
	50	85	1.3489×10^{-4}	1.0862		0.99964	4.9917×10^{-3}	2.5763×10^{-5}
	30	75	2.3206×10^{-4}	1.0308		0.99985	3.1301×10^{-3}	1.0130×10^{-5}
	40	75	2.5942×10^{-4}	1.0349		0.99972	4.1290×10^{-3}	1.7627×10^{-5}
	50	75	1.4112×10^{-4}	1.0228		0.99973	4.1881×10^{-3}	1.8136×10^{-5}
	30	65	4.8930×10^{-4}	0.9661		0.99914	6.9068×10^{-3}	4.9322×10^{-5}
	40	65	6.1129×10^{-4}	0.9592		0.99898	7.2088×10^{-3}	5.3729×10^{-5}
	50	65	4.5153×10^{-4}	1.0042		0.99868	8.2083×10^{-3}	6.9661×10^{-5}
Handerson 模型	30	85	2.2501×10^{-4}	1.0473		0.99796	1.2492×10^{-2}	1.6136×10^{-4}
	40	85	2.5768×10^{-4}	1.0515		0.9985	1.0573×10^{-2}	1.1559×10^{-4}
	50	85	2.8899×10^{-4}	1.0392		0.99908	7.9856×10^{-3}	6.5932×10^{-5}
	30	75	3.0474×10^{-4}	1.0163		0.99986	2.9600×10^{-3}	9.0591×10^{-6}
	40	75	3.5097×10^{-4}	1.0173		0.99975	3.9187×10^{-3}	1.5877×10^{-5}
	50	75	3.4132×10^{-4}	1.0432		0.99901	8.0265×10^{-3}	6.6610×10^{-5}
	30	65	3.7020×10^{-4}	0.9964		0.99873	8.4251×10^{-3}	7.3390×10^{-5}
	40	65	4.4114×10^{-4}	0.9974		0.99858	8.5026×10^{-3}	7.4746×10^{-5}
	50	65	4.7344×10^{-4}	1.0143		0.99882	7.7353×10^{-3}	6.1864×10^{-5}

续表

干燥模型	干燥条件		模型参数			统计		
	温度	相对湿度	k	a	g	R^2	$RMSE$	χ^2
Verma 模型	30	85	1.3915×10^{-4}	-9.1116	1.4503×10^{-4}	0.99922	7.6822×10^{-3}	6.2069×10^{-5}
	40	85	1.6725×10^{-4}	-11.5671	1.7221×10^{-4}	0.99864	9.9589×10^{-3}	1.0431×10^{-5}
	50	85	2.0187×10^{-4}	-10.1274	2.0752×10^{-4}	0.99904	8.0876×10^{-3}	6.8793×10^{-5}
	30	75	2.5470×10^{-4}	-5.8810	2.6065×10^{-4}	0.99971	4.2657×10^{-3}	1.9138×10^{-5}
	40	75	3.0391×10^{-4}	-9.5082	3.0752×10^{-4}	0.99954	5.2479×10^{-3}	2.8966×10^{-5}
	50	75	2.4182×10^{-4}	-13.9440	2.4656×10^{-4}	0.99867	9.2417×10^{-3}	8.9828×10^{-5}
	30	65	4.4340×10^{-4}	0.7525	2.3261×10^{-4}	0.99956	4.9256×10^{-3}	2.5517×10^{-5}
	40	65	1.9458×10^{-4}	0.1052	4.9489×10^{-4}	0.99961	4.3982×10^{-3}	2.0345×10^{-5}
	50	65	1.3226×10^{-4}	0.0257	4.8470×10^{-4}	0.99895	7.2541×10^{-3}	5.5345×10^{-5}

Page 模型：

$$a=0.01914+0.01313T+0.0136H-1.755 \times 10^{-4}TH \quad (R^2=0.93) \quad (4-8)$$

$$k=0.0026-1.89279 \times 10^{-5} \cdot T-3.0327 \times 10^{-5} \cdot H+2.3675 \times 10^{-7}T \cdot H (R^2=0.80) \quad (4-9)$$

将式（4.10）、式（4.11）代入 Page 模型中，得到：

$$MR=\exp\left[-(0.0026-1.89279 \times 10^{-5} \cdot T-3.0327 \times 10^{-5} \cdot H+2.3675 \times 10^{-7}T \cdot H)t\right.$$
$$\left.(0.01914+0.01313T+0.0136H-1.755 \times 10^{-4}T \cdot H)\right] \quad (4-10)$$

2. 挂面干燥过程有效水分扩散系数

由图 4-1~ 图 4-3 可知，挂面干燥速率在干燥过程中先升后降，在达到最大干燥速率后逐渐降低，再呈线性变化规律；且挂面的升速干燥过程较短（约10min）。因此，为了便于分析和讨论，可以认为挂面干燥过程其有效扩散系数是基本恒定的。运用菲克第二定律计算挂面干燥过程有效水分扩散系数，结果如表4-9 所示。

由表 4-9 可知，不同干燥条件下的挂面干燥有效水分扩散系数处于同一数量级水平。整体看来，挂面的有效水分扩散系数随着温度的升高而增大，随相对湿度的降低增大。将本节结果与前人对意大利面条和乌冬面的研究结果进行比较发现，40℃条件下挂面的水分扩散与乌冬面的水分扩散系数（$3.7 \times 10^{-11}m^2/s$）较为接近（Inazu 等，2000），但高于意大利面条的水分扩散系数（$1.8 \times 10^{-11}m^2/s$）（Waananen 等，1996）。

表 4-9　　　　　　　　　不同干燥条件下挂面的有效水分扩散系数

干燥条件		有效扩散系数 D_{eff}/（m^2/s）	R^2
温度 /℃	相对湿度 /%		
30	85	3.16608×10^{-11}	0.81598
40	85	3.41037×10^{-11}	0.89345
50	85	3.77948×10^{-11}	0.88812
30	75	3.5053×10^{-11}	0.88726
40	75	3.49062×10^{-11}	0.99559
50	75	3.68796×10^{-11}	0.98967
30	65	3.7193×10^{-11}	0.89524
40	65	3.46954×10^{-11}	0.99287
50	65	3.80907×10^{-11}	0.91854

第三节　挂面干燥速率及干燥模型

一、讨论

（一）干燥条件对挂面干燥速率的影响

本节将挂面干燥的温度和相对湿度分别设定在 30~50℃、65%~85% 的范围，其原因在于该温度和相对湿度范围基本上包括了挂面在实际生产干燥中所使用到的工艺参数范围，旨在为实际生产的挂面干燥工艺提供科学依据，增强研究结果的实用性。其次，试验在测量挂面干燥过程水分含量的方法上实现了创新性的方法，利用力学原理和计算机软件功能，实现了在线实时测量挂面干燥过程中的水分含量，不影响或干扰挂面干燥过程，得到了较为精确的挂面干燥曲线及干燥速率曲线。为今后更深入地研究挂面干燥特性，以及确定最佳挂面干燥工艺参数等干燥试验提供了方法。

不同干燥条件下挂面的干燥速率和平衡含水率之间存在显著性差异。湿空气的热焓值反映了干燥介质提供热量的能力，是湿空气的状态参数，主要受到温度的影响。因此，相对湿度对挂面干燥速率和平衡含水率的影响大于温度的影响。

这与前人的研究结果一致（Villeneuve 等，2007）。挂面干燥速率的快慢主要取决于面条内部和外部环境（干燥介质）之间的水分梯度。相对湿度较高的干燥介质，其水蒸气分压大，面条中水分向外扩散阻力较大，脱水速率较慢，面条平衡含水率较高。在同一相对湿度条件下，温度较高的干燥介质，面条的温度较高，面条中水分子的平均动能也较大，其向外扩散的能力较强，面条的脱水速率也相应较高，平衡含水率相应较低。

从温度对挂面干燥速率的影响来看，初始阶段的挂面干燥速率并非随着温度的升高而不断增大，在相对湿度为 65% 和 75% 的条件下，50℃的干燥速率反而小于 30 和 40℃。说明挂面在进入高温低湿的环境时，面条表面的水分在温度和蒸汽压的双重驱动下快速蒸发，使得面条表面被迅速干燥而"结膜"，这种"结膜"将导致面条临界含水量的提高，不利于全过程干燥速率的提高。与此同时，过快的表面蒸发将导致面条收缩，严重时会使面条内部产生较大的应力，致使面条产生弯曲或破裂。在这种情况下，采用相对湿度较高的空气，既可以保持较高的干燥速率，又能够防止挂面出现质量缺陷。当面条表面没有充足的自由水分时，面条内部的水分迁移就成为控制后续挂面干燥速率的主要因素。然而，挂面干燥时的水分扩散是一个复杂的过程，包括分子扩散、毛细管流、克努森（Knudsen）流、吸水动力学流和表面扩散等现象。此外，挂面的干燥速率会随着挂面含水量以及干燥介质温度和相对湿度的变化而变化。对于挂面干燥过程的水分迁移，目前基本停留在理论分析阶段，其客观规律和机制还有待进一步研究。

本节在考虑干燥热效和生产效率的基础上认为，温度 40℃、相对湿度 75% 的干燥介质参数是较为合理的挂面干燥工艺，挂面的干燥速率适中，热焓值（132.96kJ/kg 干空气）较 50℃条件干燥介质焓值（212.94kJ/kg 干空气）低 37.56%。干燥介质温度的变化会使得干燥介质相对湿度产生较大的变幅，从而引起挂面干燥速率的较大波动。当干燥介质 T=30℃、RH=65% 时，在保持干燥介质含湿量（17.41g/kg 干空气）不变的情况下，干燥介质温度由 30℃升为 40℃，其相对湿度由 65% 降为 37.38%，降幅达 42.49%；温度升为 50℃时，相对湿度进一步降低为 22.35%，降幅为 65.62%。当 T=30℃、RH=85% 时（22.97g/kg 干空气），分别降为 48.89% 和 29.23%。如此大的降幅，必然对挂面的干燥速率产生较大的影响。

（二）挂面干燥过程的干燥模型拟合

通过对挂面的干燥脱水过程进行模型拟合，分析结果表明 Page 模型能够较好的模拟挂面的干燥过程。通过对模型参数的进一步分解，发现温度和相对湿度与模型参数的相关性下降，原因可能有以下几点。

（1）挂面的干燥过程是复杂的动态湿热传递过程，干燥介质的温度和相对湿度，除了会对挂面的干燥产生影响外，还会受到挂面中脱出水分的影响，且温湿度之间的影响规律也较为复杂，并非简单地线性关系。

（2）模型应用评价的假设前提是挂面各向同性，在干燥过程中不发生收缩。然而，实际干燥过程中的面条是发生收缩的，且收缩率各向不同，长、宽、厚的收缩率分别为：11.74%、6.73% 和 15.28%。

（3）文中引用的模型主要参考学者对意大利面条和乌冬面的干燥研究，研究对象与挂面性质上存在一定的差异，这也会对模型的拟合产生影响。

此外，挂面在实际干燥过程中其物理特性也是动态变化的，由刚开始的可塑体逐渐向具有一定强度的弹性体转变。这都会对模型的适用性产生影响。在实际生产应用中要注意利用挂面的实际干燥曲线对模型进行校正。

二、小结

通过分析空气温度和相对湿度对挂面干燥特性和质量性状的影响，得到如下结论。

（1）相对湿度是影响挂面干燥速率的主要因素，温度是次要因素。一定相对湿度条件下，温度越高，挂面的干燥速率不一定越大，最终含水率越低；一定温度条件下，相对湿度越高，挂面的干燥速率越小，最终含水率越高。

（2）随着干燥温度的升高，挂面产品的水分含量和色泽 L^* 值减小，而色泽 a^*、色泽 b^* 和抗弯强度值增大；随着干燥相对湿度的升高，挂面产品的水分含量、色泽 a^* 和色泽 b^* 值增大，而色泽 L^* 和抗弯强度值减小，且面条表面光滑，色泽自然，表面色泽不苍白。

（3）Page 模型能较好地反映面条干燥过程，可描述水分随时间的变化规律，这对于挂面干燥工艺参数设计、优化，关键控制点的选择，以及干燥过程的智能控制具有重要指导意义。

（本章由魏益民、武亮、王杰撰写）

参考文献

［1］Chen J Y, Isobe K, Zhang H, et al. Hot-air drying model for udon noodles［J］. Food Science and Technology Research, 2000, 6（4）: 284-287.

［2］Hii C L, Law C L, Cloke M. Modeling using a new thin layer drying model and product quality of cocoa［J］. Journal of Food Engineering, 2009, 90（2）: 191-198.

［3］Inazu T, Iwasaki K. Mathematical evaluation of effective moisture diffusivity in fresh Japanese noodles（udon）by regular regime theory［J］. Journal of food science, 2000, 65（3）: 440-444.

［4］Villeneuve S, Gélinas P. Drying kinetics of whole durum wheat pasta according to temperature and relative humidity［J］. LWT – Food Science and Technology, 2007, 40（3）: 465-471.

［5］Waananen K M, Okos M R. Effect of porosity on moisture diffusion during drying of pasta［J］. Journal of Food Engineering, 1996, 28（2）: 121-137.

［6］陆启玉. 挂面生产工艺与设备［M］. 北京: 化学工业出版社, 2007.

［7］潘南萍. 寒冷季节气温与挂面酥条关系［J］. 粮食与食品工业, 2006（1）: 42-44.

［8］秦中庆. 再谈日本挂面干燥技术的新进展［J］. 粮食与食品工业, 1995（2）: 11-13.

［9］王宝和. 干燥动力学研究综述［J］. 干燥技术与设备, 2009（2）: 51-56.

［10］王建中, 田东贤. 提高高温烘干挂面质量的有效措施［J］. 食品科技, 1995（4）: 28-29.

［11］王杰, 张影全, 刘锐, 等. 挂面干燥工艺研究及其关键参数分析［J］. 中国粮油学报, 2014（10）: 88-93.

［12］王杰, 张影全, 刘锐, 等. 隧道式烘房挂面干燥工艺特征分析［J］. 中国粮油学报, 2014（3）: 84-89.

［13］王杰. 挂面干燥工艺及过程控制研究［D］. 北京: 中国农业科学院, 2014.

［14］夏青, 吴艺卿. 挂面酥条原因及预防措施［J］. 现代面粉工业, 2010（3）: 38-41.

［15］项勇, 陈明霞. 低温烘房挂面生产工艺及质量控制［J］. 食品工业科技, 2000（4）: 52-53.

［16］闫爱萍. 挂面水分烘干工艺关键控制点分析［J］. 广西质量监督导报, 2011（9）: 50-51, 53.

［17］张鹏飞, 吕健, 周林燕, 等. 桃片超声渗透-红外辐射干燥特性及能耗研究［J］. 现代食品科技, 2015（11）: 234-241.

［18］赵晋府. 食品工艺学［M］. 2版. 北京: 中国轻工业出版社, 2009.

第五章

挂面干燥过程水分状态及迁移规律

　　挂面干燥是指使面团形成过程添加的水分在制面工艺结束后达到安全贮藏水分（≤ 14.5%）的过程，或工艺阶段。以往的研究主要是在干燥过程中取样，通过烘干法分析水分含量和干燥速率的变化。由于仪器设备和测量精度的限制，有学者研究了意大利面条煮制后（≥ 60.0%）再干燥过程的水分状态变化。由于挂面干燥前的含水率仅为30%~32%，对挂面干燥过程水分状态和迁移规律的研究受到了研究手段的限制。本章采用食品分析技术平台提供的手段和技术开发结果，主要分析和讨论了加工工艺对挂面干燥及产品特性的影响，加工工艺对挂面干燥过程水分状态（T_2）的影响，加工工艺对挂面干燥过程不同状态水分比例（A_2）的影响，挂面干燥过程水分迁移等；首次从定量和可视的角度揭示了挂面干燥过程水分的结合状态、比例变化和迁移规律。

第一节　加工工艺对挂面干燥及产品特性的影响

　　目前，多数研究是分析加水量和真空度对面团或生鲜面条质量的影响，较少同时涉及加水量、干燥温度、真空度对挂面干燥特性及产品特性影响的系统研究。本节以小麦精粉为原料，设计加水量、干燥温度、真空度三因素不等水平全排列挂面干燥试验；采用自主开发的食品水分分析技术平台模拟工业化生产，测定挂面干燥特性和挂面产品质量特性，明确加工工艺中的加水量、真空度、干燥温度对挂面干燥特性和产品特性的影响，更好地设计或优化挂面生产工艺参数。

一、材料与方法

（一）试验材料

试验选用河北金沙河面业集团生产的金沙河牌松鹤贵族精粉，其质量性状如表 5-1 所示。面粉质量测定方法：灰分测定参照《粮油检验　小麦灰分含量测定　近红外法》(GB/T 24872—2010)，采用 Perten DA7200 型近红外分析仪测定；蛋白质含量测定参照 GB/T 24871—2010，采用 Perten DA7200 型近红外分析仪测定；粉质参数参照 GB/T 14614—2019，采用 Brabender 827504 型粉质仪测定；拉伸参数参照 GB/T 14615—2019，采用 Brabender 860033/002 型拉伸仪测定；淀粉糊化特性参照《小麦、黑麦及其粉类和淀粉糊化特性测定　快速黏度仪法》(GB/T 24853—2010)，采用 Brabender MVAG803202 型微量快速黏度仪测定。

表 5-1　　　　　　　　　　　试验选用面粉的质量性状

蛋白质含量 /%	湿面筋含量 /%	稳定时间 /min	最大拉伸阻力 /EU	延伸性 /mm	峰值黏度 /BU	崩解值 /BU	降落数值 /s
11.5	26.3	3.5	215.5	131.6	527	85	553

（二）仪器与设备

DA7200 型近红外分析仪（瑞典 Perten 公司）；真空和面机（河南东方面机集团有限公司）；MT5-215 型压面机组（南京市扬子粮油食品机械有限公司）；食品水分分析技术平台（课题组开发，专利号：ZL201420479345.5）；DHG-9140 型电热恒温鼓风干燥箱（上海一恒科技有限公司）；ME4002E/02 电子天平［梅特勒-托利多仪器（上海）有限公司］；CR-400 型彩色色差计（日本柯尼卡美能达公司）；TA. XT plus 型物性测定仪（英国 Stable Micro Systems 公司）。

（三）试验设计

试验因素与水平设计见表 5-2。根据目标加水量，将称取的面粉（质量相当于 1000g 含水率为 14% 的面粉）及蒸馏水（根据面粉含水率计算达到目标含水率所需水的质量）放入真空和面机。设定搅拌方式为：先低速搅拌（70r/min）1min，然后高速搅拌（120r/min）3min，再低速搅拌（70r/min）4min；真空泵在开始搅拌 1min 后启动；当处理的真空度为 0.00MPa 时，则不启动真空泵。

将调制后的松散面絮放入压面机组，经 8.0、4.0mm 轧辊间距连续压延成面带，再于 4mm 轧辊间距处对折压延 2 次，压成 4~5mm 厚的面带，放入自封袋醒发 30min。醒发结束的面带再经过 3.0、2.2mm 轧辊间距分别压延 1 次。然后，调整最后一次压延的轧辊间距，保证最终面带厚度为 2mm，用 3mm 宽的面刀切条。取少量样品测定挂面实际初始含水率（表 5-2），将其余湿面条放入食品水分分析技术平台（参见第二章图 2-1）干燥。干燥温度为 32、40、48℃，相对湿度为 75%，干燥 300min，试验重复三次。

表 5-2		3 因素不等水平（3×2×3）的试验设计	
加水量 /%	真空度 /MPa	干燥温度 /℃	实际初始含水率 /%
30	0	32	28.86 ± 0.04
		40	29.19 ± 0.10
		48	29.14 ± 0.18
	0.06	32	28.82 ± 0.13
		40	28.93 ± 0.10
		48	28.97 ± 0.06
35	0	32	34.14 ± 0.09
		40	33.85 ± 0.08
		48	33.72 ± 0.33
	0.06	32	34.03 ± 0.03
		40	34.11 ± 0.11
		48	33.99 ± 0.02

（四）试验方法

1. 挂面干燥特性测定

挂面水分含量、干燥速率分别按照式（5-1）和式（5-2）进行计算。

$$W_t = \frac{M_0 W_0 - M_0 + M_t}{M_0 - M_0 \times W_0} \tag{5-1}$$

式中　M_0——挂面干燥初始质量，g；

　　　W_0——挂面干燥初始含水率，%；

　　　M_t——干燥 t 时刻挂面的质量，g；

　　　W_t——t 时刻挂面干基含水率，%。

挂面干燥速率计算公式如下：

$$Dr_i = \frac{W_t - W_{t+\Delta t}}{\Delta t} \qquad (5-2)$$

式中　Dr_i——挂面干燥速率，%/min；

　　　　Δt——采样间隔，5min；

　　　　i——采样点次序，$1 \leqslant i \leqslant 60$。

挂面干燥过程平均干燥速率计算公式如式（5-3）、式（5-4）所示：

$$\overline{Dr_{300}} = \frac{W_1 - W_{60}}{300} \qquad (5-3)$$

$$\overline{Dr_{40}} = \frac{W_1 - W_8}{40} \qquad (5-4)$$

式中　$\overline{Dr_{300}}$——挂面平均干燥速率，%/min；

　　　　$\overline{Dr_{40}}$——挂面干燥40min平均干燥速率，%/min。

2. 挂面质量测定

为保证测定时挂面样品水分的一致性，先将挂面置入自封袋保存一个月。然后从每批挂面随机抽取20根，截成长度18cm（王杰，2014）。将抽取的挂面全部放入同一个自封袋15d后，测定挂面含水率为（10.97±0.75）%。

将挂面均匀摆放在长方形的平底托盘里，用遮光布将CR-400彩色色差计的探头和挂面罩住测量5次，重复摆放3次，共测定15次，取平均值。采用CIE-L*a*b*色空间表示方法，得L*、a*、b*三个参数。

根据王杰（2014）、高飞（2010）的方法，将长度为18cm的挂面垂直放于物性测定仪专用平台上，探头（Spaghetti Flexure A/SFR）以1.00mm/s的速度下压，直至挂面被折断，每份样品重复测量10次，得到抗弯强度和弯曲距离，取平均值。

根据质构仪参数计算出弯曲功：

$$Q = F \times S \qquad (5-5)$$

$$F = ma \qquad (5-6)$$

$$S = v \times t \qquad (5-7)$$

由式（5-5）、式（5-6）、式（5-7）可得：

$$Q = ma \times v \times t \qquad (5-8)$$

式中　Q——弯曲功，J；

　　　　m——质构测定过程中以质量表示的力，kg；

　　　　a——加速度，此处等于重力加速度9.8m/s^2；

v——探头运行速度，m/s；

t——时间，s。

（五）数据处理方法

采用 Excel 2010 进行数据处理和图表绘制，采用 SPSS 22.0 对数据进行多元方差分析，采用单因素 ANOVA 程序对不同处理条件下的数据进行单因素方差分析和多重比较。

二、结果与分析

（一）加工工艺对挂面干燥及产品特性的影响

利用多元方差分析解析加工工艺因素及其交互作用对挂面干燥和产品特性的影响，结果见表 5-3。根据表 5-3 可知，加水量对所有干燥和产品特性有极显著影响。干燥温度对所有干燥特性有极显著影响，仅对产品特性中抗弯强度和弯曲距离有极显著影响，对色差值的 b^* 值有显著影响。和面真空度仅对抗弯强度有显著影响。

在互作效应中，加水量和干燥温度互作对终点含水率有极显著影响，对平均干燥速率和抗弯强度有显著影响；加水量与和面真空度互作对 b^* 值和抗弯强度有极显著影响；干燥温度和真空度互作对抗弯强度有极显著影响；3 种干燥因素的互作对抗弯强度有极显著影响，对色差值的 b^* 值有显著影响（表 5-3）。

表 5-3　　　　　　　　　　挂面干燥和产品特性方差分析 F 值

因素	干燥特性			产品特性					
	W_{300}	$\overline{Dr_{300}}$	$\overline{Dr_{40}}$	L^*	a^*	b^*	抗弯强度	弯曲距离	弯曲功
加水量	80.77**	4928.08**	48.73**	115.87**	283.33**	1661.51**	12.55**	239.41**	363.53**
干燥温度	100.64**	156.03**	11.96**	0.05	0.59	4.70*	22.18**	12.90**	2.76
真空度	0.23	1.26	0.51	0.01	2.83	0.01	5.67*	2.38	0.11
加水量 × 干燥温度	7.17**	4.02*	0.41	0.08	1.03	0.91	4.36*	1.53	0.16
加水量 × 真空度	0.80	2.60	0.01	1.66	0.71	9.68**	35.93**	2.56	0.00
干燥温度 × 真空度	0.93	1.47	0.45	0.40	1.19	0.86	8.03**	1.17	2.71
加水量 × 干燥温度 × 真空度	0.37	3.09	0.45	2.59	2.24	4.37*	12.43**	0.49	3.07

注：** 表示在 0.01 水平上极显著，* 表示在 0.05 水平上显著。

从上述分析可以看出，加水量对干燥和产品特性均有较大影响，其次是干燥温度；真空度仅对抗弯强度有影响。因素互作效应对产品特性的影响较大。所有因素（单因素或互作）都对产品特性中的抗弯强度有极显著或显著影响。这一结果提示，抗弯强度是与多因素关联的产品质量特性，应给以关注和进一步的分析。

（二）加工工艺对挂面干燥及产品特性 F 值的贡献率

从表 5-4 可知，加水量对平均干燥速率、40min 平均干燥速率、挂面的色差值、弯曲距离和弯曲功有极高的贡献率，对挂面的终点含水率有较高的贡献率。干燥温度对挂面的终点含水率有较大的贡献率；加水量和真空度互作对抗弯强度有较高的贡献率。抗弯强度的 F 值构成比较分散，贡献率最大的为加水量和真空度互作因素。可见，和面加水量不仅影响干燥特性，还极大地影响挂面的产品特性，特别是影响色泽。

表 5-4　　　　　　各因素对挂面干燥及产品特性 F 值的贡献率　　　　　单位：%

	因素	加水量	干燥温度	真空度	加水量 × 干燥温度	加水量 × 真空度	干燥温度 × 真空度	加水量 × 干燥温度 × 真空度
干燥特性	W_{300}	42.31	52.72	0.12	3.75	0.42	0.49	0.2
	$\overline{Dr_{300}}$	96.69	3.06	0.02	0.08	0.05	0.03	0.06
	$\overline{Dr_{40}}$	77.96	19.13	0.81	0.65	0.01	0.72	0.72
产品特性	L^*	96.02	0.04	0.01	0.07	1.38	0.33	2.15
	a^*	97.06	0.2	0.97	0.35	0.24	0.41	0.77
	b^*	98.78	0.28	0	0.05	0.57	0.05	0.26
	抗弯强度	12.41	21.93	5.61	4.31	35.52	7.94	12.28
	弯曲距离	91.93	4.95	0.92	0.59	0.98	0.45	0.19
	弯曲功	97.64	0.74	0.03	0.73	0	0.04	0.82

（三）单因素对干燥特性及产品特性的影响

1. 加水量对干燥特性及产品特性的影响

由表 5-5 可知，随着加水量的提高，挂面终点含水率增加，当 0.00 MPa, 32℃以及 0.06MPa, 32 和 48℃时，终点含水率极显著升高。提高加水量，平均干燥速率均极显著增大；40min 平均干燥速率显著提高（0.00 MPa, 32、40、48℃；0.06 MPa, 32℃）。随着加水量提高，在挂面干燥速率升高的同时，挂面最终含水率也升高。

表 5-5　　　　　　　　　　加水量对挂面干燥特性的影响

真空度 /MPa	干燥温度 /℃	加水量 /%	干燥特性		
			W_{300}/%	$D\overline{r_{300}}$/（%/min）	$D\overline{r_{40}}$/（%/min）
0.00	32	30	18.87 ± 0.27^{Bb}	0.07 ± 0.00^{Bb}	0.18 ± 0.01^{Bb}
		35	21.10 ± 0.35^{Aa}	0.10 ± 0.00^{Aa}	0.24 ± 0.00^{Aa}
	40	30	17.72 ± 0.10^{Aa}	0.08 ± 0.00^{Bb}	0.22 ± 0.02^{Ab}
		35	18.60 ± 0.48^{Aa}	0.11 ± 0.00^{Aa}	0.28 ± 0.01^{Aa}
	48	30	16.46 ± 0.17^{Aa}	0.08 ± 0.00^{Bb}	0.24 ± 0.01^{Ab}
		35	17.34 ± 0.80^{Aa}	0.11 ± 0.00^{Aa}	0.28 ± 0.02^{Aa}
0.06	32	30	18.69 ± 0.17^{Bb}	0.07 ± 0.00^{Bb}	0.20 ± 0.01^{Ab}
		35	21.07 ± 0.19^{Aa}	0.10 ± 0.00^{Aa}	0.24 ± 0.01^{Aa}
	40	30	17.64 ± 0.32^{Aa}	0.08 ± 0.00^{Bb}	0.23 ± 0.02^{Aa}
		35	18.55 ± 0.60^{Aa}	0.11 ± 0.00^{Aa}	0.29 ± 0.04^{Aa}
	48	30	16.52 ± 0.04^{Bb}	0.08 ± 0.00^{Bb}	0.23 ± 0.01^{Aa}
		35	18.10 ± 0.04^{Aa}	0.11 ± 0.00^{Aa}	0.28 ± 0.01^{Aa}

注：同一行的同一列标有不同大写字母，表示组间差异极显著（$P<0.01$）；同一行的同一列标有不同小写字母，表示组间差异显著（$P<0.05$）。

由表 5-6 可知，随着加水量的提高，挂面色泽 L^*、a^* 值有显著，或极显著的下降，b^* 值极显著升高。不同真空度时，加水量对抗弯强度有不同的影响。当 0.00 MPa，32℃时抗弯强度随着加水量提高而显著增大，而当 0.06 MPa，32、40℃时随着加水量提高，抗弯强度极显著下降。加水量对弯曲距离和弯曲功的影响一致，即随着加水量提高，弯曲距离和弯曲功显著、或极显著的增大。说明随着加水量提高，挂面色泽变暗、变黄，抗弯抗折断性能变好，即提高了挂面的产品质量。

表 5-6　　　　　　　　　　加水量对挂面产品特性的影响

真空度 /MPa	干燥温度 /℃	加水量 /%	产品特性					
			L^*	a^*	b^*	抗弯强度 /g	弯曲距离 /mm	弯曲功 /J
0.00	32	30	87.74 ± 0.57 ^{Aa}	−0.19 ± 0.01 ^{Aa}	10.10 ± 0.16 ^{Bb}	102.86 ± 2.87^{Ab}	5.39 ± 0.52 ^{Bb}	0.02 ± 0.00 ^{Bb}
		35	82.24 ± 0.47 ^{Bb}	−0.73 ± 0.03 ^{Bb}	17.58 ± 0.52 ^{Aa}	116.26 ± 4.67^{Aa}	8.12 ± 0.17 ^{Aa}	0.04 ± 0.00 ^{Aa}
	40	30	87.23 ± 0.75 ^{Aa}	−0.23 ± 0.03 ^{Aa}	10.63 ± 0.22 ^{Bb}	110.49 ± 5.10^{Aa}	5.09 ± 0.32 ^{Bb}	0.02 ± 0.00 ^{Bb}
		35	84.04 ± 1.43 ^{Ab}	−0.70 ± 0.05 ^{Bb}	17.13 ± 0.49 ^{Aa}	113.34 ± 2.93^{Aa}	8.84 ± 0.69 ^{Aa}	0.04 ± 0.00 ^{Aa}
	48	30	87.47 ± 0.81 ^{Aa}	−0.28 ± 0.09 ^{Aa}	11.07 ± 0.42 ^{Bb}	126.71 ± 4.20^{Aa}	4.16 ± 0.83 ^{Ab}	0.02 ± 0.00 ^{Bb}
		35	82.97 ± 1.66 ^{Ab}	−0.72 ± 0.03 ^{Bb}	18.06 ± 0.54 ^{Aa}	121.56 ± 4.94^{Aa}	6.83 ± 0.15 ^{Aa}	0.04 ± 0.00 ^{Aa}

续表

真空度/MPa	干燥温度/℃	加水量/%	产品特性					
			L^*	a^*	b^*	抗弯强度/g	弯曲距离/mm	弯曲功/J
0.06	32	30	87.43 ± 1.37 [Aa]	−0.23 ± 0.06 [Aa]	10.11 ± 0.29 [Bb]	122.52 ± 3.13 [Aa]	4.63 ± 0.49 [Bb]	0.02 ± 0.00 [Bb]
		35	83.36 ± 0.82 [Ab]	−0.59 ± 0.10 [Ab]	17.22 ± 0.42 [Aa]	106.12 ± 1.85 [Bb]	8.63 ± 0.63 [Aa]	0.04 ± 0.00 [Aa]
	40	30	88.42 ± 1.07 [Aa]	−0.20 ± 0.10 [Aa]	9.96 ± 0.58 [Bb]	116.75 ± 2.02 [Aa]	5.44 ± 0.29 [Bb]	0.03 ± 0.00 [Bb]
		35	81.71 ± 0.70 [Bb]	−0.75 ± 0.08 [Bb]	18.44 ± 0.57 [Aa]	91.12 ± 3.76 [Bb]	9.47 ± 0.62 [Aa]	0.04 ± 0.00 [Aa]
	48	30	88.23 ± 1.39 [Aa]	−0.20 ± 0.00 [Aa]	9.94 ± 0.40 [Bb]	117.15 ± 0.02 [Aa]	4.54 ± 0.53 [Ab]	0.02 ± 0.00 [Ab]
		35	82.24 ± 1.29 [Aa]	−0.60 ± 0.08 [Ab]	18.78 ± 0.14 [Aa]	115.98 ± 1.13 [Aa]	7.75 ± 0.26 [Aa]	0.04 ± 0.00 [Aa]

注：同一行的同一列标有不同大写字母，表示组间差异极显著（$P<0.01$）；同一行的同一列标有不同小写字母，表示组间差异显著（$P<0.05$）。

2. 干燥温度对干燥特性及产品特性的影响

从表5-7知，随着干燥温度升高，挂面终点含水率显著、或极显著下降，而平均干燥速率、40min平均干燥速率有显著或极显著增加。说明随着干燥温度升高，挂面脱水更快，即干燥至相同含水率所需的时间变短。

表5-7　　　　　　　　　　干燥温度对挂面干燥特性的影响

加水量/%	真空度/MPa	干燥温度/℃	干燥特性		
			W_{300}/%	$D\bar{r}_{300}$/（%/min）	$D\bar{r}_{40}$/（%/min）
30	0.00	32	18.87 ± 0.27 [Aa]	0.07 ± 0.00 [Cc]	0.18 ± 0.01 [Bb]
		40	17.72 ± 0.10 [Bb]	0.08 ± 0.00 [Bb]	0.22 ± 0.02 [ABa]
		48	16.46 ± 0.17 [Cc]	0.08 ± 0.00 [Aa]	0.24 ± 0.01 [Aa]
	0.06	32	18.69 ± 0.17 [Aa]	0.07 ± 0.00 [Bb]	0.20 ± 0.01 [Aa]
		40	17.64 ± 0.32 [Bb]	0.08 ± 0.00 [ABab]	0.23 ± 0.02 [Aa]
		48	16.52 ± 0.04 [Cc]	0.08 ± 0.00 [Aa]	0.23 ± 0.01 [Aa]
35	0.00	32	21.10 ± 0.35 [Aa]	0.10 ± 0.00 [Bc]	0.24 ± 0.00 [Ab]
		40	18.60 ± 0.48 [Bb]	0.11 ± 0.00 [Ab]	0.28 ± 0.01 [Aa]
		48	17.34 ± 0.80 [Bb]	0.11 ± 0.00 [Aa]	0.28 ± 0.02 [Aa]
	0.06	32	21.07 ± 0.19 [Aa]	0.10 ± 0.00 [Bb]	0.24 ± 0.01 [Aa]
		40	18.55 ± 0.60 [Aab]	0.11 ± 0.00 [ABa]	0.29 ± 0.04 [Aa]
		48	18.10 ± 0.040 [Bb]	0.11 ± 0.00 [Aa]	0.28 ± 0.01 [Aa]

注：同一行的同一列标有不同大写字母，表示组间差异极显著（$P<0.01$）；同一行的同一列标有不同小写字母，表示组间差异显著（$P<0.05$）。

　　由表 5-8 可知，干燥温度升高对挂面色泽 L^*、a^* 值没有显著性影响，而对 b^* 值有一定影响，在 30% 加水量、0.00MPa 时，以及 35% 加水量、0.06MPa 时，b^* 值随温度升高而增大。干燥温度升高对抗弯强度有一定影响，即当 30% 加水量、0.00MPa 时，抗弯强度随干燥温度升高而增大。当 35% 加水量、0.06MPa 时，干燥温度升高导致抗弯强度先显著下降，后又显著升高。当 35% 加水量时，弯曲距离随着干燥温度升高先升高，后下降。弯曲功随温度变化较小。因此，干燥温度升高可以在一定程度上提高抗弯强度。

表 5-8　　　　　　　　　　　　　　干燥温度对挂面产品特性的影响

加水量 /%	真空度 /MPa	干燥温度 /℃	产品特性					
			L^*	a^*	b^*	抗弯强度 /g	弯曲距离 /mm	弯曲功 /J
30	0.00	32	87.74 ± 0.57 [Aa]	−0.19 ± 0.01 [Aa]	10.10 ± 0.16 [Ab]	102.86 ± 2.87 [Bb]	5.39 ± 0.52 [Aa]	0.02 ± 0.00 [Aa]
		40	87.23 ± 0.75 [Aa]	−0.23 ± 0.03 [Aa]	10.63 ± 0.22 [Aab]	110.49 ± 5.10 [Bb]	5.09 ± 0.32 [Aa]	0.02 ± 0.00 [Aa]
		48	87.47 ± 0.81 [Aa]	−0.28 ± 0.09 [Aa]	11.07 ± 0.42 [Aa]	126.71 ± 4.20 [Aa]	4.16 ± 0.83 [Aa]	0.02 ± 0.00 [Aa]
	0.06	32	87.43 ± 1.37 [Aa]	−0.23 ± 0.06 [Aa]	10.11 ± 0.29 [Aa]	122.52 ± 3.13 [Aa]	4.63 ± 0.49 [Aa]	0.02 ± 0.00 [Aa]
		40	88.42 ± 1.07 [Aa]	−0.20 ± 0.10 [Aa]	9.96 ± 0.58 [Aa]	116.75 ± 2.02 [Aa]	5.44 ± 0.29 [Aa]	0.03 ± 0.00 [Aa]
		48	88.23 ± 1.39 [Aa]	−0.20 ± 0.00 [Aa]	9.94 ± 0.40 [Aa]	117.15 ± 0.02 [Aa]	4.54 ± 0.53 [Aa]	0.02 ± 0.00 [Aa]
35	0.00	32	82.24 ± 0.47 [Aa]	−0.73 ± 0.03 [Aa]	17.58 ± 0.52 [Aa]	116.26 ± 4.67 [Aa]	8.12 ± 0.17 [ABab]	0.04 ± 0.00 [Aab]
		40	84.04 ± 1.43 [Aa]	−0.70 ± 0.05 [Aa]	17.13 ± 0.49 [Aa]	113.34 ± 2.93 [Aa]	8.84 ± 0.69 [Aa]	0.04 ± 0.00 [Aa]
		48	82.97 ± 1.66 [Aa]	−0.72 ± 0.03 [Aa]	18.06 ± 0.54 [Aa]	121.56 ± 4.94 [Aa]	6.83 ± 0.15 [Bb]	0.04 ± 0.00 [Ab]
	0.06	32	83.36 ± 0.82 [Aa]	−0.59 ± 0.10 [Aa]	17.22 ± 0.42 [Ab]	106.12 ± 1.85 [Ab]	8.63 ± 0.63 [Aab]	0.04 ± 0.00 [Aa]
		40	81.71 ± 0.7 [Aa]	−0.75 ± 0.08 [Aa]	18.44 ± 0.57 [Aa]	91.12 ± 3.76 [Bc]	9.47 ± 0.62 [Aa]	0.04 ± 0.00 [Aa]
		48	82.24 ± 1.29 [Aa]	−0.60 ± 0.08 [Aa]	18.78 ± 0.14 [Aa]	115.98 ± 1.13 [Aa]	7.75 ± 0.26 [Bb]	0.04 ± 0.00 [Aa]

　　注：同一行的同一列标有不同大写字母，表示组间差异极显著（$P<0.01$）；同一行的同一列标有不同小写字母，表示组间差异显著（$P<0.05$）。

3. 真空度对干燥特性及产品特性的影响

　　真空度对终点含水率、平均干燥速率、40 min 平均干燥速率等均无显著影响，对挂面色泽的影响也不显著。根据表 5-9 可知，当 30% 加水量、32℃，以及 35% 加水量、32 和 40℃时，真空度对挂面的抗弯强度有显著、或极显著性影响。在 35% 加水量、48℃时，真空度对弯曲距离有显著影响。除此之外，真空度对挂面抗弯强度和弯曲距离没有显著性影响（$P<0.05$）。真空度对挂面干燥特性和产品特性的影响较小。

表 5-9   真空度对产品特性的影响

加水量 /%	干燥温度 /℃	真空度 /MPa	产品特性		
			抗弯强度 /g	弯曲距离 /mm	弯曲功 /J
30	32	0.00	102.86 ± 2.87[Bb]	5.39 ± 0.52 Aa	0.02 ± 0.00 Aa
		0.06	122.52 ± 3.13 Aa	4.63 ± 0.49 Aa	0.02 ± 0.00 Aa
	40	0.00	110.49 ± 5.10 Aa	5.09 ± 0.32 Aa	0.02 ± 0.00 Aa
		0.06	116.75 ± 2.02 Aa	5.44 ± 0.29 Aa	0.03 ± 0.00 Aa
	48	0.00	126.71 ± 4.20 Aa	4.16 ± 0.83 Aa	0.02 ± 0.00 Aa
		0.06	117.15 ± 0.02 Aa	4.54 ± 0.53 Aa	0.02 ± 0.00 Aa
35	32	0.00	116.26 ± 4.67 Aa	8.12 ± 0.17 Aa	0.04 ± 0.00 Aa
		0.06	106.12 ± 1.85[Ab]	8.63 ± 0.63 Aa	0.04 ± 0.00 Aa
	40	0.00	113.34 ± 2.93 Aa	8.84 ± 0.69 Aa	0.04 ± 0.00 Aa
		0.06	91.12 ± 3.76 Bb	9.47 ± 0.62 Aa	0.04 ± 0.00 Aa
	48	0.00	121.56 ± 4.94 Aa	6.83 ± 0.15 Ab	0.04 ± 0.00 Aa
		0.06	115.98 ± 1.13 Aa	7.75 ± 0.26 Aa	0.04 ± 0.00 Aa

注：同一行的同一列标有不同大写字母，表示组间差异极显著（$P<0.01$）；同一行的同一列标有不同小写字母，表示组间差异显著（$P<0.05$）。

三、讨论

（一）影响挂面干燥特性的因素分析

挂面干燥过程中水分和热量传递是同时发生、相互影响的。在相对湿度一定（75%）时，挂面干燥主要受加水量和干燥温度的影响（表 5-4），加水量和干燥温度越高，干燥速率越大（表 5-5、表 5-7）。这与 Villeneuve 等（2007）、Waananen 等（1996）对意大利面和 Zhou 等（2015）对非油炸方便面的研究一致。前人对于面条干燥过程多选用有效水分扩散系数 D_{eff} 来分析降速期的干燥（Inazu 等，1999；Villeneuve 等，2007）。D_{eff} 越大，干燥速率越高。D_{eff} 可以用 Arrhenius 关系表述（朱文学，2009）：

$$D_{eff} = D_0 e^{\frac{-E}{RT}} \qquad\qquad (5-9)$$

式中 D_0——指前因子；

　　　　E——扩散活化能。

干燥温度 T 越大，D_{eff} 越大。原因是挂面表面水蒸气分压与空气中水蒸气分压之间差值为干燥提供动力（Fu，2008）。温度越高，空气中水蒸气的分压越大，与挂面表面水蒸气压的差值越大，驱动力越大。加水量越高，水与蛋白质淀粉等结合的越不紧密，E 越小，D_{eff} 越大。Inazu 等（1999）研究发现，乌冬面 D_{eff} 与加水量无关，只是温度的函数，原因可能是加水量梯度较小（34.64%，35.48%，36.71%），温度梯度较大（20、30、40℃），且相对湿度控制不稳定所致（Villeneuve 等，2007）。干燥温度对挂面平均干燥速率的 F 值贡献率（表5-4）低于对 40 min 平均干燥速率的影响，表明在挂面干燥初始阶段，温度对 40min 平均干燥速率的影响比其对平均干燥速率的影响大。综上所述，加水量和干燥温度是影响挂面干燥的关键因素，而真空度对挂面干燥特性无显著影响。

（二）影响挂面产品特性的因素分析

水是面条中的基本要素（Fu，2008），是面筋网络形成的关键，和面时蛋白质水合，二硫键在半胱氨酸残基的巯基和麦谷蛋白固有的二硫键断裂形成的巯基之间形成，蛋白质聚合伸展形成面筋网络（刘锐，2015）。由表5-6知，加水量越大，挂面的弯曲距离和弯曲功越大，表明面筋网络形成更好，与 Park 等（2002）的研究一致。当 0.00MPa、32℃时，抗弯强度随加水量增加而增大，当 0.06MPa、32℃时，随加水量增加而减小。表明加水量和真空度的互作对抗弯强度有较大影响，和表5-4结果一致。挂面干燥2h后颜色变化幅度很小（葛秀秀，2003），本节的 L^*、b^* 值随加水量的变化与 Ye 等（2009）和 Solah 等（2007）对白盐面条（30% 升高到35%）的研究结果一致，但 a^* 值的变化与其研究结果不一致。可能是小麦粉的种类和干燥影响了挂面的 a^* 值。面条色泽变化主要原因是多酚氧化酶（PPO）和过氧化物酶（POD）氧化溶于水的酚类底物形成褐色或黑色过氧化物（Morris 等，2000；葛秀秀，2003；Li 等，2016）。加水量升高，促进了 PPO 与底物发生反应，导致挂面颜色变化。

当30%加水量、0.00MPa时，抗弯强度随温度的变化与王杰（2014）、高飞（2010）的研究一致。但当35%加水量、0.00 和 0.06MPa 时，抗弯强度随温度升高先下降，后升高。这可能是加水量和干燥温度互作的影响。干燥温度对蛋白质和淀粉均有影响。Petitot 等（2009）和 Cubadda 等（2007）研究表明，相对于面粉，干燥（温度≥55℃）使意大利面的蛋白质形成额外的二硫键，蛋白质发生凝聚，温度升高，形成更多的二硫键和其他共价键。本节中干燥温度最高为48℃，因此干燥温度对挂面产品特性的影响较小，对挂面抗弯抗折断性能影响的机制较复杂，需进一步研究。Guler 等（2002）和 Yue 等（1999）对意大利面的研究发现，淀粉酶在含水率高的阶段（干燥前期）水解淀粉使破损淀粉含量升高，导致面条黏性和硬度下降。干燥温度超过 80℃，淀粉酶活性将降低。本节干燥温度较低，淀粉酶可能导致损伤淀粉含量升高，削弱挂面的抗弯性能。干燥温度对色泽的影响较小，原因是本节干燥温度均在 PPO 较适宜的温度范围（30~50℃）内，对酶活性影响小（葛秀秀，2003）。

（三）真空和面技术在挂面生产中的作用

真空和面可以提高淀粉、蛋白质与水的结合强度（Solah 等，2007；Li 等，2014），可能会提高水分扩散活化能，影响挂面干燥过程。本节真空度及其与其他因素的交互作用对干燥参数没有显著影响。当 30% 加水量、32℃时，真空度显著增强抗弯强度，而当 35% 加水量，32℃时相反。这可能是真空度和加水量互作的影响。当 35% 加水量、48℃时，真空度对弯曲距离有显著提升。可能是真空增加了面条中各组分间的相互作用（刘锐等，2015），利于二硫键形成，还增加蛋白质二级结构中的 β– 折叠、α– 螺旋，降低 β– 转角。β– 折叠是三者中最稳固的结构，α – 螺旋的增加，表明形成了更有序的结构（Li 等，2014）。这些原因使面条更紧实，弯曲距离增大。前人在真空度对鲜面条色泽影响的研究结果上不一致。Li 等（2012）研究发现，真空和面可以显著提高白盐面条 L^* 值，降低 b^* 值；而 Solah 等（2007）的研究相反。原因可能在于面粉的种类和加水量（33%、38%）不同所致。真空降低氧气浓度，可以减缓多酚类物质和蛋白质的氧化，提高 L^* 值、a^* 值。但本节条件下真空对色泽的 L^* 值、a^* 值没有显著影响。真空度和加水量的互作对 b^* 值有极显著影响（表 5-4），可能是真空度降低了挂面中水分活度（李曼，2014），减弱了 PPO 的作用引起的。

前人研究表明，真空对面团及鲜湿面的品质特性有较大影响（Solah 等，2007；Li 等，2014；李曼，2014；刘锐，2015）。而本节表明，真空对挂面的色泽、抗弯强度等产品特性影响较小，可能是真空主要通过改变和面时水的结合状态来影响面团或鲜湿面的品质，而对水分被脱除的挂面产品特性影响较小，最终导致真空对挂面产品特性的影响减小。

四、小结

和面加水量对小麦粉挂面干燥特性和产品特性有极显著影响，其次是干燥温度；因素互作对产品特性有较大影响。真空度对小麦粉挂面干燥特性没有显著影响，仅对产品特性中的抗弯强度有显著影响；真空度与加水量的互作对挂面产品特性有影响。

抗弯强度是与多因素关联的产品质量特性，可考虑作为挂面产品质量评价的主要性状之一，对保障运输装卸质量有较大指导意义。提高加水量可以显著提高小麦粉挂面的弯曲距离和弯曲功。

第二节 加工工艺对挂面干燥过程水分状态（T_2）的影响

水分含量、状态、分布及其变化与挂面的干燥特性、产品特性和干燥能耗有关（Fu，2008；武亮等，2015）。低场核磁共振技术（LF-NMR）（Assifaoui 等，2006）可在短时间内获得样品中水分的弛豫时间曲线图谱，用于测定物料的水分含量、状态、分布，是检测食品体系中水分状态及其分布的关键技术（Curti 等，2011；宋平等，2015），已用于分析面团制作、贮藏，面包制作、老化，以及日本面条烹饪过程中的水分状态（Kojima 等，2001；Bosmans 等，2012；Lu 等，2013；叶晓枫等，2013）。

目前，还未见到挂面干燥过程水分状态和分布的系统研究，分析和面加水量、和面真空度、干燥温度等加工工艺对挂面干燥过程水分状态的影响，有助于揭示挂面干燥过程中水分结合状态及其变化规律，指导挂面生产工艺参数设计，优化挂面干燥工艺，保证产品质量。

一、材料与方法

（一）试验材料

同本章第一节。

（二）试验设计

试验因素与水平设计参见表 5-2。根据目标和面加水量，准确称取 1000g 面粉（按 14 % 湿基校正）及蒸馏水（根据面粉含水率计算所需水的质量）放入真空和面机。设定搅拌方式为：先低速搅拌（70r/min）1min，然后高速搅拌（120r/min）

3min，再低速搅拌（70r/min）4 min；真空泵在开始搅拌 1min 后启动；当处理的和面真空度为 0.00MPa 时，不启动真空泵。

将调制后的松散面絮放入压面机组，经 8.0、4.0mm 轧辊间距连续压延成面带，再于 4.0mm 轧辊间距处对折压延 2 次，压成 4.0~5.0mm 厚的面带，放入自封袋醒发 30 min。醒发结束的面带再经过 3.0、2.2mm 轧辊间距分别压延 1 次。然后，调整最后一次压延的轧辊间距，保证最终面带厚度为 2.0mm，用 3.0mm 宽的面刀切条。取少量样品测定挂面初始含水率（表 5-2），将其余湿面条放入食品水分分析技术平台（参见第二章图 2-1）干燥。干燥工艺温度分别为 32、40、48℃，相对湿度为 75%，干燥 300min，重复三次。在干燥 0、45、90、135、180、225、270、300min 时取样。样品放入自封袋，将取样所得挂面截取成 2.0cm 小段，放入直径 5.0mm 的核磁共振设备专用试管，用封口膜封口。再置于永久磁场（磁场强度为 0.5T）射频线圈的中心进行核磁分析。测定重复三次，10min 内完成。

（三）仪器与设备

DA7200 型近红外分析仪（瑞典 Perten 公司）、真空和面机（河南东方面机集团有限公司，实验室改进型）、MT5-215 型压面机组（南京市扬子粮油食品机械有限公司）、食品水分分析技术平台（实验室研发，专利号：ZL201420479345.5）、DHG-9140 型电热恒温鼓风干燥箱（上海一恒科技有限公司）、NMI20-030H-I 核磁共振成像与分析系统（苏州纽迈分析仪器股份有限公司）、ME4002E/02 电子天平［梅特勒 - 托利多仪器（上海）有限公司］、CR-400 型彩色色差计（日本柯尼卡美能达公司）、TA.XT plus 型物性测定仪（英国 Stable Micro Systems 公司）。

（四）试验方法（挂面干燥过程水分状态分析）

将取得的样品切成 20 mm 长的小段，放入直径为 5.0 mm 的核磁测定管中，然后置于永久磁场（磁场强度 0.5T）中心位置的射频线圈的中心，利用 CPMG 脉冲序列进行扫描，测定样品的自旋 - 自旋弛豫时间 T_2。序列参数设置为：主频 SF1=21MHz，偏移频率 O1=40.18971kHz，采样点数 TD=10104，采样频率 SW=100.00kHz，采样间隔时间 TW=1000.000ms，回波个数 Echo Count=1000，回波时间 Echo Time=0.101ms，累加次数 NS=64。每次取样测定重复三次，检测完成后保存数据。使用 MultiExp Inv 分析软件（苏州纽迈分析仪器股份有限公司）进行 CPMG 衰变曲线的分布式多指数拟合。使用 SRIT 软件算法对弛豫数据进行多指数拟合分析，以获得改进的拟合。从峰位置计算每个过程的峰顶点时间，并通过累积积分确定每个峰下的面积（对应弛豫时间的水分子的比例）。利用 CPMG 脉冲序列对挂面进行自旋 – 自旋弛豫时间 T_2 的测定。

（五）数据处理方法

采用 Excel 2010 进行数据处理，数据采用"平均值 ± 标准差"的方法表示。采用 Origin 8.0 进行图表绘制。采用 SPSS 22.0 对数据进行多元方差分析，采用单因素方差分析（one-way ANOVA）对不同条件下的数据进行处理。

二、结果与分析

（一）挂面干燥过程水分结合状态及其变化

图 5–1 是在相对湿度 75%、干燥温度 40℃、和面加水量 30% 和 35% 挂面样品的 T_2 反演谱图。图中不同波峰代表水分的不同状态。按照 T_2 值从小到大分别记为强结合水（T_{21}: 0.03~0.60ms）、弱结合水（T_{22}: 0.96~6.75ms）、自由水（T_{23}: 57.22~354.54ms）。T_2 越小，表明水与底物结合越紧密；T_2 越大，说明水分自由度越大。在干燥过程中，水分主要以弱结合水形式存在，其次是强结合水（图 5–2），自由水占比较小。随着干燥的进行，挂面中 T_{21}、T_{22} 均有减小的趋势。表明随着干燥过程的进行，水分与挂面中其他物质结合的更为紧密。随着干燥的进行，强结合水逐渐减少。

和面加水量 30% 的挂面在干燥过程中，T_{21} 不断减小，所占比例（强结合水比例）也不断下降（图 5–2）。T_{22} 同 T_{21} 的变化趋势一致，但峰比例高于 T_{21}，且随着干燥进行所占比例升高（图 5–2）。挂面 T_{21}、T_{22} 与含水率的关系见图 5–3。和面加水量 30% 的挂面的 T_{21}、T_{22} 与含水率线性相关。随着干燥进行，含水率降低，T_{21}、T_{22} 减小。

和面加水量 35% 的挂面在干燥过程中水分状态变化趋势与和面加水量 30% 的挂面基本一致。但是在 0min 时，和面加水量为 35% 的挂面 T_{21} 所占比例低于 30% 的挂面（图 5–2）。在干燥后期，和面加水量 35% 挂面的 T_{21} 大于和面加水量 30% 的挂面，随着干燥的进行差异变大（图 5–3）。在干燥前期，和面加水量 35% 挂面的 T_{22} 大于和面加水量 30% 的挂面（图 5–3），表明和面加水量 35% 的挂面中水分与挂面其他组分结合强度较弱。挂面的 T_{22} 随着干燥的进行趋于一致。与和面加水量 30% 的挂面相比，加水量 35% 挂面的 T_{21}、T_{22} 与含水率相关性较差。

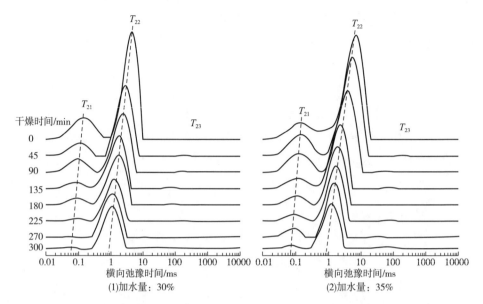

图 5-1　挂面干燥过程（T=40℃、RH=75%、300min）的水分状态及其变化

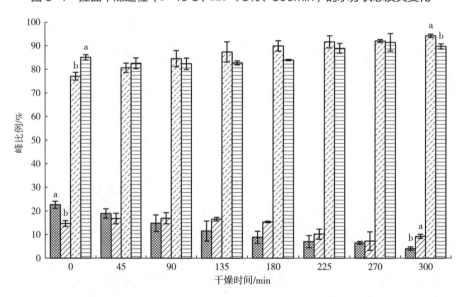

图 5-2　挂面干燥过程（T=40℃、RH=75%、300min）强结合水、弱结合水峰比例

▨ 加水量30%，强结合水　　　▨ 加水量35%，强结合水
▨ 加水量30%，弱结合水　　　☐ 加水量35%，弱结合水

注：a、b 表示有显著性差异。

T_{22} 与含水率的相关性较高（图 5-3）。因此，把不同条件下挂面干燥过程 T_{22} 与含水率关系作图（图 5-4）。

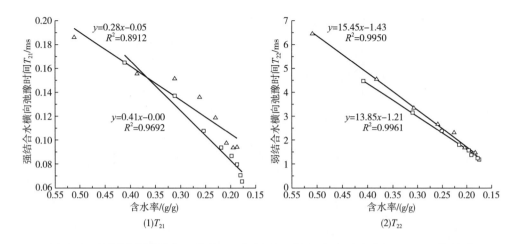

图 5-3　挂面干燥过程（T=40℃、RH=75%、300min）含水率与 T_{21}、T_{22} 的关系

△35%　　□30%

由图 5-4 可以看出，不同加工工艺条件下，挂面 T_{22} 呈线性相关（$R^2 \geqslant 0.947$）。随着干燥过程进行，不同工艺生产挂面的 T_{22} 趋于一致。干燥温度对干燥过程 T_{22} 影响较小。在相同含水率时，和面加水量高，挂面的 T_{22} 较大。

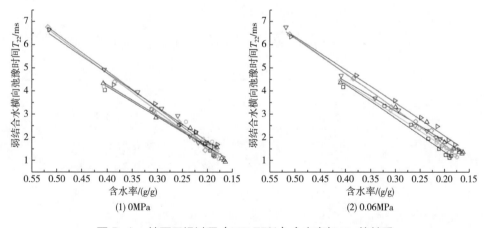

图 5-4　挂面干燥过程（RH=75%）含水率与 T_{22} 的关系

▽—— 35%，32℃　　◇—— 35%，40℃　　▷—— 35%，48℃
□—— 30%，32℃　　○—— 30%，40℃　　△—— 30%，48℃

（二）加工工艺对挂面干燥过程水分状态（T_{21}、T_{22}、T_{23}）的影响

由表 5-10、表 5-11 可知，和面加水量是影响挂面 T_{21} 的最主要因素，干燥温

度次之。和面真空度仅在 0、45min 对挂面 T_{21} 有显著影响。表明和面真空度在挂面干燥的初期对 T_{21} 有影响，即在水分含量比较高时；在干燥后期，随着水分的散失而减弱。和面真空度对于挂面成品（300min）T_{21} 影响较小。而和面加水量是影响成品挂面中 T_{21} 的最重要的因素，其次是和面加水量与和面真空度的交互作用。在 0、45min 时，因素交互作用对 T_{21} 的 F 值贡献率在 50% 以上。

表 5-10　加工工艺对挂面干燥过程强结合水（横向弛豫时间 T_{21}）影响的方差分析

因素	干燥时间 /min							
	0	45	90	135	180	225	270	300
和面加水量	84.12*	44.78*	30.19*	81.30*	64.66*	77.63*	48.99*	68.26*
干燥温度	53.87*	17.42*	4.39*	16.47*	7.80*	9.39*	2.77	17.71*
和面真空度	27.17*	5.25*	4.10	1.92	4.43	0.53	3.38	2.26
和面加水量 × 干燥温度	40.23*	10.03*	2.07	5.81*	9.22*	14.46*	1.60	9.19*
和面加水量 × 和面真空度	70.49*	14.37*	1.55	6.87*	6.47*	9.80*	3.65	17.74*
干燥温度 × 和面真空度	84.48*	19.58*	12.97*	14.53*	13.17*	8.55*	2.32	17.45*
和面加水量 × 干燥温度 × 和面真空度	99.45*	14.69*	8.33*	11.54*	13.09*	11.67*	0.00	17.01*

注：* 表示在 0.05 水平上显著。

表 5-11　　　加工工艺对挂面干燥过程强结合水（横向弛豫时间 T_{21}）

方差（F 值）的贡献率　　　　　　　　　单位：%

因素	干燥时间 /min							
	0	45	90	135	180	225	270	300
和面加水量	18.29	35.51	47.47	58.72	54.41	58.8	78.14	45.62
干燥温度	11.72	13.81	6.90	11.90	6.56	7.11	4.42	11.84
和面真空度	5.91	4.16	6.45	1.39	3.72	0.40	5.38	1.51
和面加水量 × 干燥温度	8.75	7.95	3.25	4.20	7.76	10.95	2.54	6.14
和面加水量 × 和面真空度	15.33	11.4	2.43	4.96	5.45	7.42	5.81	11.86
干燥温度 × 和面真空度	18.37	15.52	20.40	10.5	11.08	6.47	3.70	11.66
和面加水量 × 干燥温度 × 和面真空度	21.63	11.65	13.10	8.34	11.02	8.84	0.01	11.37

由表 5-12、表 5-13 可知，和面加水量是影响挂面干燥过程中 T_{22} 最主要因素。干燥温度在 225、270min 时对挂面 T_{22} 有显著影响。和面真空度对挂面干燥过程中 T_{22} 没有影响。

表 5-12　加工工艺对挂面干燥过程弱结合水（横向弛豫时间 T_{22}）影响的方差分析

因素	干燥时间 /min							
	0	45	90	135	180	225	270	300
和面加水量	1016.41*	86.01*	58.49*	42.64*	58.87*	44.02*	46.65*	16.78*
干燥温度	0.16	1.31	1.94	3.25	2.71	4.63*	5.1*	1.98
和面真空度	0.03	1.28	0.01	0.01	0.28	2.09	2.06	0.69
和面加水量 × 干燥温度	3.32	0.09	1.84	0.41	3.71*	7.01*	3.84*	1.85
和面加水量 × 和面真空度	4.63*	0.24	0.00	0.46	1.27	0.73	0.03	0.11
干燥温度 × 和面真空度	0.99	0.82	0.57	0.45	1.65	0.44	0.30	0.01
和面加水量 × 干燥温度 × 和面真空度	1.19	0.19	0.76	0.00	1.61	0.99	1.58	1.88

注：* 表示在 0.05 水平上显著。

表 5-13　　加工工艺对挂面干燥过程弱结合水（横向弛豫时间 T_{22}）方差（F 值）的贡献率　　　　　单位：%

因素	干燥时间 /min							
	0	45	90	135	180	225	270	300
和面加水量	99.00	95.62	91.96	90.30	83.98	73.49	78.33	71.99
干燥温度	0.02	1.45	3.05	6.89	3.86	7.72	8.57	8.51
和面真空度	0.00	1.43	0.01	0.02	0.40	3.49	3.46	2.97
和面加水量 × 干燥温度	0.32	0.10	2.89	0.87	5.30	11.70	6.44	7.94
和面加水量 × 和面真空度	0.45	0.27	0.00	0.96	1.81	1.22	0.06	0.47
干燥温度 × 和面真空度	0.10	0.91	0.89	0.95	2.35	0.73	0.51	0.05
和面加水量 × 干燥温度 × 和面真空度	0.12	0.22	1.20	0.01	2.30	1.66	2.64	8.06

由表 5-12、表 5-13 可知，和面加水量和干燥温度的交互作用在 180、225、270min 时对挂面 T_{22} 有显著影响。和面真空度与和面加水量的交互作用仅在 0min

时对挂面 T_{22} 有显著影响。由表 5-13 可知，和面加水量对挂面干燥过程中 T_{22} 的 F 值贡献率均在 70% 以上，且随着干燥过程的进行不断下降。

（三）各因素对挂面干燥过程水分状态的影响

1. 和面加水量对挂面干燥过程水分状态的影响

由表 5-14 可知，当干燥温度 32℃，和面真空度 0MPa，干燥 180、225、270min 时，T_{21} 随着和面加水量升高显著增大。当干燥温度 48℃，和面真空度 0MPa，干燥 135、270、300min 时，T_{21} 随着和面加水量升高显著增大。当干燥温度 40℃，和面真空度 0.06MPa，干燥 270、300min 时，T_{21} 随着和面加水量升高显著增大。但是当干燥温度 48℃，和面真空度 0.06MPa，干燥 0、45min 时，T_{21} 随和面加水量升高显著下降。

根据表 5-15 可知，和面加水量对挂面 T_{22} 影响较大，0min 时，T_{22} 随着和面加水量升高显著增大。当干燥温度 32℃，和面真空度 0MPa 时，挂面 T_{22} 随和面加水量升高而显著增大。当干燥温度 40℃，和面真空度 0MPa，干燥 0、90、135min 时，T_{22} 随和面加水量升高而显著增大。当干燥温度 48℃，和面真空度 0MPa，干燥 0、45、90、135、180、225min 时，T_{22} 随和面加水量升高而显著增大。当干燥温度 32℃，和面真空度 0.06MPa，干燥 0、180、225、270、300min 时，T_{22} 随和面加水量升高而显著增大。当干燥温度 40℃，和面真空度 0.06MPa，干燥 0、45、270min 时，T_{22} 随和面加水量升高而显著增大。当干燥温度 48℃，和面真空度 0.06MPa，干燥 0、270min 时，T_{22} 随和面加水量升高而显著增大。

2. 干燥温度对挂面干燥过程水分状态的影响

当和面加水量 30%，干燥真空度 0.06 MPa，干燥 0、45min，干燥温度 48℃时，挂面 T_{21} 显著高于 32 和 40℃。当和面加水量为 35% 时，干燥温度对挂面 T_{21} 没有显著影响。干燥温度对挂面干燥过程中弱结合水的影响较小，仅当 35% 和面加水量、干燥真空度 0.06MPa、干燥 180min、干燥温度 32℃时，挂面 T_{22} 显著高于 40 和 48℃。

3. 和面真空度对挂面干燥过程水分状态的影响

当和面加水量 30%，干燥温度 48℃，干燥 0、45、90 min 时，挂面 T_{21} 随和面真空度提高而显著增大。和面真空度对 T_{22} 影响较小。当 35% 和面加水量，干燥温度 40 和 48℃时，和面真空度对 T_{21}、T_{22} 没有显著影响。

表 5-14　和面加水量对挂面干燥过程中强结合水（横向弛豫时间 T_{21}）影响的方差分析

和面真空度 /MPa	干燥温度 /℃	和面加水量 /%	0	45	90	135	180	225	270	300
						干燥时间 /min				
0	32	30	0.16 ± 0.01^{a}	0.15 ± 0.02^{a}	0.12 ± 0.02^{a}	0.11 ± 0.01^{a}	0.08 ± 0.00^{b}	0.07 ± 0.01^{b}	0.06 ± 0.00^{b}	0.07 ± 0.01^{a}
		35	0.15 ± 0.03^{a}	0.17 ± 0.02^{a}	0.13 ± 0.01^{a}	0.14 ± 0.02^{a}	0.12 ± 0.01^{a}	0.11 ± 0.01^{a}	0.11 ± 0.01^{a}	0.10 ± 0.01^{a}
	40	30	0.16 ± 0.02^{a}	0.14 ± 0.02^{a}	0.11 ± 0.00^{a}	0.09 ± 0.00^{a}	0.09 ± 0.01^{a}	0.08 ± 0.01^{a}	0.07 ± 0.00^{a}	0.07 ± 0.00^{a}
		35	0.19 ± 0.03^{a}	$0.16 \pm .03^{a}$	0.15 ± 0.03^{a}	0.14 ± 0.02^{a}	0.12 ± 0.02^{a}	0.10 ± 0.02^{a}	0.09 ± 0.02^{a}	0.09 ± 0.02^{a}
	48	30	0.18 ± 0.01^{a}	0.14 ± 0.01^{a}	0.13 ± 0.01^{a}	0.10 ± 0.01^{a}	0.09 ± 0.01^{a}	0.09 ± 0.01^{a}	0.08 ± 0.01^{a}	0.08 ± 0.00^{a}
		35	0.33 ± 0.19^{a}	0.21 ± 0.05^{a}	0.18 ± 0.04^{a}	0.15 ± 0.02^{a}	0.16 ± 0.04^{a}	0.17 ± 0.08^{a}	0.10 ± 0.01^{a}	0.10 ± 0.01^{a}
0.06	32	30	0.18 ± 0.01^{a}	0.16 ± 0.01^{a}	0.14 ± 0.02^{a}	0.11 ± 0.01^{a}	0.09 ± 0.00^{a}	0.07 ± 0.00^{a}	0.05 ± 0.02^{a}	0.07 ± 0.01^{a}
		35	0.47 ± 0.10^{a}	0.29 ± 0.08^{a}	0.21 ± 0.05^{a}	0.21 ± 0.04^{a}	0.20 ± 0.04^{a}	0.28 ± 0.10^{a}	0.23 ± 0.10^{a}	0.14 ± 0.08^{a}
	40	30	0.18 ± 0.01^{a}	0.15 ± 0.02^{a}	0.14 ± 0.03^{a}	0.10 ± 0.03^{a}	0.10 ± 0.02^{a}	0.07 ± 0.01^{a}	0.03 ± 0.00^{a}	0.05 ± 0.00^{b}
		35	0.16 ± 0.02^{a}	0.15 ± 0.02^{a}	0.13 ± 0.01^{a}	0.12 ± 0.00^{a}	0.11 ± 0.01^{a}	0.09 ± 0.01^{a}	0.08 ± 0.01^{a}	0.08 ± 0.00^{a}
	48	30	0.29 ± 0.01^{a}	0.24 ± 0.00^{a}	0.23 ± 0.00^{a}					
		35	0.15 ± 0.02^{a}	0.15 ± 0.02^{a}	0.13 ± 0.02^{a}	0.12 ± 0.00	0.12 ± 0.01	0.10 ± 0.01	0.09 ± 0.01	0.09 ± 0.02

注：同一行的同一列标有不同小写字母，表示组间差异显著（$P<0.05$）；空白表示此条件下未检出信号。

表 5-15　和面加水量对挂面干燥过程中弱结合水（横向弛豫时间 T_{22}）影响的方差分析

和面真空度 /MPa	干燥温度 /℃	和面加水量 /%	0	45	90	135	180	225	270	300
						干燥时间 /min				
0	32	30	4.17 ± 0.09^{b}	3.36 ± 0.00^{b}	2.55 ± 0.17^{b}	1.96 ± 0.05^{b}	1.53 ± 0.10^{b}	1.25 ± 0.10^{b}	1.14 ± 0.06^{b}	1.21 ± 0.09^{b}
		35	6.75 ± 0.00^{a}	4.67 ± 0.29^{a}	3.70 ± 0.15^{a}	3.18 ± 0.39^{a}	2.51 ± 0.05^{a}	2.29 ± 0.22^{a}	2.01 ± 0.30^{a}	1.95 ± 0.27^{a}
	40	30	4.44 ± 0.28^{a}	3.16 ± 0.08^{b}	2.40 ± 0.11^{a}	1.79 ± 0.18^{a}	1.55 ± 0.29^{a}	1.45 ± 0.17^{a}	1.23 ± 0.07^{a}	1.16 ± 0.12^{a}
		35	6.44 ± 0.25^{a}	4.55 ± 0.48^{a}	3.31 ± 0.18^{a}	2.69 ± 0.36^{a}	2.31 ± 0.33^{a}	1.66 ± 0.26^{a}	1.38 ± 0.18^{a}	1.49 ± 0.14^{a}
	48	30	4.37 ± 0.19^{b}	3.31 ± 0.06^{b}	2.68 ± 0.09^{b}	1.81 ± 0.04^{b}	1.53 ± 0.09^{b}	1.38 ± 0.16^{b}	1.31 ± 0.15^{a}	1.38 ± 0.10^{a}
		35	6.34 ± 0.14^{a}	4.68 ± 0.34^{a}	3.59 ± 0.28^{a}	2.86 ± 0.15^{a}	2.49 ± 0.41^{a}	1.90 ± 0.15^{a}	1.70 ± 0.27^{a}	1.48 ± 0.11^{a}
0.06	32	30	4.04 ± 0.00^{b}	3.21 ± 0.12^{b}	2.54 ± 0.09^{a}	2.21 ± 0.09^{a}	1.72 ± 0.04^{b}	1.44 ± 0.03^{b}	1.24 ± 0.16^{b}	1.20 ± 0.10^{b}
		35	6.65 ± 0.14^{a}	4.93 ± 0.77^{a}	3.96 ± 0.83^{a}	3.25 ± 0.72^{a}	2.94 ± 0.14^{a}	2.07 ± 0.31^{a}	1.79 ± 0.19^{a}	1.78 ± 0.22^{a}
	40	30	4.17 ± 0.19^{b}	3.02 ± 0.17^{b}	2.67 ± 0.18^{a}	1.93 ± 0.50^{a}	1.82 ± 0.17^{a}	1.40 ± 0.09^{a}	1.07 ± 0.08^{b}	1.24 ± 0.13^{a}
		35	6.75 ± 0.25^{a}	4.39 ± 0.41^{a}	3.14 ± 0.18^{a}	2.66 ± 0.35^{a}	1.93 ± 0.20^{a}	1.46 ± 0.15^{a}	1.41 ± 0.15^{a}	1.28 ± 0.07^{a}
	48	30	4.34 ± 0.10^{b}	2.85 ± 0.07^{a}	2.41 ± 0.30^{a}	1.75 ± 0.36^{a}	1.58 ± 0.26^{a}	1.10 ± 0.10^{a}	1.03 ± 0.07^{a}	0.96 ± 0.04^{a}
		35	6.65 ± 0.14^{a}	4.27 ± 0.57^{a}	3.46 ± 0.30^{a}	2.57 ± 0.34^{a}	2.25 ± 0.41^{a}	1.77 ± 0.27^{a}	1.63 ± 0.10^{a}	1.70 ± 0.69^{a}

注：同一行的同一列标有不同小写字母，表示组间差异显著（$P<0.05$）。

三、讨论

（一）影响挂面干燥过程水分状态的因素

和面加水量对 T_{22} 的方差贡献率高于对 T_{21} 的方差贡献率。由表5-12、表5-15可知，和面加水量显著影响 T_{22}，随着含水率升高，T_{22} 升高。由图5-1可知，挂面和面加水量从30%增加到35%时，干燥0 min时，和面加水量35%挂面的 T_{21} 峰低于加水量30%的挂面，T_{21} 峰高于加水量30%的挂面。表明增加的水分主要以弱结合水形式存在。这和 Assifaoui 等（2006）和 Tananuwong 等（2004）的研究一致。干燥温度对 T_{21} 有一定影响，对 T_{22} 的影响较小。其中 T_{21} 随干燥温度升高而略微升高，和前人研究一致（Assifaoui 等，2006）。Assifaoui 等（2006）对面团（0.67g/g）的研究表明，从30℃升温到50℃时，T_{21} 略微上升，T_{22} 略微下降。认为 T_{21} 随温度升高的原因是小麦淀粉颗粒高度疏水，随着加热颗粒部分展开并吸水。在挂面中，水的流动性主要受淀粉和蛋白质的影响。本节最高干燥温度是48℃，在此温度下淀粉难以发生凝胶化和溶胀现象，蛋白质在48℃下也难发生变性。因此，干燥温度对水分状态的影响较小。由表5-10、表5-12可知，和面真空度对 T_{21} 的影响表现在干燥前期（0~45min），且随着干燥进行贡献率下降。和面真空度对 T_{22} 没有显著影响，其与和面加水量的交互作用对干燥前期挂面 T_{22} 有显著影响。Li 等（2012，2014）和刘锐等（2015a，2015b，2016）研究表明，和面真空度对面团和鲜湿面的质构特性和产品特性有显著影响。本节表明真空对干燥后期挂面的 T_{21}、T_{22} 没有显著影响。可能是真空和面促进水分与淀粉和蛋白质的作用，但随着干燥的进行，水分从淀粉颗粒和蛋白质网络中扩散散失，含水率降低，由于真空度形成的键断裂，因而真空度的影响减弱。因此，和面加水量是影响挂面干燥过程中水分状态的主要因素，干燥温度对水分状态影响较小，而和面真空度在干燥前期对挂面 T_{21} 有显著影响。和面真空度与加水量的交互作用对干燥前期 T_{22} 有显著影响。

（二）挂面干燥过程 T_{21}、T_{22} 与含水率的关系

刘锐等（2015）的研究表明，面团中的水分可分为 T_{21}（0.01~0.44ms）、T_{22}（0.49~21.54ms）、T_{23}（32.75~151.99ms）；Curti 等（2011；2014）的研究表明，面包中的水分可分为 T_{21}（0.15ms）、T_{22}（10ms）、T_{23}（100ms）；Engelsen 等（2001）的研究表明，面包中的水分可分为 T_{21}（0.2~5.5ms）、T_{22}（9~10ms）、T_{23}（21~30ms）。挂

面干燥过程 T_{21}、T_{22} 的值与前人研究较为一致。挂面不同制作和干燥工艺条件下，随着干燥的进行，挂面中水的横向弛豫时间随含水率下降而减小，呈线性相关。其中 T_{22} 与含水率的相关性较高（r=0.973）。这与 Lu 等（2013）和 Kojima 等（2001）的研究一致。但前人研究是在高含水率的面粉 – 水体系，较少涉及低含水率的情况，而本节证明采用核磁横向弛豫时间可以测定挂面干燥过程中的含水率。

（三）挂面干燥过程中水分状态及变化

由结果可知，挂面干燥过程中主要存在三种状态的水：强结合水、弱结合水、自由水，其中水分主要以弱结合水形式存在。这与 Esselink 等（2003）、Lu 等（2013）对面团的研究和 Curti 等（2011）、Engelsen 等（2003）、Chen 等（1997）对面包的研究一致。前人对于面团的研究认为，强结合水是淀粉颗粒内部的水，弱结合水是淀粉颗粒表面以及蛋白质网络内部的水，自由水是毛细管中的水（Leung 等，1979；Esselink 等，2003；Lu 等，2013）。对面包的研究认为，强结合水是与蛋白质结合的水，弱结合水是与淀粉凝胶结合的水，自由水是指较前两个状态更自由的水（Engelsen 等，2001；Curti 等，2011）。刘锐等（2015）对面团的研究认为，T_{21} 主要是与淀粉或面筋蛋白紧密结合的水；T_{22} 是结合于蛋白质、淀粉等大分子之间的水；T_{23} 表示自由水。在本节的加水量和温度条件下，淀粉难以发生糊化，因此挂面中 T_{21} 主要是淀粉内部和与蛋白质紧密结合的水，T_{22} 是淀粉外部和面筋网络内部的水，T_{23} 代表毛细管水（Lu 等，2013）。Mercier 等（2014）研究认为，意大利面干燥过程中水分扩散存在水蒸气传递。挂面中的水可能部分通过水蒸气的形式扩散散失（朱文学，2009）。本节 T_{23} 数值较高，推测 T_{23} 可能是挂面干燥过程中以水蒸气形式扩散的水在取样时凝结于挂面内部毛细管中，出现自由水峰。在干燥 0min 时，挂面中的水分主要以淀粉颗粒外部与面筋网络内部的弱结合水这种形式存在，其次是以与淀粉或面筋蛋白紧密结合的强结合水的形式存在。随着干燥的进行水分不断散失，含水率下降，弱结合水峰比例增大，强结合水峰比例减小。

四、小结

和面加水量是小麦粉挂面干燥过程中影响水分状态的主要因素，干燥温度次之；和面真空度在干燥前期对挂面 T_{21} 有显著影响，和面真空度与加水量的交互作用对干燥前期 T_{22} 有显著影响。小麦粉挂面在不同制作和干燥工艺条件下，水分主要以弱结合水形式存在，其次是强结合水，随着干燥的进行，挂面 T_{21}、T_{22} 减小，与含水率（0.17~0.52g/g）呈线性相关，T_{22} 与含水率的相关性较高（$r=0.973$），可考虑采用低场核磁技术同时测定挂面含水率。

第三节　加工工艺对挂面干燥过程不同状态水分比例（A_2）的影响

水在食品体系中对原料特性、产品质构、以及贮藏时间的影响占支配地位（Fu，2008）。采用低场核磁共振技术中的 CPMG 序列可以获得食品中不同状态水的含量。一般根据样品核磁共振反演曲线可以获得三个峰，根据峰顶点时间即横向弛豫时间 T_2 将食品中的质子群分成三类，不同的质子群可以代表不同种类的水（Assifaoui 等，2006；Chen 等，2010）。根据 T_2 从小到大依次为：强结合水、弱结合水、自由水，不同状态水分比例 A_2 由它们的峰面积所占比例计算得出，依次可表示为：A_{21}、A_{22}、A_{23}。

Bosmans 等（2012）利用 CPMG 脉冲序列研究表明，在含水率 47% 的淀粉－水和面粉－水体系中存在三种质子群，根据 T_2 值从小到大依次记为 C、D、E，其中 E 所占比例最大，其次是 D、C 所占比例最小。加热对淀粉－水、面粉－水体系中三种水的比例有较大影响，对面筋－水体系的影响较小。在新鲜面团中存在两种质子群，其中 T_2 较高的质子群所占比例较大，贮藏和烹煮对质子群比例有较大影响。而 Assifaoui 等（2006）采用 CPMG 序列将饼干面团中的水根据 T_2（1.9、12.4、104.7ms）依次分为三个质子峰，所占比例依次为 28.0%、54.9%、17.1%。加水量对第一、三个质子峰没有显著影响，对第二个质子峰有显著影响。Curti（2011，2014）的研究表明新鲜的面包和添加谷朊粉面包中存在三种质子峰，根据 T_2 从小到大依次记为 T_{2A}、T_{2B}、T_{2C}，在普通面包中对应水分所占比例（A_2）为 28%、68%、3%~4%；在添加 5% 谷朊粉的面包的 A_2 与普通面包类似。添加 15% 谷朊粉的面包中三种状态水所占比例为 31.2%、64.1%、4%；贮藏过程对 A_{2A}、A_{2B} 影响较大，对 A_{2C} 没有显著影响。李妍等（2015）利用低场核磁共振技术监测常温、4℃、−18℃贮藏条件下海带湿面样品弛豫特性的变化，表明面条中存在三个质子峰。根据 T_2 依次记为 T_{21}、T_{22}、T_{23}，T_{21} 所占比例最大，贮藏过程中 T_{22}、T_{23} 有显著变化。

前人的研究表明低场核磁技术可以用于研究面条或面团中的水分状态和分布，但挂面干燥过程的含水率变化较大，与上述研究对象有一定差别。目前，还未见到对挂面干燥过程水分状态及其不同状态水分比例的系统研究。采用低场核磁技术测定挂面干燥过程中水分状态，分析和面加水量、和面真空度、干燥温度对挂面干燥过程不同状态水分比例（A_2）的影响，有助于理解加工工艺对挂面干燥特性和产品特性的影响。

一、材料与方法

材料与方法同本章第二节"材料与方法"。采用低场核磁共振技术测定不同结合状态水分的比例时，用 A_2 表征对应 T_2 下水分占全部水分的比例。

二、结果与分析

（一）挂面干燥过程水分峰比例及其变化

图 5–5 是在相对湿度 75%、干燥温度 40℃、和面加水量 30% 和 35% 工艺条件下挂面强结合水、弱结合水和自由水峰比例变化图。在干燥过程中，水分主要以弱结合水（T_{22}: 0.96~6.75ms；A_{22}: 77.10%~94.23%）形式存在，其次是强结合水（T_{21}: 0.03~0.60ms；A_{21}: 4.07%~22.62%），自由水（T_{23}: 57.22~354.54ms；A_{23}: 0.33%~1.51%）占比较小。随着干燥过程的进行，A_{21} 有下降的趋势，A_{22} 有增大的趋势，自由水所占比例变化较小。

（二）加工工艺对挂面干燥过程水分峰比例（A_{21}、A_{22}、A_{23}）的影响

利用多元方差分析解析加工工艺因素及其交互作用对挂面干燥过程中 A_{21} 和 A_{22} 的影响。由表 5–16、表 5–17 可知，挂面干燥过程中，和面加水量是影响 A_{21} 的主要因素，对 A_{21} 的方差贡献率先下降，后升高，然后又下降；在干燥 90min 时方差贡献率最低。干燥温度、和面真空度仅在个别取样点对 A_{21} 有显著影响，且方差贡献率较低。因素互作对 A_{21} 有较大影响。在干燥过程中，干燥温度与和面真空度的互作对 A_{21} 有显著影响，和面加水量、干燥温度、和面真空度三者的互作在干燥中后期（135~270min）对 A_{21} 有显著影响。

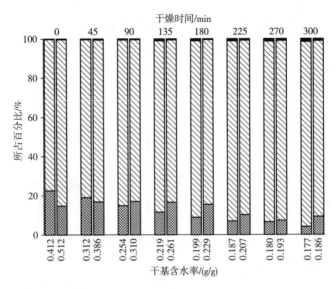

图 5-5　挂面干燥过程（T=40℃、RH=75%、300min）强结合水、弱结合水和
自由水比例（每组左侧为 30% 加水量，右侧为 35% 加水量）

■自由水比例　▨弱结合水比例　▩强结合水比例

表 5-16　　　　　　　加工工艺对强结合水比例（A_{21}）影响的方差分析

因素	干燥时间 /min							
	0	45	90	135	180	225	270	300
和面加水量	84.26*	6.12*	1.08	24.83*	20.71*	7.96*	6.82*	4.36
干燥温度	1.09	2.49	1.67	0.97	4.05*	2.07	2.66	0.99
和面真空度	1.31	0.54	1.23	4.71*	1.57	0.88	2.41	1.04
和面加水量 × 干燥温度	0.26	2.17	1.20	1.57	0.78	2.15	1.30	2.05
和面加水量 × 和面真空度	0.01	0.00	0.16	0.56	2.45	1.19	0.50	0.44
干燥温度 × 和面真空度	4.95*	5.68*	5.02*	2.21	5.03*	5.26*	3.83*	5.57*
和面加水量 × 干燥温度 × 和面真空度	1.53	2.76	0.94	5.45*	5.51*	5.56*	8.15*	2.45

注：* 表示在 0.05 水平上显著。

表 5-17　　　加工工艺对挂面干燥强结合水比例（A_{21}）F 值的方差贡献率　　　单位：%

因素	干燥时间 /min							
	0	45	90	135	180	225	270	300
和面加水量	90.20	30.98	9.58	61.61	51.65	31.74	26.57	25.81
干燥温度	1.17	12.58	14.77	2.41	10.10	8.25	10.36	5.84
和面真空度	1.40	2.73	10.87	11.69	3.91	3.51	9.39	6.16
和面加水量 × 干燥温度	0.27	11.00	10.61	3.89	1.95	8.58	5.06	12.11
和面加水量 × 和面真空度	0.01	0.01	1.43	1.39	6.10	4.76	1.93	2.63
干燥温度 × 和面真空度	5.30	28.73	44.44	5.48	12.55	20.97	14.92	32.97
和面加水量 × 干燥温度 × 和面真空度	1.64	13.96	8.29	13.53	13.74	22.19	31.78	14.49

由表 5-18、表 5-19 可知，在挂面干燥过程中，影响 A_{22} 的主要因素是和面加水量、和面真空度、干燥温度。除干燥 45 和 90min 的其余时间，和面加水量对 A_{22} 的方差贡献率均在 45% 以上。和面真空度对 A_{22} 的方差贡献率在 15% 左右，且在 45min 时方差贡献率最高。加水量与干燥温度的互作及加水量与真空度的互作在干燥 0~90min 时对 A_{22} 有显著影响。和面加水量、干燥温度、和面真空度三者互作在干燥过程中对 A_{22} 有显著影响，F 值贡献率在 16.7% 左右。

表 5-18　　　　　加工工艺对弱结合水比例（A_{22}）影响的方差分析

因素	干燥时间 /min							
	0	45	90	135	180	225	270	300
和面加水量	72.28*	2.34	16.51*	53.64*	73.27*	31.36*	26.44*	22.74*
干燥温度	5.43*	5.77*	2.93	4.21*	4.26*	2.13	2.13	0.82
和面真空度	18.67*	20.42*	13.93*	11.09*	9.87*	10.44*	12.48*	6.63*
和面加水量 × 干燥温度	6.22*	8.04*	3.51*	2.25	1.73	0.11	0.46	0.50
和面加水量 × 和面真空度	10.91*	20.35*	10.81*	2.76	0.43	0.32	0.90	1.07
干燥温度 × 和面真空度	1.84	4.03*	4.54*	1.41	0.77	3.40	2.65	3.42
和面加水量 × 干燥温度 × 和面真空度	14.13*	19.91*	9.19*	7.60*	11.37*	14.46*	12.28*	7.78*

注：* 表示在 0.05 水平上显著。

表5-19　　加工工艺对挂面干燥弱结合水比例（A_{22}）F 值的方差贡献率　　　单位：%

因素	干燥时间 /min							
	0	45	90	135	180	225	270	300
和面加水量	55.82	2.89	26.88	64.66	72.05	50.40	46.11	52.93
干燥温度	4.19	7.14	4.77	5.07	4.19	3.42	3.71	1.91
和面真空度	14.42	25.25	22.68	13.37	9.71	16.78	21.76	15.43
和面加水量 × 干燥温度	4.80	9.94	5.71	2.71	1.70	0.18	0.80	1.16
和面加水量 × 和面真空度	8.43	25.17	17.60	3.33	0.42	0.51	1.57	2.49
干燥温度 × 和面真空度	1.42	4.98	7.39	1.70	0.76	5.46	4.62	7.96
和面加水量 × 干燥温度 × 和面真空度	10.91	24.62	14.96	9.16	11.18	23.24	21.42	18.11

（三）各因素对挂面干燥过程水分状态的影响

1. 和面加水量对挂面干燥过程水分状态的影响

从表5-20可知，在干燥前期，和面加水量为30%的挂面 A_{21} 显著高于和面加水量为35%的挂面。在干燥中后期（90~300min），和面加水量为30%的挂面 A_{21} 低于和面加水量35%的挂面；当和面真空度0.00MPa，干燥温度32℃，干燥135、180、225、270、300min时，以及当和面真空度0.06MPa，干燥温度40℃，干燥90、135、180、225min时，和面加水量为30%的挂面 A_{21} 显著低于和面加水量35%的挂面。表明在鲜面条（干燥0min）中，加水量低的面条强结合水比例较高；随着干燥过程的进行，和面加水量高的挂面强结合水比例较高。

由表5-21知，在干燥前期，和面加水量为30%的挂面 A_{22} 显著低于和面加水量为35%的挂面。在干燥中后期（90~300min），和面加水量为30%的挂面 A_{22} 高于和面加水量35%的挂面。当和面真空度0.00MPa，干燥温度32℃，干燥135、180、225、270、300min时；和面真空度0.06MPa，干燥温度40℃，干燥90、135、180、225、300min时；以及和面真空度0.06MPa，干燥温度48℃，干燥90、135、180、225、270min时，和面加水量为30%挂面的 A_{22} 显著高于和面加水量35%的挂面。表明在鲜面条（干燥0min）中，加水量低的面条弱结合水比例较低；而随着干燥过程的进行，和面加水量低的挂面强结合水比例较高。

表 5-20　和面加水量对挂面干燥过程中强结合水比例（A_{21}）的影响

真空度/MPa	干燥温度/℃	加水量/%	干燥时间/min							
			0	45	90	135	180	225	270	300
0	32	30	21.18±1.31[b]	18.23±1.57[a]	15.61±1.25[a]	8.19±3.61[a]	3.91±1.46[a]	3.58±0.48[b]	1.60±1.48[b]	5.21±0.34[b]
		35	16.24±1.06[b]	17.57±1.21[a]	18.40±1.94[a]	17.58±2.89[a]	16.35±1.51[a]	16.89±1.59[a]	14.42±3.27[a]	13.33±0.47[a]
	40	30	22.68±1.54[a]	19.00±1.97[a]	14.85±3.52[a]	11.53±4.28[a]	8.86±2.55[b]	7.01±2.62[a]	6.53±0.64[a]	4.09±0.71[b]
		35	14.74±1.22[b]	16.87±2.24[a]	17.03±2.43[a]	16.61±0.73[a]	15.43±0.32[a]	10.18±2.17[a]	7.29±3.95[a]	9.26±0.89[a]
	48	30	21.49±1.46[a]	19.94±2.72[a]	16.34±3.35[a]	9.36±1.43[a]	7.42±1.96[a]	8.46±3.28[a]	7.25±1.26[a]	6.43±1.52[a]
		35	13.26±2.68[b]	14.26±3.90[a]	14.16±5.29[a]	14.40±4.37[a]	13.26±5.41[a]	9.06±6.60[a]	8.27±5.86[a]	8.52±0.16[a]
0.06	32	30	19.27±0.90[a]	15.50±1.25[a]	8.85±3.53[a]	6.50±0.98[a]	4.58±1.11[a]	2.44±0.71[a]	0.66±0.46[a]	0.98±0.61[a]
		35	11.06±0.21[b]	10.64±0.75[a]	8.32±1.65[a]	7.35±2.27[a]	6.01±1.55[a]	1.85±1.71[a]	0.54±0.38[a]	0.90±0.27[a]
	40	30	20.33±1.38[a]	15.81±2.04[a]	12.23±1.11[b]	6.25±2.52[a]	5.16±2.77[a]	2.32±1.37[a]	0.05±0.05[a]	0.71±0.73[a]
		35	15.19±1.56[b]	19.09±1.54[a]	19.32±2.32[a]	18.91±0.99[a]	14.73±1.08[a]	10.88±2.83[a]	8.40±4.13[a]	9.62±4.61[a]
	48	30	12.24±0.97[a]	2.63±1.74[b]	2.89±0.00[a]					
		35	16.35±1.43[a]	19.37±1.57[a]	20.47±1.26[a]	17.03±2.71	17.02±2.41	14.85±2.10	12.53±0.35	12.48±7.23

注：同一行的同一列标有不同小写字母，表示组间差异显著（$P<0.05$）；空白表示此条件下未检出信号。

表 5-21　和面加水量对挂面干燥过程中弱结合水比例（A_{22}）的影响

真空度/MPa	干燥温度/℃	加水量/%	干燥时间/min							
			0	45	90	135	180	225	270	300
0	32	30	78.79±1.33[b]	81.68±1.56[a]	83.92±1.29[a]	91.11±3.48[b]	95.37±1.47[a]	96.88±1.93[b]	97.82±1.53[b]	95.42±2.38[a]
		35	83.75±1.06[a]	82.13±1.19[a]	81.31±2.16[a]	81.95±2.86[b]	83.46±1.71[a]	82.76±1.66[b]	84.92±2.91[b]	86.28±0.57[b]
	40	30	77.28±1.57[b]	80.82±2.02[a]	84.68±3.46[a]	87.72±4.60[a]	90.06±2.25[a]	91.98±2.33[a]	92.42±0.75[a]	94.72±0.92[a]
		35	85.17±1.14[a]	82.78±2.25[a]	82.71±2.24[a]	82.90±0.98[a]	84.20±0.36[a]	89.15±2.19[a]	92.00±3.67[a]	89.90±1.19[b]
	48	30	78.49±1.48[b]	79.84±2.70[a]	83.44±3.35[a]	90.30±1.34[a]	91.54±2.09[a]	90.52±3.10[a]	91.69±1.22[a]	92.53±1.70[a]
		35	86.66±2.56[a]	85.09±4.11[a]	85.36±5.36[a]	85.43±4.26[a]	86.40±5.36[a]	90.33±6.60[a]	91.21±5.78[a]	92.98±4.01[a]
0.06	32	30	80.73±0.90[b]	84.22±1.25[b]	90.70±3.44[a]	93.10±1.11[a]	94.53±1.20[a]	96.99±0.84[a]	98.69±0.97[a]	97.93±0.84[a]
		35	88.94±0.21[a]	89.11±0.79[a]	91.46±1.49[a]	92.21±2.29[a]	93.67±1.72[a]	98.24±1.55[a]	98.82±0.39[a]	98.79±0.37[a]
	40	30	79.65±1.40[b]	84.12±1.99[a]	87.50±1.13[a]	93.21±2.36[a]	94.38±2.82[a]	96.91±1.18[a]	98.76±0.37[a]	98.18±0.79[a]
		35	84.81±1.56[a]	80.58±1.25[a]	80.26±2.39[b]	80.83±0.90[b]	84.88±1.05[b]	88.41±2.70[b]	90.84±4.33[b]	89.08±4.54[b]
	48	30	87.76±0.97[a]	97.19±1.63[a]	97.98±1.40[a]	99.43±0.00[a]	99.05±0.22[a]	98.43±0.29[a]	99.23±0.19[a]	99.62±0.38[a]
		35	83.64±1.43[b]	80.33±1.35[b]	79.18±1.16[b]	82.79±2.52[b]	82.72±2.23[b]	84.66±1.95[b]	86.98±0.14[b]	86.87±6.85[b]

注：同一行的同一列标有不同小写字母，表示组间差异显著（$P<0.05$）。

2. 干燥温度对挂面干燥过程水分状态的影响

由表 5-22 可知，当和面加水量 30%，和面真空度 0.06MPa，干燥 0、45min 时，干燥温度为 48℃ 的挂面 A_{21} 显著低于干燥温度为 32 和 40℃ 的挂面。当和面加水量 35%，和面真空度 0.06MPa，干燥 45、90、135、180、225、270min 时，干燥温度为 32℃ 的挂面 A_{21} 显著低于干燥温度为 40 和 48℃ 的挂面。

由表 5-23 可知，当和面加水量 30%，和面真空度 0.00MPa，干燥 180、225、270min 时，干燥温度为 32℃ 的挂面 A_{22} 显著高于干燥温度为 40 和 48℃ 的挂面。当和面加水量 30%，和面真空度 0.06MPa，干燥 0、45、90、135min 时，干燥温度为 48℃ 的挂面 A_{22} 显著高于干燥温度为 32 和 40℃ 的挂面。当和面加水量 35%，和面真空度 0.06MPa，干燥 45、90、135、180、225、270min 时，干燥温度为 32℃ 的挂面 A_{22} 显著高于干燥温度为 40 和 48℃ 的挂面。

3. 和面真空度对挂面干燥过程不同状态水分比例的影响

由表 5-24 可知，当和面加水量为 30%，干燥温度 40℃，干燥 270、300min 时，真空和面挂面的 A_{21} 显著低于非真空和面挂面。当 30%，48℃，干燥 0、45min 时，真空和面挂面的 A_{21} 显著低于非真空和面挂面。当和面加水量为 30%，干燥温度 40℃时，在干燥过程中，真空和面挂面的 A_{21} 显著低于非真空和面挂面。

由表 5-25 可知，在和面加水量为 30%、干燥温度 40℃，干燥 270 min、300 min 时，真空和面挂面的 A_{22} 显著高于非真空和面挂面。在 30%、48℃，在干燥过程中真空和面挂面的 A_{22} 显著高于非真空和面挂面。在和面加水量为 35%、干燥温度 32℃，在干燥过程中，真空和面挂面的 A_{22} 显著高于非真空和面挂面。

三、讨论

（一）挂面干燥过程中水分状态 A_2 的变化

挂面干燥过程中存在三种状态的水，这与 Bosmans 等（2012）、Curti 等（2011；2014）和 Engelsen 等（2001）对面包或面团的研究结果一致。三种水中，弱结合水所占比例（A_{22}）最大，其次是强结合水（A_{21}），自由水所占比例较小，这与 Lu 等（2013）对面团的研究、Assifaoui 等（2006）对饼干面团和 Curti 等（2011）对面包的研究结果一致。Curti 等（2011）对面包贮藏过程中的研究表明，贮藏 7d 后，A_{21} 由 28% 降至 22%，A_{22} 由 68% 增至 73%，推测原因是水分从面筋网络区域转移到

表 5-22　干燥温度对挂面干燥过程中强结合水比例（A_{21}）的影响

加水量 /%	真空度 /MPa	干燥温度 /℃	干燥时间 /min							
			0	45	90	135	180	225	270	300
30	0	32	21.18±1.31[a]	18.23±1.57[a]	15.61±1.25[a]	8.19±3.61[a]	3.91±1.46[a]	3.58±0.48[a]	1.60±1.48[a]	5.21±0.34[a]
		40	22.68±1.54[a]	19.00±1.97[a]	14.85±3.52[a]	11.53±4.28[a]	8.86±2.55[a]	7.01±2.62[a]	6.53±0.64[a]	4.09±0.71[a]
		48	21.49±1.46[a]	19.94±2.72[a]	16.34±3.35[a]	9.36±1.43[a]	7.42±1.96[a]	8.46±3.28[a]	7.25±1.26[a]	6.43±1.52[a]
	0.06	32	19.27±0.90[a]	15.50±1.25[a]	8.85±3.53[a]	6.50±0.98[a]	4.58±1.11[a]	2.44±0.71[a]	0.66±0.46[a]	0.98±0.61[a]
		40	20.33±1.38[a]	15.81±2.04[a]	12.23±1.11[a]	6.25±2.52[a]	5.16±2.77[a]	2.32±1.37[a]	0.05±0.05[a]	0.71±0.73[a]
		48	12.24±0.97[b]	2.63±1.74[b]	2.89±0.00[b]					
35	0	32	16.24±1.06[a]	17.57±1.21[a]	18.40±1.94[a]	17.58±2.89[a]	16.35±1.51[a]	16.89±1.59[a]	14.42±3.27[a]	13.33±0.47[a]
		40	14.74±1.22[a]	16.87±2.24[a]	17.03±2.43[a]	16.61±0.73[a]	15.43±0.32[a]	10.18±2.17[a]	7.29±3.95[a]	9.26±0.89[a]
		48	13.26±2.68[a]	14.26±3.90[a]	14.16±5.29[a]	14.40±4.37[a]	13.26±5.41[a]	9.06±6.60[a]	8.27±5.86[a]	8.52±0.16[b]
	0.06	32	11.06±0.21[a]	10.64±0.75[a]	8.32±1.65[b]	7.35±2.27[b]	6.01±1.55[b]	1.85±1.71[a]	0.54±0.38[a]	0.90±0.27[a]
		40	15.19±1.56[a]	19.09±1.54[a]	19.32±2.32[a]	18.91±0.99[a]	14.73±1.08[a]	10.88±2.83[a]	8.40±4.13[a]	9.62±4.61[a]
		48	16.35±1.43[b]	19.37±1.57[a]	20.47±1.26[a]	17.03±2.71[a]	17.02±2.41[a]	14.85±2.10[a]	12.53±0.35[a]	12.48±7.23[a]

注：同一行的同一列有不同小写字母，表示组间差异显著（$P<0.05$）；空白表示此条件下未检出信号。

表 5-23　干燥温度对挂面干燥过程中弱结合水比例（A_{22}）的影响

加水量 /%	真空度 /MPa	干燥温度 /℃	干燥时间 /min							
			0	45	90	135	180	225	270	300
30	0	32	78.79±1.33[a]	81.68±1.56[a]	83.92±1.29[a]	91.11±3.48[a]	95.37±1.47[a]	96.88±1.93[a]	97.82±1.53[a]	95.42±2.38[a]
		40	77.28±1.57[a]	80.82±2.02[a]	84.68±3.46[a]	87.72±4.60[a]	90.06±2.25[b]	91.98±2.33[ab]	92.42±0.75[b]	94.72±0.92[a]
		48	78.49±1.48[a]	79.84±2.70[a]	83.44±3.35[a]	90.30±1.34[a]	91.54±2.09[ab]	90.52±3.10[b]	91.69±1.22[b]	92.53±1.70[a]
	0.06	32	80.73±0.90[a]	84.22±1.25[b]	90.70±3.44[b]	93.10±1.11[b]	94.53±1.20[b]	96.99±0.84[a]	98.69±0.97[a]	97.93±0.84[a]
		40	79.65±1.40[a]	84.12±1.99[b]	87.50±1.13[b]	93.21±2.36[b]	94.38±2.82[b]	96.91±1.18[a]	98.76±0.37[a]	98.18±0.79[a]
		48	87.76±0.97[a]	97.19±1.63[a]	97.98±1.40[a]	99.43±0.00[a]	99.05±0.22[a]	98.43±0.29[a]	99.23±0.19[a]	99.62±0.38[a]
35	0	32	83.75±1.06[a]	82.13±1.19[a]	81.31±2.16[a]	81.95±2.86[a]	83.46±1.71[a]	82.76±1.66[a]	84.92±2.91[a]	86.28±0.57[a]
		40	85.17±1.14[a]	82.78±2.25[a]	82.71±2.24[a]	82.90±0.98[a]	84.20±0.36[a]	89.15±2.19[a]	92.00±3.67[a]	89.90±1.19[a]
		48	86.66±2.56[a]	85.09±4.11[a]	85.36±5.36[a]	85.43±4.26[a]	86.40±5.36[a]	90.33±6.60[a]	91.21±5.78[a]	92.98±4.01[a]
	0.06	32	88.94±0.21[a]	89.11±0.79[a]	91.46±1.49[a]	92.21±2.29[a]	93.67±1.72[a]	98.24±1.55[a]	98.82±0.39[a]	98.79±0.37[a]
		40	84.81±1.56[a]	80.58±1.25[b]	80.26±2.39[b]	80.83±0.90[b]	84.88±1.05[b]	88.41±2.70[b]	90.84±4.33[ab]	89.08±4.54[a]
		48	83.64±1.43[a]	80.33±1.35[b]	79.18±1.16[b]	82.79±2.52[b]	82.72±2.23[b]	84.66±1.95[b]	86.98±0.14[b]	86.87±6.85[a]

注：同一行的同一列有不同小写字母，表示组间差异显著（$P<0.05$）。

表5-24 和面真空度对挂面干燥过程中强结合水比例 (A_{21}) 的影响

加水量/%	干燥温度/℃	真空度/MPa	\ 干燥时间/min							
			0	45	90	135	180	225	270	300
30	32	0	21.18±1.31ᵃ	18.23±1.57ᵃ	15.61±1.25ᵃ	8.19±3.61ᵃ	3.91±1.46ᵃ	3.58±0.48ᵃ	1.60±1.48ᵃ	5.21±0.34ᵃ
		0.06	19.27±0.90ᵃ	15.50±1.25ᵃ	8.85±3.53ᵃ	6.50±0.98ᵃ	4.58±1.11ᵃ	2.44±0.71ᵃ	0.66±0.46ᵃ	0.98±0.61ᵇ
	40	0	22.68±1.54ᵃ	19.00±1.97ᵃ	14.85±3.52ᵃ	11.53±4.28ᵃ	8.86±2.55ᵃ	7.01±2.62ᵃ	6.53±0.64ᵃ	4.09±0.71ᵃ
		0.06	20.33±1.38ᵃ	15.81±2.04ᵃ	12.23±1.11ᵃ	6.25±2.52ᵃ	5.16±2.77ᵃ	2.32±1.37ᵃ	0.05±0.05ᵇ	0.71±0.73ᵃ
	48	0	21.49±1.46ᵃ	19.94±2.72ᵃ	16.34±3.35ᵃ	9.36±1.43ᵃ	7.42±1.96	8.46±3.28	7.25±1.26	6.43±1.52
		0.06	12.24±0.97ᵇ	2.63±1.74ᵇ	2.89±0.00ᵃ					
35	32	0	16.24±1.06ᵃ	17.57±1.21ᵃ	18.40±1.94ᵃ	17.58±2.89ᵃ	16.35±1.51ᵃ	16.89±1.59ᵃ	14.42±3.27ᵃ	13.33±0.47ᵃ
		0.06	11.06±0.21ᵇ	10.64±0.75ᵃ	8.32±1.65ᵇ	7.35±2.27ᵇ	6.01±1.55ᵇ	1.85±1.71ᵇ	0.54±0.38ᵇ	0.90±0.27ᵃ
	40	0	14.74±1.22ᵃ	16.87±2.24ᵃ	17.03±2.43ᵃ	16.61±0.73ᵃ	15.43±0.32ᵃ	10.18±2.17ᵃ	7.29±3.95ᵃ	9.26±0.89ᵃ
		0.06	15.19±1.56ᵃ	19.09±1.54ᵃ	19.32±2.32ᵃ	18.91±0.99ᵃ	14.73±1.08ᵃ	10.88±2.83ᵃ	8.40±4.13ᵃ	9.62±4.61ᵃ
	48	0	13.26±2.68ᵃ	14.26±3.90ᵃ	14.16±5.29ᵃ	14.40±4.37ᵃ	13.26±5.41ᵃ	9.06±6.60ᵃ	8.27±5.86ᵃ	8.52±0.16ᵃ
		0.06	16.35±1.43ᵇ	19.37±1.57	20.47±1.26ᵇ	17.03±2.71	17.02±2.41	14.85±2.10	12.53±0.35ᵇ	12.48±7.23ᵇ

注：同一行的同列间标有不同小写字母，表示组间差异显著 ($P<0.05$)；空白表示此条件下未给出信号。

表5-25 和面真空度对挂面干燥过程中弱结合水比例 (A_{22}) 的影响

加水量/%	干燥温度/℃	真空度/MPa	\ 干燥时间/min							
			0	45	90	135	180	225	270	300
30	32	0	78.79±1.33ᵃ	81.68±1.56ᵃ	83.92±1.29ᵃ	91.11±3.48ᵃ	95.37±1.47ᵃ	96.88±1.93ᵃ	97.82±1.53ᵃ	95.42±2.38ᵃ
		0.06	80.73±0.90ᵃ	84.22±1.25ᵃ	90.70±3.44ᵃ	93.10±1.11ᵃ	94.53±1.20ᵃ	96.99±0.84ᵃ	98.69±0.97ᵃ	97.93±0.84ᵃ
	40	0	77.28±1.57ᵃ	80.82±2.02ᵃ	84.68±3.46ᵃ	87.72±4.60ᵃ	90.06±2.25ᵃ	91.98±2.33ᵃ	92.42±0.75ᵇ	94.72±0.92ᵇ
		0.06	79.65±1.40ᵃ	84.12±1.99ᵃ	87.50±1.13ᵃ	93.21±2.36ᵃ	94.38±2.82ᵃ	96.91±1.18ᵃ	98.76±0.37ᵃ	98.18±0.79ᵃ
	48	0	78.49±1.48ᵃ	79.84±2.70ᵃ	83.44±3.35ᵃ	90.30±1.34ᵇ	91.54±2.09ᵇ	90.52±3.10ᵃ	91.69±1.22ᵇ	92.53±1.70ᵇ
		0.06	87.76±0.97ᵃ	97.19±1.63ᵃ	97.98±1.40ᵃ	99.43±0.00ᵃ	99.05±0.22ᵃ	98.43±0.29ᵃ	99.23±0.19ᵃ	99.62±0.38ᵃ
35	32	0	83.75±1.06ᵇ	82.13±1.19ᵇ	81.31±2.16ᵇ	81.95±2.86ᵇ	83.46±1.71ᵇ	82.76±1.66ᵇ	84.92±2.91ᵇ	86.28±0.57ᵇ
		0.06	88.94±0.21ᵃ	89.11±0.79ᵃ	91.46±1.49ᵃ	92.21±2.29ᵃ	93.67±1.72ᵃ	98.24±1.55ᵃ	98.82±0.39ᵃ	98.79±0.37ᵃ
	40	0	85.17±1.14ᵃ	82.78±2.25ᵃ	82.71±2.24ᵃ	82.9±0.98ᵃ	84.20±0.36ᵃ	89.15±2.19ᵃ	92.00±3.67ᵃ	89.90±1.19ᵃ
		0.06	84.81±1.56ᵃ	80.58±1.25ᵃ	80.26±2.39ᵃ	80.83±0.90ᵃ	84.88±1.05ᵃ	88.41±2.70ᵃ	90.84±4.33ᵃ	89.08±4.54ᵃ
	48	0	86.66±2.56ᵃ	85.09±4.11ᵃ	85.36±5.36ᵃ	85.43±4.26ᵃ	86.40±5.36ᵃ	90.33±6.60ᵃ	91.21±5.78ᵃ	92.98±4.01ᵃ
		0.06	83.64±1.43ᵃ	80.33±1.35ᵃ	79.18±1.16ᵃ	82.79±2.52ᵃ	82.72±2.23ᵃ	84.66±1.95ᵃ	86.98±0.14ᵃ	86.87±6.85ᵃ

注：同一行的同一列标有不同小写字母，表示组间差异显著 ($P<0.05$)。

淀粉区域。本节中，A_{21}、A_{22} 的变化与 Curti 等研究较类似，推测 A_{21}、A_{22} 的改变可能也是干燥过程中水分由面筋网络区域转移至淀粉区域。但干燥过程伴随水分的较多脱除，与面包贮藏过程有一定区别。挂面干燥过程中水分状态的变化还需进一步研究。

（二）影响挂面干燥过程水分状态 A_2 的因素

Assifaoui 等（2006a，2006b）研究表明，加水量增加对弱结合水总量的影响较大，对强结合水和自由水量的影响较小，在 16.3%~23.0% 的范围内提高加水量，弱结合水量增加，强结合水和自由水量不变。反应在三种水的比例（A_2）上则是 A_{21} 减小，A_{22} 增大，与本节中挂面干燥前期（0~45 min）的水分状态表现一致。挂面干燥后期（90~300min）A_{21} 与 A_{22} 的变化与前期相反，因为和面加水量高的挂面开始干燥时强结合水比例低于加水量低的挂面，但由于水分含量高，水分与面粉中淀粉、蛋白质等大分子物质结合程度较高，在干燥中较难脱除。虽然初始时和面加水量高的挂面 A_{22} 高于加水量低的挂面，但这部分水与淀粉、蛋白质等大分子物质结合的较为松散。在干燥过程中，高加水量挂面的强结合水散失较慢，弱结合水散失较快，最终导致干燥后期加水量高的挂面 A_{21} 值显著高于加水量低的挂面，A_{22} 值则显著低于加水量低的挂面。

Li 等（2012）和刘锐等（2015）研究表明，和面真空度对面团和鲜湿面的质构特性和产品特性有显著影响。刘锐等（2015）对济麦 20（高筋小麦粉）、宁春 4 号（中筋小麦粉）面粉面团的研究表明，真空度 0.06MPa 的面团的 A_{21} 比非真空和面面团高，A_{22} 则低。对济麦 22（中筋小麦粉）的研究表明，真空度对面团 A_{21}、A_{22} 没有显著影响。本节中，和面真空度可以降低挂面干燥过程中强结合水比例（A_{21}），提高弱结合水比例（A_{22}），这与刘锐（2015）的研究不一致。刘锐（2015）的研究也表明，和面真空度对不同品质的小麦粉制作面团品质的影响不同。过高的真空度（0.09MPa）会造成中筋小麦粉制作的面团品质劣变，部分结合状态的水游离出来。本节与前人研究不一致的原因可能是因为本节选用的面粉偏向于中弱筋小麦粉，0.06MPa 的真空度过高，且相对于面团，挂面经历了压延、切条、干燥等工序，改变了水分结合状态。本节进一步表明挂面生产中的真空度选择需考虑小麦粉的质量。

干燥温度对 A_2 的影响较小。Bosmans 等（2012）研究表明，温度对面筋 – 水体系无显著影响，对淀粉 – 水体系有影响的原因是淀粉糊化造成的。本节最高干燥温度 48℃，淀粉在此温度下难以发生糊化。因此，干燥温度对挂面干燥过程水分状态的影响较小。由表 5-18 可知，干燥温度在干燥前半阶段（0~180 min）对 A_{22} 有显著影响；由表 5-22、表 5-23 可知，在不同的和面加水量和真空度下，干燥温度对 A_{21} 和 A_{22} 的影响不同，表明和面加水量、干燥温度、和面真空度这三者的互作对 A_{21} 和 A_{22} 的影响较大，与多因素分析的结果一致。

因此，影响挂面干燥过程不同状态水分比例（A_2）变化的因素主要是和面加水量，其次是和面真空度，干燥温度影响较小。

四、小结

随着干燥进行，小麦粉挂面中强结合水所占比例有减小的趋势，弱结合水所占比例有增大的趋势。影响挂面干燥过程水分 A_2 的主要因素是加水量，其次是和面真空度，干燥温度影响较小。

第四节　挂面干燥过程水分迁移规律

我国挂面干燥工艺大多是根据经验结论得出的，由于对干燥过程及机制缺少系统的地研究和认识，很多问题无法从机制上解释。分析挂面干燥过程水分状态，明确挂面干燥过程水分分布和变化规律十分必要。前述研究表明，低场核磁共振技术可以用于研究面制品中水分状态及分布，且在高含水率时效果较好。面条在干燥过程中随着含水率的下降会有信噪比降低的问题，因而难以观察面条干燥后期的水分分布。之前的研究中也发现干燥后期含水率降低造成图像模糊，甚至无法区分挂面和背景信号的问题。一些学者试图利用高场核磁成像仪解决这个问题，但高场核磁仪器价格昂贵（Xing 等，2007）。Carini 等（2009）对鲜面条的研究表明，在挤压样品中有更均匀的分子结构和微观结构，且可以获得圆形面条，有利于研究面条干燥过程水分的分布和运动过程。本节利用挤压技术获得圆形面条，在实验室自主开发的食品水分分析技术平台上进行干燥，利用低场核磁及成像技术研究挂面干燥过程水分运动规律，提高核磁成像信噪比的方法，解决干燥后期挂面水分信号和背景信号难以区分的问题；采用数学函数表征挂面干燥过程水分的运动规律。

一、材料与方法

（一）试验材料

试验选用小麦品种永良 4 号磨制的面粉。将小麦籽粒清理后，测定含水率和硬度，润麦；参照《小麦实验制粉　第 1 部分：设备、样品制备和润表》（NY/T 1094.1—2006），根据籽粒硬度确定润麦加水量加水，润麦时间为 24h；采用实验磨粉机磨粉，出粉率为 71.2%。蛋白质含量采用 Perten DA7200 型近红外分析仪测定，参照 GB/T 24872—2010、GB/T 24871-2010。粉质参数采用 Brabender 827504 型粉质仪测定，参照 GB/T 14614—2019。拉伸参数采用 Brabender 860033/002 型拉伸仪测定，参照 GB/T 14615—2019。糊化特性采用 Brabender MVAG803202 型微量快速黏度仪测定，参照 GB/T 24853—2010。试验用面粉质量性状见表 5-26。

表 5-26　　　　　　　　　　　试验用小麦粉的质量性状

蛋白质含量 /%	湿面筋含量 /%	吸水率 /%	稳定时间 / min	最大拉伸阻力 /BU	延伸性 /mm	峰值黏度 /cmg	崩解值 /cmg
13.33	32.55	60.9	7.1	306	163	122.7	27

（二）仪器与设备

DA7200 型近红外分析仪（瑞典 Perten 公司）、真空和面机（河南东方面机集团有限公司，实验室改进型）、食品水分分析技术平台（实验室研发，专利号：ZL201420479345.5）、DHG-9140 型电热恒温鼓风干燥箱（上海一恒科技有限公司）、NMI20-030H-I 核磁共振成像与分析系统（苏州纽迈分析仪器股份有限公司）、ME4002E/02 电子天平［梅特勒 – 托利多仪器（上海）有限公司］、MLU202 型实验磨粉机（瑞士 Buhler 公司）；DSE-25 型（同向啮合双螺杆挤压机德国 Brabender 公司）。

（三）试验方法

1. 鲜面条的制备

准确称量 800 g 小麦粉放入和面机，根据 33% 的面团目标加水量加入蒸馏水。启动和面机；先低速搅拌（70 r/ min）1 min，然后高速（120 r/ min）搅拌 3 min，再低速（70 r/ min）搅拌 4 min。然后，将面絮放入自封袋封口，放入恒温箱，温度为 30℃，醒发 30 min。双螺杆挤压机制备挂面，主要技术参数为：螺杆外径（D）25mm；长径比 20 ： 1；挤压温度设置为 30℃；模头直径为 4.0mm 圆形模头。

挤压完毕后将挂面挂在面杆上，挂面之间间距为1cm。将下端10cm左右的挂面剪掉用于初始含水率测定。将挂杆放在水分分析平台上干燥（干燥条件：温度40℃，相对湿度75%）。在干燥0、20、40、60、90、120、150、180、240、300、360、480、600、720、840min取样，做T_2检测和核磁成像分析。

2. 水分状态检测及核磁成像分析

挂面干燥过程水分状态分析方法同本章第二节"挂面干燥过程水分状态分析"。

核磁成像分析过程采用"油浸法"。将样品切成2.0cm长的小段，放入直径为5.0mm的核磁测定管中。在核磁测定管中预先加入可以淹没样品的大豆油（约0.06mL）。将核磁管放入核磁成像仪中进行自旋回波（spin echosequence，SE）脉冲序列质子密度二维成像。参数设置：切片宽度：8.0 mm，切片间隙：0.5mm，平均：16，读取大小：256，相位大小：192。图像回波时间（TE）为6 ms，重复时间（TR）为100 ms。采用NIUMAG核磁共振影像系统0.1.1软件对样品的质子密度图像进行初步处理。

（四）数据处理方法

将获得的图像文件用ImageSystem软件转化为位图，将位图通过ImageJ软件转化为Excel数据，步骤如下：file>open> image transform> image to results，获得位图每个点的灰度数据，将这些数据保存为Excel数据。

打开Excel数据，去除背景数据和大豆油的信号数据，获得约2200个呈圆形分布的（与挂面横截面对应、直径约为50mm的圆，无数据的地方用0填充）挂面中水质子信号的数据。如下所示：

Y1A, Y1B, Y1C…Y1AV；

Y2A, Y2B, Y2C…Y2AV；

Y3A, Y3B, Y3C…Y3AV；

.

.

.

Y48A, Y48B, Y48C…Y48AV；

Y49A, Y49B, Y49C…Y49AV；

Y50A, Y50B, Y50C…Y50AV；

将这些信号数据取平均值，与水分分析平台上获得的同一时刻含水率对应制成表格（表5-27），根据该表5-27制作曲线，可以获得信号数据与含水率的关系曲线（图5-6）。

将沿直径横向的 9 个数据 Y23A、Y24A、Y25A…Y31A 取平均值获得 YA；同理，获得 YB、YC…YAV。将沿直径纵向的 9 个数据 Y1W、Y1X、Y1Y…Y1AE 取平均值获得 Y1；同理，获得 Y2、Y3…Y50。

因为，圆形挂面具有各向同性，可以认为，挂面横向和纵向的水分是变化一致。因此，将距离圆心等距离的对应的横向数据和纵向数据取平均值，得到距圆心不同点挂面的核磁成像信号值。规定原点左侧的数据坐标记为负数，即：C_{-25}，C_{-24}，C_{-23}…C_{-1}，C_0，C_1…C_{23}，C_{24}，C_{25}。对相邻的 5 个数据（C_{-25}，C_{-24}，C_{-23}，C_{-22}，C_{-21}；C_{-20}，C_{-19}，C_{-18}，C_{-17}，C_{-16}；…C_{21}，C_{22}，C_{23}，C_{24}，C_{25}）取平均值，获得沿直径挂面核磁成像的信号变化数据（$\bar{C}_{-5}$，$\bar{C}_{-4}$，$\bar{C}_{-3}$，$\bar{C}_{-2}$，$\bar{C}_{-1}$，$\bar{C}_0$，$\bar{C}_1$，$\bar{C}_2$，$\bar{C}_3$，$\bar{C}_4$，$\bar{C}_5$）。根据核磁管的尺寸计算两个数据点之间代表的实际长度，实际长度为 0.0755mm。根据含水率与信号值的曲线，将信号数据转化为含水率。利用 Excel 绘制出挂面干燥过程中挂面横截面含水率沿直径变化的曲线。

表 5-27　　　　　　　　　　　干燥过程中含水率与信号值

因素	干燥时间					
	0min	20min	40min	1h	1.5h	2h
信号强度值	43.6757	37.9535	34.0873	32.5506	29.1779	28.4127
干基含水率 /（g/g）	0.440983	0.386052	0.351863	0.328731	0.299203	0.280196

因素	干燥时间					
	2.5h	3h	4h	5h	6h	8h
信号强度值	26.2109	23.6858	22.5513	22.4952	21.9417	21.2582
干基含水率 /（g/g）	0.262384	0.246724	0.223532	0.205601	0.190478	0.171531

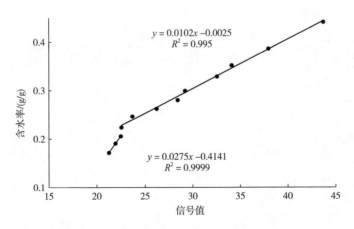

图 5-6　干燥过程中含水率与信号值的关系

将 Excel 数据的列号作为 x 轴坐标，行号作为 y 轴的坐标，信号值作为 z 轴坐标。将 Excel 数据转化为坐标数据。例如，Y1A 转化为（1，1，Y1A）；Y1B 转化为（2，1，Y1B）。输入到 matlab 中。应用如下的语句获得等高线图、三维图。

Matlab 程序编程语句：

```
clf
clear all
A=［坐标数据］；
>> x=A（:，1）；y=A（:，2）；z=A（:，3）；
>> figure（1）
>> scatter（x，y，6，z）
>> figure（2）
>>［X，Y，Z］=griddata（x，y，z，linspace（0，53）'，…）
linspace（0，53），'v4'）；
>> pcolor（X，Y，Z）；shading interp
>> figure（3），contourf（X，Y，Z，'LevelStep'，8）
set（gca，'CLim'，［0，80］）
colormap（flipud（colormap））
>> colorbar
>> figure（4），surf（X，Y，Z）
set（gca，'CLim'，［0，80］）
colormap（flipud（colormap））
>> colorbar
axis（［0，60，0，60，-20，80］）
```

对 T_2 与 A_2 采用 Excel 2010 进行数据处理，数据采用"平均值 ± 标准差"的方法表示。采用 Excel 2010 绘制图表。

二、结果与分析

（一）挂面干燥特性分析

图 5-7 是挂面在相对湿度 75%、干燥温度 40℃时的干燥曲线和干燥速率曲线。干燥曲线两点之间的间隔为 10 min；干燥速率曲线前 120 min 时每两个点之

间的间隔为 20 min，120~240min 每两个点之间间隔为 60min；之后，每两个点之间的间隔是 120min。挂面在干燥过程中，0~240min 含水率变化较快，干燥速率较大；240min 之后含水率变化较慢，干燥速率较小。在 490min 时，含水率达到14.5%。

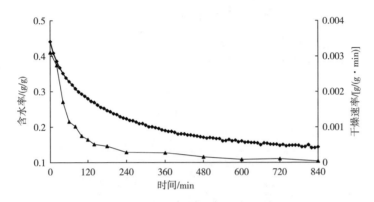

图 5-7　挂面干燥曲线和干燥速率曲线

——含水率　——干燥速率

（二）挂面干燥过程水分状态

挂面在干燥过程中存在三种状态的水，分别为：强结合水（T_{21}，0.04~0.40ms；A_{21}，0.25%~19.08%）、弱结合水（T_{22}，0.96~5.34ms；A_{22}，80.81%~98.44%）、自由水（T_{23}，74.50~266.47ms；A_{23}，0.11%~1.61%）。在干燥过程中，强结合水和弱结合水的横向弛豫时间均有下降的趋势（图 5-8），表明水与挂面中大分子物质，如淀粉、蛋白质等，结合的更为紧密。自由水横向弛豫时间也有下降的趋势，但波动较大。干燥过程中，强结合水的峰面积（A_{21}）比例下降（图 5-9），表明强结合水所占比例减少；弱结合水比例上升。干燥过程中水分主要以弱结合水形式存在。自由水所占比例有增大的趋势，但所占比例均在 2% 以下。

图 5-10 是在核磁管中添加大豆油成像时显示的挂面轮廓。由于大豆油的存在，提高了核磁成像图的信噪比，使成像边界更加清晰。由图 5-10 可以看出，挂面中水分会形成不同的含水率的梯度，"水分可视面"不断向中心退缩。在干燥240min 之后，由于含水率降低，在核磁图像中已难以分辨。由于挂面在干燥过程中的非均匀性收缩，使干燥后期横截面呈椭圆形。

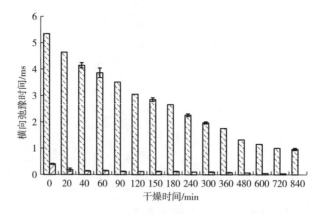

图 5-8   挂面干燥过程的水分横向弛豫时间

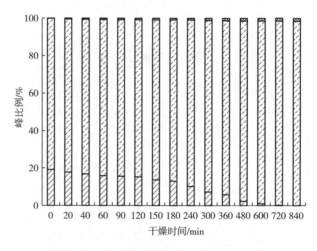

图 5-9   挂面干燥过程三种状态水的比例

（三）挂面干燥过程含水率三维图

图 5-11 是挂面干燥过程中含水率变化的三维图。图中越偏向蓝色表示含水率越高，越偏向黄色表示含水率越低。由图 5-11 可以直观地看出挂面干燥过程中水分的分布。在干燥前期边缘到中心含水率变化较陡峭，随着干燥过程的进行含水率变化变缓。在干燥 840 min 时图像中出现蓝色的峰，该信号是由于挂面在干燥后期收缩，在椭圆短轴上形成裂纹，大豆油进入裂纹中间出现的信号。

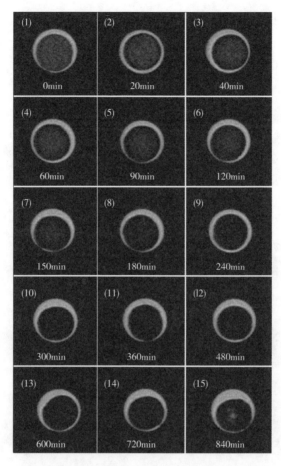

图 5-10　挂面干燥过程核磁成像图（测试管内添加大豆油）

（四）挂面干燥过程含水率等高线图

图 5-12 是挂面干燥过程中含水率变化等高线图。图中颜色越偏向蓝色表示含水率越高，越偏向于黄色表示含水率越低。挂面横截面的水分在同心圆的分布不是均匀的。挂面中的水分出现了"聚集"现象，形成一个个含水率较大的微区域。由于挂面是圆形的，在距圆心相同距离处含水率基本保持一致。整体来看，中间含水率较高，边缘含水率较低。随着干燥过程的进行，"蓝色"区域不断向中心收缩，且颜色逐渐变浅，表明水分不断散失，含水率降低。随着干燥过程的进行，图像整体不断收缩，边缘变的参差不齐。原因是边缘处的含水率已低于核磁成像的最低极限，成像时没有信号出现（或信号被噪声淹没）。由图 5-12 可知，挂面中水分在横截面同心圆半径上会形成水分聚集微区域，说明挂面中的水分在同心

圆半径上并非绝对均匀。在 840 min 时图中出现的明亮的蓝色信号区域与三维图中出现的蓝色峰的原因一致，该信号是由于挂面在干燥后期收缩形成裂纹，大豆油进入裂纹中间出现的信号。

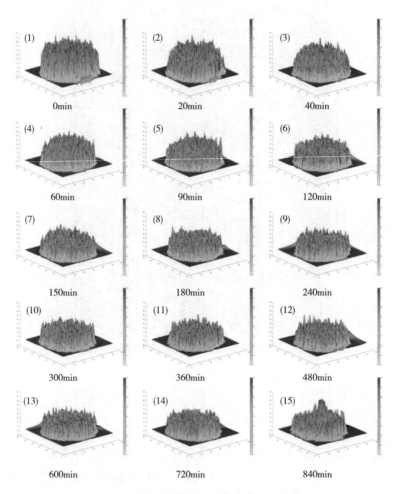

图 5-11　挂面干燥过程中含水率变化三维图

（五）挂面干燥过程水分运动

图 5-13 和图 5-14 是挂面干燥 0~180 min 和 240~840 min 时距中心点含水率的变化曲线。由图 5-13 含水率的中心点位移可以看出，挂面在干燥过程中含水率持续下降，从中心点到边沿的含水率存在一定的水分梯度，即靠近中心点高，边

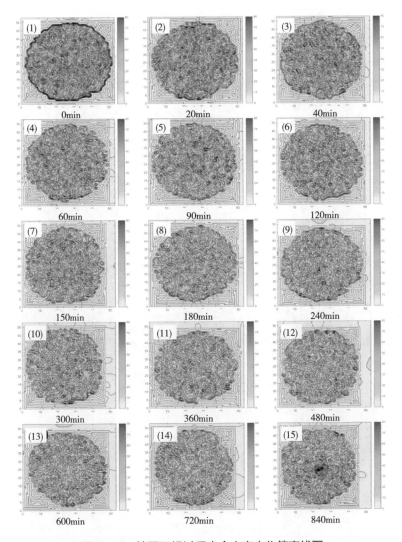

图 5-12　挂面干燥过程中含水率变化等高线图

沿低。随着干燥过程的进行，边沿含水率下降幅度较中心点快，内外水分梯度增大。干燥 90~180min，中心水分含量下降较快，内外水分梯度变小。干燥 300 min 及以后（图 5-14），边缘和中心的含水率梯度消失，挂面内外含水率较为均一，平均含水率缓慢降低。

　　对不同干燥时间段含水率变化曲线的回归分析表明，中心与边沿含水率曲线为一元二次方程。理想条件下，用 x 表示某点距挂面中心的距离，y 表示该点的含水率，则挂面中心点坐标可记为（0，W_{center}），挂面边缘点的坐标可记为（$-R$，W_{edge}）和（R，W_{edge}）。则挂面中含水率分布方程为式（5-10）：

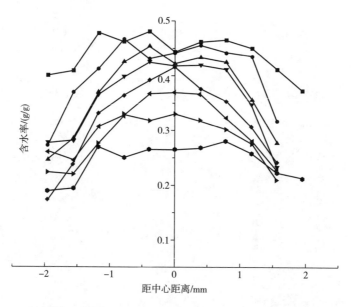

图 5-13　挂面干燥过程中心和边沿不同距离含水率的变化曲线（0~180min）

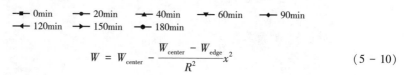

$$W = W_{center} - \frac{W_{center} - W_{edge}}{R^2}x^2 \qquad (5-10)$$

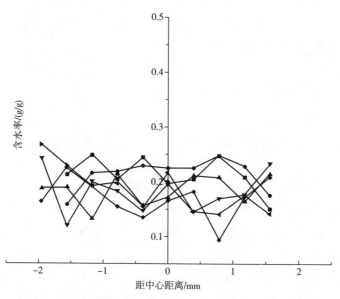

图 5-14　挂面干燥过程中心和边沿不同距离含水率的变化曲线（240~720min）

为了检验模型的准确性，用相对误差（$E\%$）和均方根误差（$RMSE$）来评价（S. Cafieri 等，2008）。相对误差和均方根误差的公式如式（5-11）、式（5-12）所示：

$$E\% = \frac{100}{n_{obs}} \sum_{i=1}^{n_{obs}} \frac{|M_i - M_i^P|}{M_i} \tag{5-11}$$

$$RMSE = \sqrt{\frac{1}{n_{obs}} \sum_{i=1}^{n_{obs}} (M_i - M_i^P)^2} \tag{5-12}$$

公式中，n_{obs} 是数据点数，M_i 是实际值，M_i^P 是预测值，$i=1, 2, \cdots\cdots, n_{obs}$。表 5-28 列出了不同干燥时刻模型预测值与实际值得相对误差和均方根误差。由表 5-28 可知，在干燥 0~150 min 时，模型与实际符合较好，180min 之后，误差较大（360min 之后的数据未列出）。

表 5-28　　　　　　　　不同干燥时间的相对误差和均方根误差

干燥时间 / min	理论水分分布函数	$E\%$	$RMSE$
0	$y=-0.0231x^2+0.4565$	4.77	0.03
20	$y=-0.0450x^2+0.4565$	5.96	0.03
40	$y=-0.0597x^2+0.4305$	6.14	0.03
60	$y=-0.0544x^2+0.4226$	2.88	0.02
90	$y=-0.0785x^2+0.4058$	3.71	0.02
120	$y=-0.0434x^2+0.3724$	7.88	0.03
150	$y=-0.0476x^2+0.3404$	3.90	0.01
180	$y=0.0065x^2+0.2706$	10.57	0.05
240	$y=-0.0005x^2+0.2832$	19.06	0.10
300	$y=-0.0345x^2+0.3060$	13.65	0.04
360	$y=-0.0240x^2+0.2245$	33.22	0.12

注：分布函数中，x 表示某点距挂面中心的距离，mm；y 表示该点的含水率，g/g。

三、讨论

（一）挂面干燥过程及干燥特性

武亮（2016）采用数学模型对压延挂面 300 min 定时干燥过程进行了模拟，以 Page 模型拟合效果最优。在干燥温度 40℃，相对湿度 75% 时，Page 方程如式

（5-13）所示：

$$MR = \exp\left[-(2.5942 \times 10^{-4})t^{0.349}\right] \tag{5-13}$$

将本节前300min数据代入Page模型拟合，对拟合结果进行评价。R^2为0.8917，$E\%$为4.771，$RMSE$为0.02785。拟合结果表明，本节挂面干燥前300min的曲线与前人研究（王杰，2015；武亮，2016）基本一致。在300min之后（5~14h）的干燥曲线是前人（王杰，2014；武亮，2016）未曾研究的，但可推断出二者具有相同的趋势。本节中挂面的干燥速率曲线与前人（王杰，2014；武亮，2016）研究的压延挂面的干燥速率曲线的趋势基本一致，在前20min没有出现先升后降的趋势。将本节的挂面干燥过程和前人对压延面条的干燥过程进行对比可知，挤压挂面和压延挂面具有相似的干燥特性。

（二）挂面干燥过程水分状态

挂面在干燥过程存在三种状态水的横向弛豫时间，分别为：0.04~0.40ms、0.96~5.34ms、74.50~266.47ms，其中T_{21}、T_{22}与刘锐等（2015）对面团的研究，以及Curti等（2011，2014）和Engelsen等（2001）对面包的研究较为一致。与于晓磊等（2015，2016）和王振华等（2015，2016）对压延挂面的研究一致。前人对于面团的研究认为，强结合水是淀粉颗粒内部的水或与蛋白质紧密结合的水，弱结合水是淀粉颗粒表面以及蛋白质网络内部的水。自由水是毛细管中的水（Leung等，1979；Esselink等，2003；Lu等，2013）。对面包的研究认为，强结合水是与蛋白质结合的水，弱结合水是与淀粉凝胶结合的水，自由水是指较前两个状态更自由的水（Engelsen等，2001；Curti等，2011）。挂面干燥过程中没有发生淀粉的糊化和蛋白质的变性。因此，T_{21}主要代表淀粉内部和与蛋白质紧密结合的水，T_{22}代表淀粉外部和面筋网络内部的水。前人对于T_{23}所代表的含义存在一定的争议（Engelsen等，2001；Assifaoui等，2006；Bosmans等，2012；Lu等，2013；Curti等，2014）。Mercier等（2014）研究认为，意大利面干燥过程中水分扩散存在水蒸气传递（Waananen，1996）。挂面中的部分水可能通过水蒸气的形式扩散散失（朱文学，2009）。T_{23}数值较高，推测T_{23}可能是挂面干燥过程中以水蒸气形式扩散的水在取样时凝结于挂面内部毛细管中，出现自由水峰。

干燥的初始阶段，即含水率较高时，三种状态水对应的峰面积比例中弱结合水峰比例最大，其次是强结合水峰比例，最后是自由水峰比例。这与Assifaoui等（2006）对饼干面团，Curti等（2011，2014）对面包的研究较一致，也与于晓磊等

（2015，2016）和王振华等（2016）对压延挂面的研究一致。但前人对面团、面包的研究中自由水峰比例较高，原因可能是前人的研究对象面团、面包，含水率高于挂面。因此，在干燥的初始阶段所占比例很低，随着干燥的进行，自由水峰比例升高。由此可知，挤压挂面干燥过程的水分状态与压延挂面基本一致。

（三）"油浸法"对核磁成像质量的影响

在挂面干燥过程的研究中，国内学者多用干燥曲线、平均干燥速率等评价挂面干燥特性，对于干燥过程水分状态的变化研究较少。国外学者对于意面干燥过程水分状态的研究较多，大多集中于水分横向弛豫时间和峰比例的变化研究。这些指标都是宏观指标，要么反映整个干燥过程一杆或多杆挂面的干燥特性，要么反映核磁检测时所取取样品的水分状态。本节提出的新的样品处理方法——"油浸法"，可提高低场核磁成像技术在挂面干燥研究中的信噪比，为成像提供统一的"标样"大豆油，避免因为挂面含水率下降造成信噪比差、成像背景不一致等问题。"油浸法"处理还可以展示挂面的轮廓，表征挂面干燥过程的收缩程度，表征挂面干燥过程裂纹产生的时段，是提高核磁成像质量的有效方法。

针对样品含水率较低时存在信噪比较差的问题，Hill 等（1997）采用初始含水率为 68% 的煮后意面进行干燥来保证干燥前期较好的信噪比，Xing 等（2007）对 Hill 等的脉冲序列进行了一些修改，使得可以测定含水率在 10% 到 50% 范围内的意面的干燥过程。但是，前人的研究采用的是高场核磁共振技术，设备昂贵。本节采用低场核磁共振设备进行测定，投入成本低，且加入大豆油浸没挂面样品，可以很好地提高信噪比，能够清晰地观察到面团在干燥过程中的收缩及裂纹形成过程，有助于理解面条干燥过程劈条、酥面等情况的发生，也可为干燥模型的拟合提供面条尺寸的数据。

核磁成像数据存在一定的波动，这与 Hill 等（1997）、Xing 等（2007）、Lai 等（2004）、Esselink 等（2003）的研究一致。前人采用一些方法对异常值进行了处理，例如，利用 Matlab 中的 rlowess 函数消除异常值的影响（Xing 等，2007）。本节先对挂面横向和纵向中心的 9 个数据（实际宽度为 0.68mm）进行平均。由于圆形具有各向同性，认为水分分布在距圆心相同距离处是一致的（含水率等高线图也证实了这一点），将横向和纵向数据平均。然后将相邻的 5 个数据进行平均，进一步消除了数据波动对结果的影响。本节中挂面干燥初期含水率的分布与 Hill 等（1997）对煮后意面（含水率 68%）干燥过程中含水率分布的研究一致。但由于 Hill 等（1997）的方法无法解决由于弛豫造成的信号损失，这会造成长时间干燥时的数据不够准确。因此，本节中提出的挂面干燥过程含水率的变化在干燥后期与 Hill 等（1997）并不一致。

（四）挂面干燥过程水分迁移

干燥条件不合理会造成挂面酥面或者劈条，前人的研究也为挂面生产提供了一定的理论指导，如"保湿出汗"等。但这些研究并没有阐明挂面干燥过程出现酥面、劈条的结构或剖面变化过程，也就无法从对干燥过程和原理的认识上解决这些问题，只能通过经验推断，或从试验结果中总结。前人研究也指出，挂面干燥过程品质劣变的原因是挂面产生内应力，这提示我们因探究挂面中应力产生的原因。因此了解干燥过程水分在挂面中的分布和状态至关重要。只有了解水分在干燥各时刻的分布，探究挂面干燥过程水分运动规律，才能为进一步研究挂面干燥过程品质的变化打下坚实的基础，而前人对挂面干燥过程水分分布的研究多为经验推论。因此，利用新技术深入细致地探究挂面干燥过程中水分分布，就显得尤为关键和迫切。

在研究挂面水分分布技术中，核磁共振成像技术是最为合适的。本节用"油浸法"尝试着解决了样品含水率较低时信噪比较差的问题。挂面干燥过程中的水分运动并不是如想像中的在干燥的开始就建立起从中心到边缘的水分梯度，水分梯度的建立是渐进的。由图 5-12 可以看出，在干燥 0 min 时，水分梯度只是在挂面边缘环宽约 1mm 的圆环内建立，在干燥至 20min 时，水分梯度在边缘环宽约 1.5mm 的圆环内被建立。虽然干燥初始阶段（图 5-12）显示的挂面中心含水率略有下降，但下降的原因推测是取样无法避免的挂面个体差异造成的。从挂面内部含水率变化曲线的形状上看，在干燥至 90min 时，挂面内部才建立从中心到边缘的水分梯度；挂面中含水率呈等腰三角形分布。这与 Xing 等（2007）对煮后意面间歇干燥（40℃，60min；22℃，5min）后期的含水率分布一致。本节中提出了挂面干燥过程内部水分分布的模型，该模型在 0~150min 与实际测定结果吻合。

挂面在干燥至 840 min 时出现裂纹。在干燥后期，取样过程中发现挂面内部较为柔软而边缘较为坚硬，边缘形成"圆环"。推测原因是小麦粉含水率不同造成玻璃态转变温度不同，含水率越高玻璃态转变温度（T_g）越低（Doescher 等，1987）。含水率在 0.2g/g 时玻璃态转变温度约为 40℃，即干燥温度（T），在干燥 300 min 附近时。挂面内部和边缘含水率不同，内部含水率高于 0.2g/g，T_g 低于 40℃，$T>T_g$，呈柔软的橡胶态。边缘含水率低于 0.2g/g，T_g 高于 40℃，$T<T_g$，呈坚硬但易脆的玻璃态。在进一步干燥时，挂面整体收缩时内部产生应力，发生应力

断裂，产生裂纹。挂面含水率分布变化的几个关键点的确立可以为挂面干燥过程控制及挂面干燥工艺"三段论"提供数据支持；对挂面中水分运动规律的认识可以为挂面生产工艺及干燥工艺设计与控制提供理论依据。

　　本节为揭示挂面干燥过程挂面内部的水分迁移规律提供了较好的方法，可以清晰地看出挂面的收缩及裂纹的产生过程。更重要的是揭示了挂面内部的水分分布，建立了一个描述干燥过程内部水分分布的模型。前人的研究是对煮后的意面进行干燥，以此来模拟意面干燥过程，而本节直接利用实验室自主开发的食品水分分析技术平台对挂面进行干燥，与工厂实际生产过程更为接近，更具有借鉴意义。

四、小结

　　挂面在干燥过程中，0~240 min 含水率变化较快，干燥速率较大；240 min 之后含水率变化较慢，干燥速率较小。挂面内部存在 3 种不同状态的水分，以弱结合水形式为主；干燥过程中 3 种状态水的横向弛豫时间均有不断下降的趋势，其中，强结合水的峰面积比例下降，弱结合水和自由水比例上升。

　　"油浸法"用于核磁成像技术的样品处理，提高成像图的信噪比，更清晰地标记出挂面的轮廓，且可以观察到挂面干燥过程中的收缩和裂纹现象；通过"油浸法"处理发现，挂面干燥过程中水分梯度的建立是渐进的，干燥至 90 min 时，挂面内部才建立从中心到边缘的水分梯度，在干燥 0~150 min 时，内部含水率分布函数可以用 $W = W_{center} - \dfrac{W_{center} - W_{edge}}{R^2} x^2$ 来描述；干燥 300 min 之后，边缘和中心的水分梯度消失。

（本章由魏益民、于晓磊撰写）

参考文献

［1］Assifaoui A, Champion D, Chiotelli E, et al. Characterization of water mobility in biscuit dough using a low-field 1H NMR technique［J］. Carbohydrate Polymers, 2006, 64（2）: 197-204.

［2］Assifaoui A, Champion D, Chiotelli E, et al. Rheological behaviour of biscuit dough in relation to water mobility［J］. International Journal of Food Science and Technology, 2006, 41（s2）: 124-128.

［3］Bosmans G M, Lagrain B, Deleu L J, et al. Assignments of proton populations in dough and bread using

NMR relaxometry of starch, gluten, and flour model systems [J]. J Agric Food Chem, 2012, 60 (21): 5461–5470.

[4] Carini E, Vittadini E, Curti E, et al. Effects of different shaping modes on physico–chemical properties and water status of fresh pasta [J]. Journal of Food Engineering, 2009, 93 (4): 400–406.

[5] Chen F L, Wei Y M, Zhang B. Characterization of water state and distribution in textured soybean protein using DSC and NMR [J]. Journal of Food Engineering, 2010, 100 (3): 522–526.

[6] Chen P L, Long Z, Ruan R, et al. Nuclear magnetic resonance studies of water mobility in bread during storage [J]. Lebensmittel–Wissenschaft und –Technologie (Switzerland), 1997, 30 (2): 178–183.

[7] Cubadda R E, Carcea M, Marconi E, et al. Influence of gluten proteins and drying temperature on the cooking quality of durum wheat pasta [J]. Cereal Chemistry, 2007, 84 (1): 48–55.

[8] Curti E, Bubici S, Carini E. Water molecular dynamics during bread staling by nuclear magnetic resonance [J]. LWT – Food Science and Technology, 2011, 44 (4): 854–859.

[9] Curti E, Carini E, Tribuzio G, et al. Bread staling: Effect of gluten on physico–chemical properties and molecular mobility [J]. LWT – Food Science and Technology, 2014, 59 (1): 418–425.

[10] Doescher L C, Hoseney R C, Milliken G A. A mechanism for cookie dough setting [J]. Cereal Chemistry, 1987, 64 (3): 158–163.

[11] Engelsen S B, Jensen M K, Pedersen H T, et al. NMR–baking and multivariate prediction of instrumental texture parameters in bread [J]. Journal of Cereal Science, 2001, 33 (1): 59–69.

[12] Esselink E F J, Van Aalst H, Maliepaard M, et al. Long–term storage effect in frozen dough by spectroscopy and microscopy [J]. Cereal Chemistry, 2003, 80 (4): 396–403.

[13] Esselink E, Hvan A, Maliepaard M, et al. Impact of industrial dough processing on structure: A rheology, nuclear magnetic resonance, and electron microscopy study [J]. Cereal Chemistry, 2003, 80 (4): 419–423.

[14] Fu B X. Asian noodles: History, classification, raw materials, and processing [J]. Food Research International, 2008, 41 (9): 888–902.

[15] Guler S, Koksel H, Pkw N. Effects of industrial pasta drying temperatures on starch properties and pasta quality [J]. Food Research International, 2002, 35 (5): 421–427.

[16] Hills B P, Godward J, Wright K M. Fast radial NMR microimaging studies of pasta drying [J]. Journal of Food Engineering, 1997, 33 (3): 321–335.

[17] Inazu T, Iwasaki K. Effective moisture diffusivity of fresh Japanese noodle (udon) as a function of temperature [J]. Bioscience, Biotechnology, and Biochemistry, 1999, 63 (4): 638–641.

[18] Kojima T I, Horigane A K, Yoshida M, et al. Change in the status of water in Japanese noodles during and after boiling observed by NMR micro imaging [J]. Journal of Food Science, 2001, 66 (9): 1361–1365.

[19] Lai H–M, Hwang S–C. Water status of cooked white salted noodles evaluated by MRI [J]. Food Research International, 2004, 37 (10): 957–966.

[20] Leung H K, Magnuson J A, Bruinsma B L. pulsed nuclear magnetic resonance study of water mobility in flour doughs [J] . Journal of Food Science, 1979, 44（44）: 1408–1411.

[21] Li M, Luo L–J, Zhu K–X, et al. Effect of vacuum mixing on the quality characteristics of fresh noodles [J] . Journal of Food Engineering, 2012, 110（4）: 525–531.

[22] Li M, Zhu K X, Peng J, et al. Delineating the protein changes in Asian noodles induced by vacuum mixing [J] . Food Chem, 2014, 143: 9–16.

[23] Li M, Zhu K X, Sun Q J, et al. Quality characteristics, structural changes, and storage stability of semi–dried noodles induced by moderate dehydration: Understanding the quality changes in semi–dried noodles [J] . Food Chemistry, 2016, 194（194）: 797–804.

[24] Lu Z, Seetharaman K. 1H nuclear magnetic resonance（NMR）and differential scanning calorimetry （DSC）studies of water mobility in dough systems containing barley flour [J] . Cereal Chemistry, 2013, 90（2）: 120–126.

[25] Mercier S, Marcos B, Moresoli C, et al. Modeling of internal moisture transport during durum wheat pasta drying [J] . Journal of Food Engineering, 2014, 124: 19–27.

[26] Morris C F, Jeffers H C, Engle D A. Effect of processing, formula and measurement variables on alkaline noodle color—toward an optimized laboratory system [J] . Cereal Chemistry, 2000, 77（1）: 77–85.

[27] Park C S, Baik B K. Flour characteristics related to optimum water absorption of noodle dough for making white salted noodles [J] . Cereal Chemistry, 2002, 79（6）: 867–873.

[28] Petitot M, Brossard C, Barron C, et al. Modification of pasta structure induced by high drying temperatures. Effects on the in vitro digestibility of protein and starch fractions and the potential allergenicity of protein hydrolysates [J] . Food Chemistry, 2009, 116（2）: 401 – 412.

[29] Solah V A, Crosbie G B, Huang S, et al. Measurement of color, gloss, and translucency of white salted noodles: Effects of water addition and vacuum mixing [J] . Cereal Chemistry, 2007, 84（2）: 145–151.

[30] Tananuwong K, Reid D. DSC and NMR relaxation studies of starch–water interactions during gelatinization [J] . Carbohydrate Polymers, 2004, 58（3）: 345–358.

[31] Villeneuve S, Gélinas P. Drying kinetics of whole durum wheat pasta according to temperature and relative humidity [J] . Lebensmittel–Wissenschaft und–Technologie, 2007, 40（3）: 465–471.

[32] Waananen K M. Effect of porosity on moisture diffusion during drying of pasta [J] . Journal of Food Engineering, 1996, 28（2）: 121–137.

[33] Xing H, Takhar P S, Helms G, et al. NMR imaging of continuous and intermittent drying of pasta [J] . Journal of Food Engineering, 2007, 78（1）: 61–68.

[34] Ye Y, Yan Z, Yan J, et al. Effects of flour extraction rate, added water, and salt on color and texture of Chinese white noodles [J] . Cereal Chemistry, 2009, 86（4）: 477–485.

[35] Yue P, Rayasduarte P, Elias E. Effect of drying temperature on physicochemical properties of starch isolated from pasta [J] . Cereal Chemistry, 1999, 76（4）: 541–547.

[36] Zhou M, Xiong Z, Cai J, et al. Convective air drying characteristics and qualities of non–fried instant

noodles［J］. International Journal of Food Engineering, 2015, 11（6）: 851-860.

［37］高飞. 挂面高温干燥系统工艺参数控制及挂面品质研究［D］. 郑州: 河南工业大学, 2010.

［38］葛秀秀. 中国面条颜色及其影响因素研究［D］. 北京: 中国农业科学院作物科学研究所, 2003.

［39］李曼. 生鲜面制品的品质劣变机制及调控研究［D］. 无锡: 江南大学, 2014.

［40］李妍, 林向阳, 吴佳, 等. 利用核磁共振技术监测海带湿面贮藏品质［J］. 中国食品学报, 2015, 15（5）: 254-260.

［41］刘锐, 任晓龙, 邢亚楠, 等. 真空和面工艺对面条质量的影响及参数优化［J］. 中国粮油学报, 2015, 30（9）: 6-12.

［42］刘锐, 唐娜, 武亮, 等. 真空和面对面条面团谷蛋白大聚合体含量及粒度分布的影响［J］. 农业工程学报, 2015, 31（10）: 289-295.

［43］刘锐, 武亮, 张影全, 等. 基于低场核磁和差示量热扫描的面条面团水分状态研究［J］. 农业工程学报, 2015, 31（9）: 288-294.

［44］刘锐. 和面方式对面团理化结构和面条质量的影响［D］. 北京: 中国农业科学院, 2015.

［45］宋平, 杨涛, 王成, 等. 利用低场核磁共振分析水稻种子浸泡过程中的水分变化［J］. 农业工程学报, 2015, 31（15）: 279-284.

［46］王杰. 挂面干燥工艺及过程控制研究［D］. 北京: 中国农业科学院, 2014.

［47］王振华, 于晓磊, 张影全, 等. 原料成分对面条干燥过程的影响［A］//中国食品科学技术学会. 中国食品科学技术学会第十三届年会论文摘要集［C］. 中国食品科学技术学会, 2016: 2.

［48］王振华, 张波, 张影全, 等. 面条干燥过程的湿热传递机理研究进展［J］. 农业工程学报, 2016, 32（13）: 310-314.

［49］武亮, 刘锐, 张波, 等. 隧道式挂面烘房干燥介质特征分析［J］. 农业工程学报, 2015, 31（S1）: 355-360.

［50］叶晓枫, 韩永斌, 赵黎平, 等. 冻融循环下冷冻非发酵面团品质的变化及机理［J］. 农业工程学报, 2013, 29（21）: 271-278.

［51］于晓磊, 张影全, 王振华, 等. 基于低场核磁共振技术的挂面干燥过程水分状态变化研究［A］//中国食品科学技术学会, 美国食品科技学会. 中国食品科学技术学会第十二届年会暨第八届中美食品业高层论坛论文摘要集［C］. 中国食品科学技术学会, 美国食品科技学会, 2015: 2.

［52］于晓磊. 加工工艺对挂面干燥过程水分状态变化的影响研究［A］//中国食品科学技术学会. 中国食品科学技术学会第十三届年会论文摘要集［C］. 中国食品科学技术学会, 2016: 2.

［53］朱文学. 食品干燥原理与技术［M］. 北京: 科学出版社, 2009.

第六章

挂面干燥过程的数学模型及数值模拟

第一节　挂面干燥过程中的水分传递机制研究

　　干燥过程是脱除物料内部水分的过程，也是挂面生产过程中的关键工序。对挂面干燥工艺的分析，由于无标准化的车间设计，生产企业多数以经验为主，并根据积累的经验调节工艺参数，而实验室的研究也仅以有限组的试验，开展挂面干燥工艺优化，对挂面干燥过程中水分传递机制和热量传递机制认识不足。研究挂面干燥过程中的水分传递机制，是研究挂面干燥的重要基础，可为挂面干燥工艺的优化提供理论依据。

　　挂面的主要组成成分是淀粉和蛋白质，它们是影响挂面中水分吸附特性的两个主要成分，也是影响挂面干燥过程的重要因素。为了研究这两种原料组分及其比例对挂面干燥过程水分传递的影响，本节固定小麦淀粉和谷朊粉两种原料，以不同质量配比制作预混粉，加水制成面条，并对面条进行热风干燥，分析谷朊粉和淀粉含量对挂面干燥过程的影响。

一、材料与方法

（一）试验材料

　　试验所选的原料分别为谷朊粉、小麦淀粉、蒸馏水和 NaCl，其相关参数见表 6-1。

表6-1　　　　　　　　　　　　试验材料的来源和基本属性

名称	公司	备注
谷朊粉	河南省莲花味精集团有限公司	干基蛋白质含量86.3%，干基含水率8.09%
小麦淀粉	河南省莲花味精集团有限公司	干基蛋白质含量0.3%，干基含水率12.23%
蒸馏水	中国农业大学西校区	—
NaCl	国药集团化学试剂有限公司	分析纯

注：蛋白质含量通过凯氏定氮法测得。

（二）仪器与设备

挂面干燥试验在课题组与苏州纽迈分析仪器股份有限公司联合开发的食品水分分析技术平台（参见第二章图2-2）上进行，试验所需的仪器设备见表6-2。试验所需的其他设备和工具还包括测厚规、游标卡尺、烘干铝盒、自封袋等。

表6-2　　　　　　　　　　　　面条干燥试验所需的设备

名称	型号	公司
低场核磁共振仪	NMI20-030H-I	上海纽迈电子科技有限公司
电子天平	FB224	上海舜宇恒平科学仪器有限公司
和面机	JHMZ 200	北京东孚久恒仪器技术有限公司
压面机	MT5-215	南京扬子粮油食品机械有限公司
试验面条机	JMTD-168/140	北京东方孚德技术发展中心
重量记录天平	Balance Link 2.20	梅特勒-托利多集团
电热鼓风干燥箱	DHG-9140A	上海精宏试验设备有限公司
扫描电镜	JSM-6510LV	日本电子株式会社
喷金仪	JFC-1600	日本电子株式会社

（三）试验方法

为了充分体现蛋白质或淀粉对面条干燥过程的影响，本节以谷朊粉和小麦淀粉两种原料预混制作模型面条。在设计谷朊粉的添加量水平时，本节参考了张玉良等（1995）对国内11437份小麦品种资源的蛋白质含量的研究，发现国内小品种的蛋白质含量范围为7.5%~23.7%。在试验设计时，谷朊粉与总重量的比值分别设置为10%、12.5%、15%、17.5%、20%、22.5%和25%，对应的蛋白质含量分别为8.2%、

10.2%、12.2%、14.2%、16.2%、18.2% 和 20.2%（表 6-3）。另外，企业在实际生产过程中，初始含水率为 30% 左右，当蛋白质含量大于 20% 时，这种低含水率无法制得合格的面条。综上，本节仅选择了 10%~25% 的谷朊粉含量水平进行试验。

不同谷朊粉含量的面条的最优加水量有差异，所以面条的含水率设置了三个水平，分别为 30%、32%、34%。

面条干燥试验的基本流程为：谷朊粉 / 小麦淀粉→混匀获得预混粉→和面制面絮→面絮压成面带→面带醒面→连续压延→切面成条→上架干燥→定时取样测定→干燥结束。

表 6-3　　　　　　　　　不同配比面条的谷朊粉与小麦淀粉添加量

参数	谷朊粉添加比例 /%						
	10.0	12.5	15.0	17.5	20.0	22.5	25.0
蛋白质含量 /%	8.2	10.2	12.2	14.2	16.2	18.2	20.2
谷朊粉添加量 /g	20	25	30	35	40	45	50
淀粉添加量 /g	180	175	170	165	160	155	150

1. 面条制备

根据谷朊粉 / 小麦淀粉的不同质量配比（表 6-3），将两种原料充分混合 5min。然后将混合后的面粉倒入和面机，加入溶解有 2g NaCl 的适量蒸馏水。启动和面机，和面 4 min，形成大小均匀的面絮，将面絮在试验面条机上进行复合压延。面条压延工序为：轴间距 3mm 压延三次，其中，直接压延一次，对折压延两次；然后放入自封袋醒发 30min。醒发结束后，调整压辊间距至 2、1.5、1、0.7mm，分别再压延一次，最后采用 2mm 宽的面刀切面，并利用游标卡尺测定湿面条的宽度和厚度，保证面条厚度和宽度约为 2mm。

表 6-4　　　　　　　谷朊粉 / 小麦淀粉不同配比面条的含水率

参数	谷朊粉配比 /%						
	25.0	22.5	20.0	17.5	15.0	12.5	10.0
含水率 /%	—	34	34	34	34	34	34
	—	32	32	32	32	—	—
	30	30	30	30			

当小麦淀粉含量较大时，面团面筋网络的形成不充分，断条现象严重或根本无法压成表面光滑的面带；当谷朊粉含量较大时，面筋蛋白吸水太快而形成面团，无法形成大小均匀的面絮。这两个原因均不能制成水分均匀分布、表面光滑的面条。因此，最终的试验方案如表 6-4 所示。

2. 干燥试验

干燥条件为干燥温度 40℃、相对湿度 75%、干燥时间为 240min。试验在食品水分分析技术平台上开展，该平台通过温湿度传感器实时监控并稳定干燥介质条件。平台的恒温恒湿箱内放置两架挂面，靠内侧的一架挂面实时测定面条的质量变化，而靠外侧的一架挂面仅用于取样测定其他参数，以减少取样操作对试验质量和稳定性的影响。干燥初期，面条脱水较快，取样时间间隔设置为 20min（0~1h）、30min（1~3h）、1h（3~4h），并分别计算含水率、干燥速率和水分比等参数。

3. 水分结合状态及水分分布的测定

利用低场核磁共振分析仪测定挂面干燥过程中的水分结合状态及分布（每个样品重复三次）。采用 CPMG 序列测定面条干燥过程中不同干燥时刻的横向弛豫时间 T_2，采用 SE 序列测定相应干燥时刻的面条横断面的质子密度图像。

CPMG 序列参数为：主频 SF=21MHz，偏移频率 O1=40189.71Hz，90 度脉冲时间 P1=2μs，180 度脉冲时间 P2=3μs，采样点数 TD=10104，采样频率 SW=100.00kHz，重复采样等待时间 TW=1000ms，重复采样次数 NS=64，回波个数 NECH=1000，回波时间 TE=0.101ms。

SE 序列参数为：切片宽度（Slice width）=5.8mm，切片间隙（Slice Gap）=0.5mm，重复采样等待时间 TR=100ms，回波时间 TE=6ms，累加次数 NS=16，读取大小（Read Size）=256，相位大小（Phase Size）=192。

同时，还测定了面粉、面絮及不同醒发时间（0、10、20、30、40min）面条的横向弛豫时间 T_2。

4. 扫描电镜观察

本节采用扫描电镜观察了不同蛋白质配比挂面的内部结构，以辅助解释干燥过程中的水分传递。取不同蛋白质配比的挂面样品，浸入戊二醛溶液固定，再采用冷冻干燥法进行干燥。然后，将样品放入喷金仪进行表面喷金处理。最后，通过扫描电镜分别在 300 倍和 1000 倍视野下观察挂面样品的断面和表面的微观结构。

（四）数据处理方法

采用 Excel 2010 进行数据处理，数据采用"平均值 ± 标准差"的方法表示，采用 Origin 8.0 进行图表绘制，采用 SPSS 22.0 对数据进行单因素方差分析。

二、结果与分析

（一）不同蛋白质配比的鲜面条中水分结合状态

根据表 6-5 中鲜面条内部水分的横向弛豫时间可以看出，鲜面条中的水分可分为三组，这与很多研究人员的研究结果相似，如面包（Chen 等，1997；Derde 等，2014）、面粉模型系统（Bosmans 等，2012）、饼干面团（Assifaoui 等，2006）等。根据水分结合能力的强弱，面条内部的水分可分为三类，分别是强结合水、弱结合水和自由水、它们的横向弛豫时间分别用符号 T_{21}、T_{22} 和 T_{23} 来表示，且 $T_{21} < T_{22} < T_{23}$。

强结合水的横向弛豫时间 T_{21} 最小，其变化范围为 0.20~0.58ms，它主要代表无定形淀粉及与面筋蛋白中限制性水分弱结合的 CH 质子（Bosmans 等，2012）。该部分所反映的水分与面条结合最紧密，也是干燥过程中最难去除的水分。弱结合水的横向弛豫时间 T_{22} 的变化范围为 4.04~6.90ms，该部分代表与面条内部结构弱结合的质子，如在淀粉晶体内部与淀粉羟基质子结合的限制性水分的质子（Derde 等，2014；Assifaoui 等，2006；Tang 等，2001a；Tang 等，2001b）。这类水分与面条的结合能力相对较弱，可以在干燥过程中逐渐被脱除。自由水的横向弛豫时间 T_{23} 最大，其变化范围也较大，为 117.23~533.67ms，它代表与淀粉颗粒表面羟基结合的移动性较强的水质子，以及在面筋网络周围的水质子（Kim 等，2001；Hemdane 等，2017）。

表 6-5　　　　　　　　　　鲜面条的水分结合状态及对应峰面积

含水率 /%	谷朊粉含量 /%	横向弛豫时间 /ms			各状态水峰面积百分比 /%		
		T_{21}	T_{22}	T_{23}	A_{21}	A_{22}	A_{23}
30	25.0	0.35 ± 0.04	4.87 ± 0.40	117.23 ± 3.19	11.80 ± 1.36	87.60 ± 1.76	1.01 ± 0.16
	22.5	0.33 ± 0.13	4.37 ± 0.31	285.56 ± 105.47	12.49 ± 2.94	86.84 ± 2.70	0.58 ± 0.07
	20.0	0.44 ± 0.20	4.24 ± 0.35	533.67 ± 0.00	7.26 ± 1.72	93.08 ± 2.62	0.57 ± 0.00
	17.5	0.20 ± 0.07	4.04 ± 0.00	384.77 ± 112.27	17.20 ± 8.57	82.55 ± 8.59	0.36 ± 0.26
32	22.5	0.31 ± 0.07	5.34 ± 0.00	171.19 ± 55.14	11.59 ± 1.75	87.78 ± 1.71	0.68 ± 0.23
	20.0	0.34 ± 0.07	5.34 ± 0.00	464.16 ± 0.00	9.52 ± 0.57	90.21 ± 0.52	0.09 ± 0.00
	17.5	0.33 ± 0.03	4.83 ± 0.18	348.71 ± 163.27	8.84 ± 0.27	90.57 ± 0.13	0.79 ± 0.26
	15.0	0.26 ± 0.08	4.57 ± 0.12	228.69 ± 108.47	10.13 ± 1.94	88.81 ± 2.79	0.44 ± 0.45

续表

含水率 /%	谷朊粉含量 /%	横向弛豫时间 /ms			各状态水峰面积百分比 /%		
		T_{21}	T_{22}	T_{23}	A_{21}	A_{22}	A_{23}
34	22.5	0.49 ± 0.23	6.90 ± 0.27	174.75 ± 0.00	11.21 ± 3.84	88.02 ± 4.61	0.14 ± 0.00
	20.0	0.29 ± 0.04	6.60 ± 0.46	464.16 ± 0.00	7.44 ± 0.39	93.48 ± 2.21	0.42 ± 0.00
	17.5	0.58 ± 0.13	6.24 ± 0.18	—	7.47 ± 1.08	92.38 ± 1.03	—
	15.0	0.50 ± 0.15	6.14 ± 0.00	—	7.84 ± 0.95	91.77 ± 0.99	—
	12.5	0.32 ± 0.05	5.49 ± 0.59	231.01 ± 0.00	12.70 ± 7.19	87.08 ± 7.15	0.01 ± 0.00
	10.0	0.45 ± 0.10	5.34 ± 0.00	—	6.30 ± 0.98	93.00 ± 1.32	—

从表 6-5 还可以看出，强结合水和弱结合水几乎占据了总水分的 98%，且 80% 以上的水分是弱结合水，而自由水比例小于 1%。这主要是因为挂面中的含水率相对较低，水分主要与蛋白质或淀粉结合，水分的移动性受到了限制，移动性较强的水分相对较少，横向弛豫时间总体偏低。通过进一步分析发现，T_{21}、T_{23} 及所有的峰面积均与谷朊粉含量、含水率无明显的相关关系，而 T_{22} 受这两个因素的影响较明显，这与 Lu 等（2013）的试验结果一致。T_{22} 随着谷朊粉含量和含水率增加而升高，表明在鲜面条中，水分与淀粉的结合能力可能比与面筋网络的结合能力更强，这与 Bushuk 等（1957）的试验结果一致。当含水率为 34%、谷朊粉含量降低至 17.5% 以下时，鲜面条中 T_{23} 信号更弱，甚至消失，这进一步验证了淀粉与水的结合能力可能会更强。

（二）挂面制作过程中的水分结合状态

从图 6-1 可知，在加入水分和面之前，面粉中的水分主要以强结合水为主，它占据了总水分的 96%。经过和面和压延后，水分结合状态发生了变化，面絮中弱结合水的占比甚至达到了 96%。醒发时间为 0~40min 时，面絮及面带中的弱结合水横向弛豫时间均稳定在 6.13~7.05ms，峰比例也均稳定在 95% 以上，这说明压延和醒发等工艺对面絮及面带中的水分结合状态影响很小。通过分析不同加工工艺对面条中 T_2 值的影响，可以为和面加水量的确定，提供一个更为科学合理的方法，即保证所有添加的水分均用于淀粉和面筋蛋白的吸水，保证面筋网络充分形成，这既保证了水分的充分利用，又不会消耗更多的能量来干燥面条中多余的自由水。这也是保证面条品质的前提下，从干燥的角度优化和面加水量的一种方法。

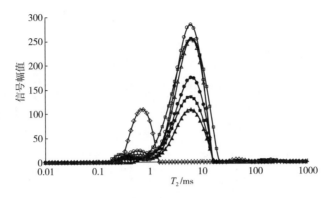

图 6-1　挂面制作过程中水分状态变化

◇ 面粉　　□ 面絮
■ 醒发0min　△ 醒发10min　▲ 醒发20min　○ 醒发30min　● 醒发40min

（三）挂面干燥过程中的水分结合状态及分布

图 6-2 表示谷朊粉含量为 17.5%、初始含水率为 30% 的挂面在干燥过程中的 T_2 谱变化。随着干燥时间的延长，T_{22} 逐渐减小，且在其他含水率和谷朊粉含量的情况下，也表现出了相同的变化趋势。在初始干燥阶段，T_{22} 的波动范围为 4~6ms，干燥 1h 后，T_{22} 降至 2~3ms，干燥 1.5h 时，T_{22} 降至 1~1.7ms，1.5h 后，T_{22} 基本维持稳定。这可能是因为在干燥过程中，与淀粉羟基结合的水质子逐渐从淀粉晶体空间内部迁移出来，与无定形淀粉及面筋网络的 CH 质子结合。所以，内部的剩余水分与挂面的结合更加紧密，T_{22} 逐渐降低，水分更难以从挂面内部脱除。

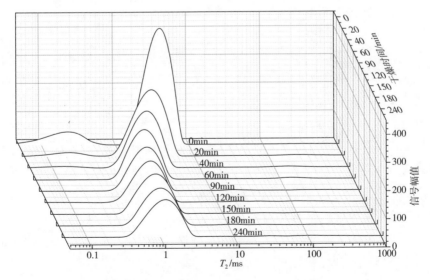

图 6-2　挂面干燥过程中水分结合状态变化

在干燥的中期和后期，挂面的 T_2 谱中出现了 T_{23} 峰（图 6-2），说明水分移动的自由度增大。这可能是由于在干燥前期，水分主要以与面筋蛋白结合或在淀粉结晶内部为主，结合程度比较紧密，横向弛豫时间较小。而干燥过程中挂面内部产生了微小孔道，脱离面筋网络或淀粉结晶的水分向外迁移时，在孔道中由液态水蒸发变成水蒸气，以气态形式存在，横向弛豫时间增大，孔道中的水蒸气产生了 T_{23} 峰，这反映了面条干燥过程中水分传递也以水蒸气的形式存在。这说明挂面干燥过程中，水分可通过水蒸气的形式从内部微观孔道向挂面表面传递，所以可通过提高干燥介质温度以增加挂面内部的蒸汽压，促进水分从挂面内部向表面迁移并排除水分，从而达到快速干燥的目的。但在对样品的实际测定过程中，操作要非常迅速，不能长时间放置在空气中暴露，否则水蒸气遇冷冷凝并将被挂面吸附，无法检测到自由度较高的 T_{23} 峰。

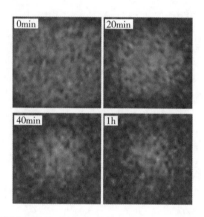

图 6-3　挂面干燥过程的水分分布（含水率 34%、蛋白质含量 22.5%）

图 6-3 表示 0~1h 内不同干燥时刻的挂面横截面的质子密度图，白色表示挂面中的水分信号，白色亮度越高，表示含水率越大。由图 6-4 可知，干燥前，水分均匀地分布在鲜面条的各个位置；干燥开始后，挂面最外侧的水分首先散失，并在挂面表面和中心之间形成一个明显的界面，即干燥前沿。在干燥前沿内部，含水率较高，而干燥前沿外部，含水率较低。随着干燥的进行，干燥前沿逐渐向挂面的几何中心退缩，这类似于蒸发前沿退缩理论，但并非是真实存在的水分蒸发界面，仅反映了挂面干燥过程中的水分分布。为了与蒸发前沿区别，称其为干燥前沿。干燥前沿附近的水分梯度较大，而高水分梯度会引起挂面机械特性的差异，如湿应力的差异，进而引起挂面的品质问题，如弯曲、劈条等质量劣变（Hou，2010）。通过质子密度图可以观察到挂面内部的水分分布，更好地确定最优的干

燥条件,保证干燥过程中水分分布比较均匀,降低干燥引起的质量问题。

另外,由于挂面尺寸小、含水率低,干燥1h后其含水率更低,此时低场核磁共振分析仪检测到的水分信号更微弱,信噪比非常小,质子密度图不适宜进行分析。因此,更高分辨率和更低检测限的低场核磁共振设备,也是深入研究挂面干燥过程的重要保证。

(四)谷朊粉含量对挂面干燥过程的影响

从表6-6可知,谷朊粉对最终含水率无显著影响,但谷朊粉含量以及谷朊粉与初始含水率的交互作用对总干燥速率有显著影响。从图6-4可知,挂面含水率随干燥时间的延长而逐渐减小,谷朊粉含量的增大阻碍了水分从挂面内部向外部传递的速度。不同谷朊粉含量挂面干燥曲线之间的差异,主要表现在干燥40~160min阶段。谷朊粉含量越大,干燥速率越小。这可能是因为随着谷朊粉含量的增加,形成了更多的面筋网络,增大了水分迁移的阻力,降低了水分迁移速度。通过方差分析发现,谷朊粉含量仅在干燥60和90min对干燥速率有显著影响($P<0.05$),说明谷朊粉主要在干燥的中间阶段对挂面干燥速率产生影响。

表6-6 挂面干燥特性的方差分析

因素	最终含水率	干燥速率
初始含水率	0.122	30.914[**]
谷朊粉含量	0.242	5.414[*]
初始含水率 × 谷朊粉含量	0.125	5.658[*]

注: * 表示在0.05水平上显著;** 表示在0.01水平上极显著。

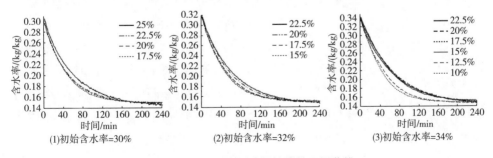

图6-4 不同谷朊粉含量挂面的干燥曲线

当初始含水率为 30% 时，谷朊粉含量处于 17.5%~22.5% 时，谷朊粉含量对干燥速率的影响较小；谷朊粉含量为 25% 时，干燥速率均小于其他谷朊粉含量的干燥速率。这主要是由于当谷朊粉含量增加至 25% 时，谷朊粉含量较高，和面加水时，大量水分被面筋蛋白竞争性吸附，形成水分和大小分布不均匀的面絮，即使压制成面带，也不能形成水分、蛋白质等均匀分布的面条，水分被致密的面筋网络所限制，造成水分迁移受阻。Umbach 等（1992）也发现面筋网络结合或困住水分的能力比淀粉强，从而降低水分子的移动性。当谷朊粉含量为 17.5%~22.5% 时，面筋网络的竞争性吸附效应减弱，水分能够相对均匀地被面筋蛋白和淀粉吸附，所以干燥速率之间的差异相对较小。

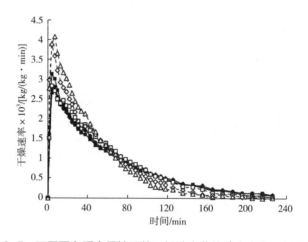

图 6-5　不同蛋白质含量挂面的干燥速率曲线（含水率 =34%）

■— 22.5%　◆— 20%　▲— 17.5%
-□- 15%　　-◇- 12.5%　-△- 10%

当初始含水率为 32% 时，面筋蛋白和淀粉吸附水分的能力比 30% 时更加均匀，当初始含水率增加至 34% 时，谷朊粉含量对干燥速率的影响更显著。由图 6-5 可知，在干燥时间为 0~60min 时，谷朊粉含量越低，干燥速率越大，但干燥 60min 后，谷朊粉含量越高，干燥速率越大。尤其当谷朊粉含量低于 12.5% 时，由于面筋蛋白含量太少，不能形成良好的面筋网络，且淀粉含量较大，干燥前淀粉粒吸水膨胀，孔道较小，水分迁移阻力相对较大，而干燥过程中淀粉粒失水收缩，形成较大的孔道，水分迁移阻力减小。同时，蛋白质对水分的吸附能力比淀粉强，所以干燥 0~60min，脱水主要是淀粉中水分的散失，而干燥 60min 后，脱水主要以蛋白质中水分的脱除为主。所以，蛋白质含量越高，干燥后期的干燥速率越大。

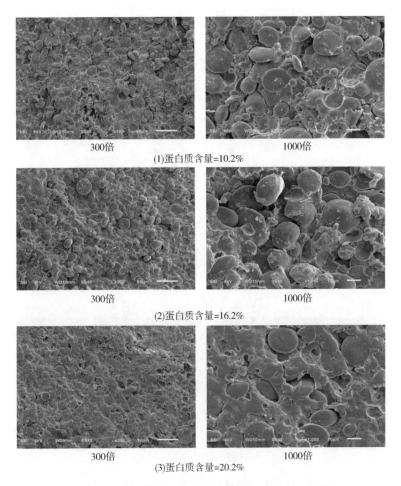

300倍　　　　　　　　　　1000倍

(1)蛋白质含量=10.2%

300倍　　　　　　　　　　1000倍

(2)蛋白质含量=16.2%

300倍　　　　　　　　　　1000倍

(3)蛋白质含量=20.2%

图6-6　不同蛋白质含量挂面的扫描电镜图像（表面）

另外，通过测定不同谷朊粉含量挂面的孔隙度参数发现，孔隙率和比孔容均随谷朊粉含量的增加而降低，并呈良好的线性相关性，通过对挂面表面和横断面用扫描电镜成像，进一步明确了单位质量或体积挂面内部的孔道或空间逐渐减小（图6-6和图6-7）。从扫描电镜图像可以看出，当谷朊粉含量较低时，淀粉粒虽被面筋网络包裹，但有一定的缝隙，包裹比较松散［图6-6（1）和图6-7（2）］；但当谷朊粉含量较高时，淀粉粒被嵌入结实而致密的面筋网络骨架，被包裹的更加紧密，当挂面被掰断时，其截面处的淀粉粒由于被面筋网络紧密包裹而不能被完整的剥离，而被分成两半，甚至在断面处不存在一个完整的淀粉粒。由于高谷朊粉含量引起孔隙率降低，参与扩散的水蒸气减少，且致密的微观结构又阻碍了水蒸气的传递，导致整体干燥速率降低（Waananen等，1996）。

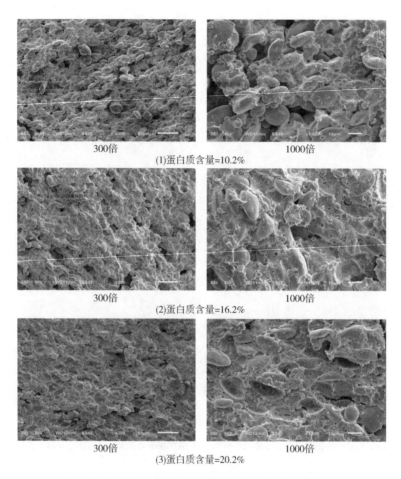

300倍　　　　　　　　　　1000倍
(1)蛋白质含量=10.2%

300倍　　　　　　　　　　1000倍
(2)蛋白质含量=16.2%

300倍　　　　　　　　　　1000倍
(3)蛋白质含量=20.2%

图6-7　不同蛋白质含量挂面的扫描电镜图像（断面）

（五）初始含水率对挂面干燥过程的影响

从表6-7可知，初始含水率对最终含水率无显著影响，但对总干燥速率具有极显著影响，谷朊粉与初始含水率的交互作用对总干燥速率有显著影响。从图6-8也可以明显地看到这个规律，当干燥至240min时，不同谷朊粉含量挂面的最终含水率几乎一致。

表6-7　　　　　　　　　　初始含水率对干燥特性的影响

谷朊粉含量/%	初始含水率/%	最终含水率×10²/（kg/kg）	干燥速率×10⁴/［kg/（kg·min）］
22.5%	30%	17.40 ± 1.00ᵃ	10.44 ± 0.42ᵃ
	32%	17.53 ± 0.37ᵃ	12.06 ± 0.15ᵇ
	34%	17.29 ± 0.31ᵃ	13.85 ± 0.13ᶜ

续表

谷朊粉含量 /%	初始含水率 /%	最终含水率 ×10²/（kg/kg）	干燥速率 ×10⁴/［kg/（kg·min）］
20.0%	30%	17.30 ± 0.13^a	10.48 ± 0.05^a
	32%	17.65 ± 0.36^a	12.19 ± 0.15^b
	34%	17.53 ± 0.38^a	14.10 ± 0.16^c
17.5%	30%	17.71 ± 0.76^a	10.28 ± 0.32^a
	32%	18.26 ± 0.26^a	11.67 ± 0.11^b
	34%	17.79 ± 0.64^a	13.92 ± 0.27^c

注：字母不同表示同一列数据之间存在显著性差异（$P<0.05$）。

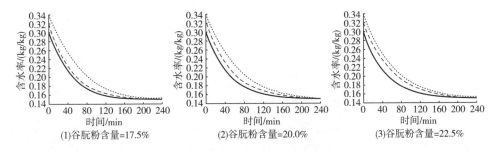

(1)谷朊粉含量=17.5%　　(2)谷朊粉含量=20.0%　　(3)谷朊粉含量=22.5%

图 6-8　不同初始含水率挂面的干燥曲线

——30%　　- - -32%　　……34%

从图 6-9 可以看出，与谷朊粉含量对干燥速率的影响不同，初始含水率在前 40min 对干燥速率的影响非常小。当初始含水率为 30% 时，干燥速率下降速度最快，而当初始含水率为 34% 时，干燥速率下降速度最慢，即初始含水率为 34% 的挂面的干燥速率最大，且一直维持到干燥结束。结果表明多添加到挂面中的水分，更容易在干燥过程中被脱除。而从图 6-2 可以看出，干燥 40min 后，T_{22} 值变化较小。在初始干燥阶段，含水率较高，大部分水分与挂面的结合能力相对较弱。干燥 40min 后，大量的水分从挂面内部迁移到周围的空气中，对于不同初始含水率的挂面，此时剩余水分与挂面的结合能力相近，T_{22} 变化较小。通过方差分析也发现，干燥 40min 后，初始含水率对干燥速率有显著影响（$P<0.05$），说明初始含水率对干燥速率的影响主要体现在干燥的中期和后期阶段。

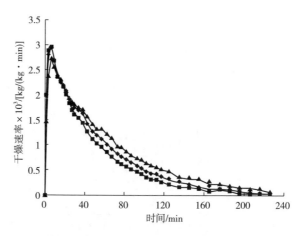

图 6-9　不同初始含水率挂面的干燥速率曲线（谷朊粉含量 =20%）

—■— 30%　—◆— 32%　—▲— 34%

三、小结

本节测定了不同谷朊粉含量挂面的热物理参数，分析了谷朊粉含量及初始含水率对鲜面条、制面过程及干燥过程中水分结合状态的影响。结果表明，挂面内部水分可分为三类，包括强结合水、弱结合水和自由水，其中弱结合水占比最大，也是干燥脱水的主要部分。通过对挂面干燥过程的分析发现，与谷朊粉相比，小麦淀粉与水分结合更紧密，但干燥过程中，水分传递会较大地依赖挂面内部的孔道网络，而高谷朊粉含量会降低孔隙率，增加挂面内部结构的致密程度，阻碍水分的迁移，即鲜面条中，小麦淀粉含量对水分的结合能力影响较大，而在干燥脱水时，谷朊粉含量对水分传递影响更大。

第二节　挂面干燥过程的湿热传递数学模型

如何认识挂面内部水分的存在状态及迁移途径，是当前研究挂面干燥过程水分迁移的主要限制因素。低场核磁共振分析技术虽为挂面内部水分的时间和空间分布的测定提供了方法，但限于挂面内部水分低的不利因素，获取的信号强度较弱，信噪比较小，造成质子密度图的成像质量不佳。因此，在试验技术受限制的情况下，建立能够准确描述挂面干燥过程的湿热传递数学模型，模拟挂面的干燥过程，可节省大量的试验时间和试验原料，更可以直观地观察挂面干燥过程中的含水率和温度变化，进一步认识挂面干燥过程，以便于快速优化干燥工艺，降低生产能耗，提高产品质量。

一、干燥过程湿热传递数学模型的建立

将挂面假设为虚拟连续介质体，认为挂面是由骨架及充满空气和水蒸气的混合气体组成，孔隙分布均匀。采用局部非平衡方法对挂面的干燥过程建立数学模型，认为挂面骨架和孔道中气体温度未达到平衡，颗粒的水分浓度和气体的水分浓度也未达到平衡；采用达西定律描述气体在挂面骨架中的流动状态，并考虑各参数和变量之间的耦合影响，最终建立挂面温度和含水率、空气温度和相对湿度的三维四参数的挂面干燥过程湿热耦合传递数学模型。

精确的挂面干燥数学模型非常复杂，涉及传热、传质、气体流动、应力变形等问题，为了简化计算，对研究过程作了如下基本假设。

（1）认为挂面是均匀分布、各向同性的连续介质；

（2）气体看作是理想气体，不可压缩；

（3）忽略颗粒之间或颗粒与气体之间的热辐射；

（4）挂面内部孔道连通；

（5）干燥过程中挂面的孔隙率不发生变化。

根据质量和能量守恒定律，采用欧拉法来推导挂面骨架和气体的湿热传递控制方程，并给出气体在挂面内部的运动方程。要建立包括挂面温度 T_p 和含水率 M、气体温度 T_a 和相对湿度 Y 的四参数模型，就要建立四个控制方程，分别涵盖上述四个参数，这样的方程组才能得到有效的求解。

首先，在挂面多孔介质区域中，任选一个由空间点组成的固定不动的平行六面体，作为质量和能量衡算的微元体，其棱边 dx、dy、dz 分别平行于相应的坐标轴，如图 6-10 所示。

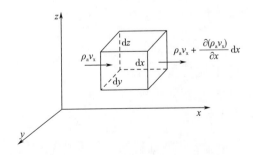

图 6-10　三维直角坐标系中的微元体

（一）气体相水分控制方程

1. 气体流动流出微元体的水分质量

沿 x 轴方向，单位时间通过左侧面流入微元体的水分质量为：

$$\rho_a \varepsilon Y v_x \mathrm{d}y\mathrm{d}z \tag{6-1}$$

式中　　ρ_a——空气的密度，kg/m^3；

　　　　ε——微元体的孔隙率，%；

　　　　Y——湿空气中水分的质量浓度，kg/kg；

　　　　v_x——气体在 x 方向上的速度分量，m/s。

假设气体为不可压缩流体，则在 $x+\mathrm{d}x$ 位置，单位时间通过右侧面流出微元体的水分质量为：

$$\left[\rho_a \varepsilon Y v_x + \frac{\partial(\rho_a \varepsilon Y v_x)}{\partial x}\mathrm{d}x\right]\mathrm{d}y\mathrm{d}z \tag{6-2}$$

将式（6-1）和式（6-2）作差，则沿 x 轴方向净流出微元体的水分质量为：

$$\left[\rho_a \varepsilon Y v_x + \frac{\partial(\rho_a \varepsilon Y v_x)}{\partial x}\mathrm{d}x\right]\mathrm{d}y\mathrm{d}z - \rho_a \varepsilon Y v_x \mathrm{d}y\mathrm{d}z = \frac{\partial(\rho_a \varepsilon Y v_x)}{\partial x}\mathrm{d}x\mathrm{d}y\mathrm{d}z \tag{6-3}$$

同理，沿 y 轴方向和 z 轴方向净流出微元体的水分质量分别为：

$$\frac{\partial(\rho_a \varepsilon Y v_y)}{\partial y}\mathrm{d}x\mathrm{d}y\mathrm{d}z \tag{6-4}$$

$$\frac{\partial(\rho_a \varepsilon Y v_z)}{\partial z}\mathrm{d}x\mathrm{d}y\mathrm{d}z \tag{6-5}$$

由式（6-4）、式（6-5）知，则整个微元体内净流出的水分质量为：

$$\left[\frac{\partial(\rho_a \varepsilon Y v_x)}{\partial x} + \frac{\partial(\rho_a \varepsilon Y v_y)}{\partial y} + \frac{\partial(\rho_a \varepsilon Y v_z)}{\partial z}\right]\mathrm{d}x\mathrm{d}y\mathrm{d}z = \nabla \cdot (\rho_a \varepsilon Y v) \tag{6-6}$$

式中　　v——速度向量场。

2. 挂面内水分蒸发而进入微元体的水分质量

t 时间内通过水分蒸发而进入气体的水分质量为：

$$-\rho_{pd}(1-\varepsilon)\frac{\partial M}{\partial t}\mathrm{d}x\mathrm{d}y\mathrm{d}z \tag{6-7}$$

式中　　ρ_{pd}——挂面的绝干密度，kg/m^3；

　　　　M——挂面的干基含水率，kg/kg。

3. 气体通过水分扩散净流入微元体的水分质量

假设通过单位时间单位面积所迁移的水分质量为 $\dfrac{J}{S}$，则通过 yz、xz、xy 截面以扩散的方式进入微元体的净质量速率为：

$$-\left[\frac{\partial (J/S)_x}{\partial x} + \frac{\partial (J/S)_y}{\partial y} + \frac{\partial (J/S)_z}{\partial z}\right] \mathrm{d}x\mathrm{d}y\mathrm{d}z \tag{6-8}$$

假设这部分质量仅是通过水分扩散所传递的，根据菲克定律可得：

$$\left(\frac{J}{S}\right)_x = -\varepsilon D_x \frac{\partial (\rho_a Y)}{\partial x} \tag{6-9a}$$

$$\left(\frac{J}{S}\right)_y = -\varepsilon D_y \frac{\partial (\rho_a Y)}{\partial y} \tag{6-9b}$$

$$\left(\frac{J}{S}\right)_z = -\varepsilon D_z \frac{\partial (\rho_a Y)}{\partial z} \tag{6-9c}$$

式中　　J——质量流量，kg/s；

$\qquad$ S——经过的面积，m^2；

$\qquad$ Y——湿空气中水分的质量浓度，kg/kg；

D_x、D_y、D_z——x、y、z 方向水分在空气中的扩散系数分量，m^2/s。

将式（6-9）代入式（6-8）得：

$$\left[\frac{\partial \left(\varepsilon D_x \dfrac{\partial (\rho_a Y)}{\partial x}\right)}{\partial x} + \frac{\partial \left(\varepsilon D_y \dfrac{\partial (\rho_a Y)}{\partial y}\right)}{\partial y} + \frac{\partial \left(\varepsilon D_z \dfrac{\partial (\rho_a Y)}{\partial z}\right)}{\partial z}\right] \mathrm{d}x\mathrm{d}y\mathrm{d}z \tag{6-10}$$

又由于本节假设微元体为各向同性均匀介质，所以 $D_x = D_y = D_z = D$。

于是，式（6-10）可化为：

$$\varepsilon D \left[\frac{\partial^2 (\rho_a Y)}{\partial x^2} + \frac{\partial^2 (\rho_a Y)}{\partial y^2} + \frac{\partial^2 (\rho_a Y)}{\partial z^2}\right] \mathrm{d}x\mathrm{d}y\mathrm{d}z \tag{6-11}$$

即

$$\nabla \cdot \left[\varepsilon D \nabla (\rho_a Y)\right] \tag{6-12}$$

4. 微元体孔道内水分质量的累积

t 时刻，微元体内孔道中的水分质量为：

$$\varepsilon \rho_a Y \mathrm{d}x\mathrm{d}y\mathrm{d}z \tag{6-13}$$

经过 $\mathrm{d}t$ 时间后，微元体内的质量为：

$$\left(\varepsilon \rho_a Y + \frac{\partial (\varepsilon \rho_a Y)}{\partial t}\mathrm{d}t\right) \mathrm{d}x\mathrm{d}y\mathrm{d}z \tag{6-14}$$

则在 $\mathrm{d}t$ 时间内，微元体内孔道中总的水分的质量累积速率为：

$$\frac{\left(\varepsilon\rho_a Y + \dfrac{\partial(\varepsilon\rho_a Y)}{\partial t}dt\right)dxdydz - \varepsilon\rho_a Ydxdydz}{dt} = \frac{\partial(\varepsilon\rho_a Y)}{\partial t}dxdydz \tag{6-15}$$

5. 平衡式

综合式（6-6）、式（6-7）、式（6-12）、式（6-15），得到孔道中气体水分的控制方程为：

$$\frac{\partial(\varepsilon\rho_a Y)}{\partial t} = \nabla \cdot (\varepsilon\rho_a D \nabla Y) - \nabla \cdot (\varepsilon\rho_a Y v) - (1 - \varepsilon)\rho_{pd}\frac{\partial M}{\partial t} \tag{6-16}$$

对式（6-16）左侧的第一项展开，即

$$\frac{\partial(\varepsilon\rho_a Y)}{\partial t} = \varepsilon\left(\rho_a \frac{\partial Y}{\partial t} + Y\frac{\partial \rho_a}{\partial t}\right) \tag{6-17}$$

对式（6-16）右侧的第二项，利用标量与向量乘积的散度的向量恒等式展开，则：

$$\nabla \cdot (\varepsilon\rho_a Y v) = Y\nabla \cdot (\varepsilon\rho_a v) + \nabla(\varepsilon\rho_a Y) \cdot v \tag{6-18}$$

然后将式（6-17）、式（6-18）分别带入式（6-16），得：

$$\varepsilon\rho_a \frac{\partial Y}{\partial t} + Y\frac{\partial(\varepsilon\rho_a)}{\partial t} + Y\nabla \cdot (\varepsilon\rho_a v) + \nabla(\varepsilon\rho_a Y) \cdot v = \nabla \cdot (\varepsilon\rho_a D \nabla Y) - (1 - \varepsilon)\rho_{pd}\frac{\partial M}{\partial t} \tag{6-19}$$

由连续性方程 $\dfrac{\partial(\varepsilon\rho_a)}{\partial t} + \nabla \cdot (\varepsilon\rho_a v) = 0$，式（6-19）可化简为：

$$\varepsilon\rho_a \frac{\partial Y}{\partial t} + \nabla(\varepsilon\rho_a Y) \cdot v = \nabla \cdot (\varepsilon\rho_a D \nabla Y) - (1 - \varepsilon)\rho_{pd}\frac{\partial M}{\partial t} \tag{6-20}$$

（二）气体相热量控制方程

1. 气体流动流出微元体的热量

在 x 位置，单位时间内沿 x 轴正方向通过 $dydz$ 平面的左侧面进入微元体的质量为 $\varepsilon\rho_a v_x dydz$，则带入的热量为：

$$E\varepsilon\rho_a v_x dydz \tag{6-21}$$

式中　　E——单位质量湿空气所具有的热量，J/kg。

热量 E 通常是指热力学能 U、动能 $\dfrac{v^2}{2}$ 和位能 E_g，但空气流动速度较小，且同一微元体内的位能也几乎一致，故本节忽略动能和位能，仅考虑热力学能，则：

$$E = C_a(T_a - T_r) + H_v \tag{6-22}$$

式中　　C_a——湿空气的比热容，J/（kg·K）；

$\qquad T_a$——气体的温度，K；

$\qquad T_r$——参考温度，K；

$\qquad H_v$——水的蒸发潜热，kJ/kg。

在 $x+dx$ 位置，单位时间内沿 x 轴正方向通过右侧面流出微元体的热量为：

$$\left[E\varepsilon\rho_a\nu_x + \frac{\partial(E\varepsilon\rho_a\nu_x)}{\partial x}dx \right]dydz \qquad (6-23)$$

通过对式（6-21）和式（6-23）作差，可得沿 x 方向净流出微元体的热量为：

$$\frac{\partial(E\varepsilon\rho_a\nu_x)}{\partial x}dxdydz \qquad (6-24a)$$

同理，可得沿 y、z 方向净流出微元体的热量分别为：

$$\frac{\partial(E\varepsilon\rho_a\nu_y)}{\partial y}dxdydz \qquad (6-24b)$$

$$\frac{\partial(E\varepsilon\rho_a\nu_z)}{\partial z}dxdydz \qquad (6-24c)$$

将式（6-24）各项相加可得，单位时间内流出微元体的总热量为：

$$\left[\nu_x\frac{\partial\varepsilon\rho_a E}{\partial x} + \nu_y\frac{\partial\varepsilon\rho_a E}{\partial y} + \nu_z\frac{\partial\varepsilon\rho_a E}{\partial z} + \varepsilon\rho_a E\left(\frac{\partial\nu_x}{\partial x} + \frac{\partial\nu_y}{\partial y} + \frac{\partial\nu_z}{\partial z}\right) \right]dxdydz \qquad (6-25)$$

由连续性方程知，$\dfrac{\partial\nu_x}{\partial x} + \dfrac{\partial\nu_y}{\partial y} + \dfrac{\partial\nu_z}{\partial z} = 0$

则式（6-25）可化简为：

$$\left(\nu_x\frac{\partial\varepsilon\rho_a E}{\partial x} + \nu_y\frac{\partial\varepsilon\rho_a E}{\partial y} + \nu_z\frac{\partial\varepsilon\rho_a E}{\partial z} \right)dxdydz = \nabla E \cdot (\varepsilon\rho_a v) \qquad (6-26)$$

2. 挂面孔道内水分蒸发而进入微元体的热量

本节认为挂面干燥过程中，挂面内液态水分先要迁移到挂面内部孔道的表面，然后再蒸发变成水蒸气，进入孔道。因此，单位时间内挂面内部水分蒸发而进入微元体的热量为：

$$-(1-\varepsilon)\rho_{pd}\frac{\partial M}{\partial t}\left[C_w(T_p - T_r) + H_v \right]dxdydz \qquad (6-27)$$

式中　　ρ_{pd}——绝干挂面的实密度，kg/m³；

$\qquad C_w$——液态水的比热容，J/（kg·K）；

$\qquad T_p$——挂面的温度，K；

$\qquad H_v$——T_p 条件下水的蒸发潜热，J/kg；

M——挂面的干基含水率，kg/kg。

3. 通过热扩散净流入微元体的热量

假设单位时间单位面积所传递的热量通量为 $\dfrac{q}{S}$，则通过 yz、xz、xy 截面以导热的方式净进入微元体的热量速率为：

$$-\left[\frac{\partial(q/S)_x}{\partial x}+\frac{\partial(q/S)_y}{\partial y}+\frac{\partial(q/S)_z}{\partial z}\right]\mathrm{d}x\mathrm{d}y\mathrm{d}z \qquad (6\text{-}28)$$

假设这部分热量仅是通过分子扩散传递所引起的热传导，根据傅里叶定律可得：

$$\left(\frac{q}{S}\right)_x=-\varepsilon k_x\frac{\partial T_a}{\partial x} \qquad (6\text{-}29\mathrm{a})$$

$$\left(\frac{q}{S}\right)_y=-\varepsilon k_y\frac{\partial T_a}{\partial y} \qquad (6\text{-}29\mathrm{b})$$

$$\left(\frac{q}{S}\right)_z=-\varepsilon k_z\frac{\partial T_a}{\partial z} \qquad (6\text{-}29\mathrm{c})$$

式中 q——传递的热量通量密度，kJ/（m^2·s）；

　　　　S——经过的面积，m^2；

k_x、k_y、k_z——x、y、z 方向的气体导热系数分量，W/（m·K）。

将式（6-29）各项均代入式（6-28），则有

$$\left[\frac{\partial\left(\varepsilon k_x\dfrac{\partial T_a}{\partial x}\right)}{\partial x}+\frac{\partial\left(\varepsilon k_y\dfrac{\partial T_a}{\partial y}\right)}{\partial y}+\frac{\partial\left(\varepsilon k_z\dfrac{\partial T_a}{\partial z}\right)}{\partial z}\right]\mathrm{d}x\mathrm{d}y\mathrm{d}z \qquad (6\text{-}30)$$

由于本节假设微元体为各向同性连续介质，所以 $k_x=k_y=k_z=k_a$，其中 k_a 为空气的导热系数，W/（m·K）。

于是，式（6-30）可化简为：

$$\varepsilon k_a\left[\frac{\partial^2 T_a}{\partial x^2}+\frac{\partial^2 T_a}{\partial y^2}+\frac{\partial^2 T_a}{\partial z^2}\right]\mathrm{d}x\mathrm{d}y\mathrm{d}z=\varepsilon k_a\Delta T_a\mathrm{d}x\mathrm{d}y\mathrm{d}z \qquad (6\text{-}31)$$

4. 与挂面骨架对流换热而流出微元体的热量

对流换热传递的热量，可通过牛顿冷却定律来描述，即

$$h(T_a-T_p)\mathrm{d}x\mathrm{d}y\mathrm{d}z \qquad (6\text{-}32)$$

式中 h——体积热传递系数，W/（m^3·K）。其中，$h=h_a\cdot a_v$，h_a 为对流换热系数，W/（m^2·K）；a_v 为比表面积，1/m。

5. 微元体内气相的热量累积速率

$$\left\{ \varepsilon\rho_a C_a (T_a - T_r) + \frac{\partial\left[\varepsilon\rho_a C_a (T_a - T_r)\right]}{\partial t} dt \right\} dxdydz - \varepsilon\rho_a C_a (T_a - T_r) dxdydz$$

$$= \frac{\partial\left[\varepsilon\rho_a C_a (T_a - T_r)\right]}{\partial t} dxdydz \qquad (6-33)$$

本节假设骨架孔隙中的流体为不可压缩流体,忽略黏性力做功和质量力做功。

6. 平衡式

综合式(6-26)、式(6-27)、式(6-31)、式(6-32)、式(6-33),可得到孔道中气体热量的控制方程,即

$$\frac{\partial\left[\varepsilon\rho_a C_a (T_a - T_r)\right]}{\partial t} + (1 - \varepsilon)\rho_{pd}\left[C_w (T_p - T_r) + h_v \right]\frac{\partial M}{\partial t} = \nabla E \cdot (\varepsilon\rho_a v) + \varepsilon k_a \Delta T_a + h(T_a - T_p)$$

$$(6-34)$$

(三)挂面热量控制方程

1. 通过水分蒸发带出挂面骨架的热量

此部分热量与式(6-27)相同,即

$$(1 - \varepsilon)\rho_{pd}\frac{\partial M}{\partial t}\left[C_w (T_p - T_r) + h_v \right] dxdydz \qquad (6-27)$$

2. 通过对流换热进入挂面骨架的热量

此部分热量与式(6-32)相同,即

$$h(T_a - T_p) dxdydz \qquad (6-32)$$

3. 通过热扩散净流入微元体的热量

同式(6-31)类似,通过热扩散净流入微元体内挂面的热量为:

$$(1 - \varepsilon)k_p\left[\frac{\partial^2 T_p}{\partial x^2} + \frac{\partial^2 T_p}{\partial y^2} + \frac{\partial^2 T_p}{\partial z^2} \right] dxdydz = (1 - \varepsilon)k_p \Delta T_p dxdydz \qquad (6-35)$$

式中 k_p——挂面的导热系数,W/(m·K)。

4. 微元体内挂面骨架热量的累积速率

同式(6-33)类似,微元体内挂面骨架热量的累积速率为:

$$(1 - \varepsilon)\rho_p \frac{\partial\left[C_p (T_p - T_r) \right]}{\partial t} dxdydz \qquad (6-36)$$

式中 C_p——挂面的比热容,J/(kg·K)。

5. 平衡式

综合式（6-27）、式（6-32）、式（6-35）和式（6-36）并化简，得到微元体内挂面相的热量控制方程为：

$$\rho_p(1-\varepsilon)\frac{\partial\left[C_p(T_p-T_r)\right]}{\partial t} = (1-\varepsilon)k_p\Delta T_p + h(T_a-T_p) - \rho_{pd}(1-\varepsilon)\frac{\partial M}{\partial t}\left[C_w(T_p-T_r)+h_v\right]$$

$$(6-37)$$

（四）挂面水分控制方程

关于挂面内部水分传递的方程，采用薄层干燥方程来表示，

$$MR = \frac{M-M_e}{M_0-M_e} = e^{-K_d t^N} \tag{6-38}$$

式中　　M_e——物料的平衡含水率，kg/kg；

　　　　K_d、N——干燥常数；

　　　　　t——时间，s。

在不同温度不同相对湿度下的干燥试验，并采用 Page 方程进行拟合的系数（武亮，2016），确定了 K_d、N 与温度和相对湿度的关系，关系式见式（6-39）、式（6-40），决定系数 R^2 分别为 0.80 和 0.93。

$$K_d = 0.02 - 1.387\times10^{-5}(T_a-273.15) - 1.2821\times10^{-5}RH + 1.737\times10^{-7}RH\times(T_a-273.15)$$

$$(6-39)$$

$$N = 0.039 + 0.013(T_a-273.15) + 0.0136RH \tag{6-40}$$

Temmerman 等（2008）给出了意大利面的等温吸湿曲线，即 a_w 与 T 和 M_e 的相互关系。而在数值上，RH 与 a_w 相差不超过 1%，故本节认为 $RH \approx a_w$，即式（6-41）。

$$RH = a_w = \frac{\left[\dfrac{M_e}{0.138-10.4\times10^{-4}\times(T_a-273.15)}\right]^{\frac{1}{0.396+11.6\times10^{-4}\times(T_a-273.15)}}}{1+\left[\dfrac{M_e}{0.138-10.4\times10^{-4}\times(T_a-273.15)}\right]^{\frac{1}{0.396+11.6\times10^{-4}\times(T_a-273.15)}}} \tag{6-41}$$

两边取对数并化简，则：

$$\ln\left(\frac{M_e}{0.138-10.4\times10^{-4}\times(T_a-273.15)}\right) = \left[0.396+11.6\times10^{-4}\times(T_a-273.15)\right]\ln\left(\frac{RH}{1-RH}\right)$$

$$(6-42)$$

即 $\ln M_e = \ln[0.138 - 10.4 \times 10^{-4} \times (T_a - 273.15)] + [0.396 + 11.6 \times 10^{-4} \times (T_a - 273.15)]\ln\left(\dfrac{RH}{1 - RH}\right)$

最后，得到了 M_e 与 T_a 和 RH 的相互关系，即

$$M_e = \exp\left\{\begin{array}{l}\ln[0.138 - 10.4 \times 10^{-4} \times (T_a - 273.15)] + [0.396 + 11.6 \times 10^{-4} \times \\ (T_a - 273.15)]\ln\left(\dfrac{RH}{1 - RH}\right)\end{array}\right\}$$

(6-43)

根据相对湿度的定义，其表达式为：

$$RH = \frac{P_{va}}{P_{vs}}$$

(6-44)

式中　　RH——空气的相对湿度，%；

　　　　T_a——温度，K。

P_{va}、P_{vs}——湿空气中的水蒸气分压、特定温度条件下的饱和蒸汽压，其数值可通过式（6-45）、式（6-46）计算。

$$P_{va} = \frac{Y}{0.622 + Y}P_{atm}$$

(6-45)

$$P_{vs} = 0.1554T_a^3 - 7.6459T_a^2 + 220.4T_a + 160.81$$

(6-46)

二、热物理参数的测定

分析干燥曲线和干燥速率曲线时，还需要借助一些热物理参数以辅助解释曲线，如有效水分扩散系数、孔隙率、密度等。除此之外，在第三章建立挂面干燥过程的数学模型时，还需要一些其他的参数，如导热系数、比热容、收缩特性等。因此，本章节测定了上述热物理参数。

（一）有效水分扩散系数

有效水分扩散系数（D_{eff}）通常与物料本身的温度和含水率有关。多孔材料的孔隙率对有效水分扩散系数也有显著影响，但通常认为特定物料具有特定不变的孔隙结构和孔隙分布。因此，该影响均计入不同物质的影响（潘永康，2007）。

有效水分扩散系数的测定方法有很多，包括吸附动力学法、渗透法、浓度－距离曲线法、干燥法等。干燥法由于其测定设备简单、模拟放大时更可靠等优点，

已成为应用最广泛的有效水分扩散系数测试方法（潘永康，2007）。

1. 测定原理

干燥法假定在某一特定干燥条件下的有效水分扩散系数为常数，不考虑其与物料本身的含水率的关系，可根据挂面干燥曲线的数据测定挂面的有效水分扩散系数。在干燥过程中，以一定的时间间隔测定挂面的质量变化，计算各个时刻的平均含水率和平衡含水率。通常采用菲克第二定律描述物料干燥过程中的含水率变化，式（6-47）为菲克第二定律的解析解。

$$MR = \frac{M_t - M_e}{M_0 - M_e} = \frac{8}{\pi^2} \sum_{n=0}^{\infty} \frac{1}{(2n+1)^2} \exp\left[-(2n+1)^2 \frac{\pi^2 D_{eff} t}{L^2}\right] \tag{6-47}$$

通常情况下，取 $n=0$ 作为该解析解的近似值，即

$$MR = \frac{M_t - M_e}{M_0 - M_e} \approx \frac{8}{\pi^2} \exp\left(-\frac{\pi^2 D_{eff} t}{L^2}\right) \tag{6-48}$$

式（6-48）两侧取对数，得：

$$\ln MR = \ln \frac{M_t - M_e}{M_0 - M_e} = \ln \frac{8}{\pi^2} - \frac{\pi^2 D_{eff}}{L^2} t = \ln \frac{8}{\pi^2} + Kt \tag{6-49}$$

其中，$K = -\frac{\pi^2 D_{eff}}{L^2}$ 为式（6-49）所描述的直线的斜率，L 为挂面厚度，m。故有效水分扩散系数为：

$$D_{eff} = -\frac{KL^2}{\pi^2} \tag{6-50}$$

2. 试验设备与方法

试验所需设备及试验方法同本章第一节"材料与方法"。

3. 结果与分析

从表6-8和图6-11可知，有效水分扩散系数与含水率、蛋白质含量均存在明显的相关关系，D_{eff} 与蛋白质含量的相关性更强。D_{eff} 随着蛋白质含量的降低而升高，尤其是当蛋白质含量低于12.2%时，D_{eff} 随蛋白质含量的减少而迅速升高。通过实际制作面条可知，当蛋白质含量低于12.2%时，面带不能形成良好的面筋网络，甚至在挂杆时会出现断条现象。

表 6-8   蛋白质含量、含水率对 D_{eff} 的方差分析表

方差来源	III型平方和	自由度	均方	F 值	显著性
校正模型	33.134[a]	8	4.142	32.838	0.001

续表

方差来源	Ⅲ型平方和	自由度	均方	F值	显著性
截距	807.806	1	807.806	6404.663	0.000
初始含水率	4.612	2	2.306	18.284	0.005
蛋白质含量	32.417	6	5.403	42.837	0.000
误差	0.631	5	0.126		
总计	1054.525	14			
校正的总计	33.765	13			

注：a表示 R^2=0.981（调整 R^2=0.951）。

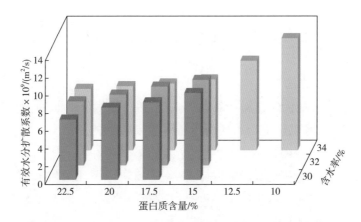

图6-11　不同含水率、蛋白质含量挂面的有效水分扩散系数

■30%　■32%　■34%

为了进一步确定 D_{eff} 与含水率、蛋白质含量的关系，对 D_{eff} 与蛋白质含量、含水率进行回归分析，回归方程见式（6-51），相关系数 R^2=0.9930。

$$D_{eff} = 98.3961 - 154.4224M - 9.2136P + 7.0955MP + 0.4045P^2 - 0.008157P^3 \quad (6-51)$$

式中　　D_{eff}——挂面有效水分扩散系数，10^{-9} m^2/s；

　　　　M——挂面的湿基含水率，kg/kg；

　　　　P——挂面的蛋白质含量，kg/kg。

（二）孔隙度参数

孔隙度参数包含多种信息，如孔隙率、孔径分布、孔体积、弯曲度等。本节采用了目前最常用的测定孔隙度的方法－压汞法来测定挂面的孔隙度参数（Qiu，

2015），并按照《压汞法和气体吸附法测定固体材料孔经分布和孔隙度　第1部分：压汞法》（GB/T 21650.1—2008）执行。

1. 测定原理

压汞法测量的基本原理是根据经典的 Washburn 方程，测量时只需记录压力和体积的变化量，通过数学模型即可换算出孔径分布等数据，结果直观、可靠。该方法测定孔直径的范围（4nm~200μm）比其他的方法要宽很多，可以反映大多数样品孔结构的状况，是分析相对较大孔特性的最通用的方法，特别是对于大孔（Patrick，1995）。该法作为测量大孔和中孔孔容和孔径分布的标准已被广泛接受（Rouquerol，1994）。

压汞法测量速度快（产生全部孔径分布只用不到一个小时的时间，而气体吸附法要若干个小时），覆盖了一个很大的孔径范围，包括其他测量方法不能探测到的大孔（>0.5μm）。

2. 试验设备与方法

将不同谷朊粉配比的挂面样品置于烘箱，在105℃下烘干5h，保证挂面水分全部脱除。然后，将烘至绝干的挂面样品用两层自封袋密封，并送至北京市理化分析测试中心进行孔隙度参数的测定。

样品测定前，将绝干挂面样品制成碎片状，再采用压汞仪 PoreMaster-60 GT 进行孔隙度特性的测定，包括孔隙率、孔径分布等参数，仪器参数见表6-9。

面条制作方法同本章第一节"材料与方法"。

表6-9　　　　　　　　　　　　压汞仪的相关参数

参数	数值
汞表面张力/（N/m）	0.48
汞接触角/°	140
膨胀计体积/mL	0.5
测量采用压力	低压和高压

3. 结果与分析

不同谷朊粉配比挂面的孔径范围及进汞率见表6-10，最终的挂面样品的孔隙度参数数值如表6-11所示。

表 6-10 不同谷朊粉配比挂面的孔径范围及进汞率

谷朊粉含量 /%	孔径范围 /μm	进汞量 / (mL/g)	进汞率 /%
22.5	0.0072~0.1	0.0245	32.6
	0.1~1	0.0060	8.0
	1~10.65	0.0447	59.4
20.0	0.0071~0.1	0.0236	28.8
	0.1~1	0.0140	17.1
	1~10.65	0.0442	54.1
17.5	0.0072~0.1	0.0200	18.6
	0.1~1	0.0083	7.7
	1~10.65	0.0795	73.7
15.0	0.0071~0.1	0.0355	29.2
	0.1~1	0.0265	21.8
	1~10.65	0.0593	48.7
12.5	0.0072~0.1	0.0314	22.1
	0.1~1	0.0301	21.2
	1~10.65	0.0806	56.7
10.0	0.0072~0.1	0.0145	8.55
	0.1~1	0.01065	6.4
	1~10.65	0.14345	85.1

表 6-11 不同谷朊粉配比挂面的孔隙度参数

参数	谷朊粉含量 /%					
	22.5	20.0	17.5	15.0	12.5	10.0
最可几孔径 /μm	0.0071	2.88	0.0071	1.88	0.0075	1.09415
平均孔径 /μm	0.0409	0.05	0.0655	0.05	0.0755	0.1573
中值孔径 /μm	1.849	1.31	2.487	0.94	1.295	2.382
孔容 / (mL/g)	0.0753	0.08	0.1077	0.12	0.1433	0.16705
表面积 / (m²/g)	7.36	6.72	6.58	9.47	7.53	4.86
孔隙率 /%	10.52	10.29	15.28	14.61	19.94	20.13

通过对表 6-10 和表 6-11 中的孔隙度数据进行初步分析发现，孔隙率和比孔容两个参数与挂面蛋白质含量的相关性最强 [图 6-12（1）]。再通过表面积值除以孔容值，可以得到比表面积值 a_v 的变化规律 [图 6-12（2）]。孔隙率、孔容、比表面积与蛋白质含量的拟合关系分别见式（6-52）、式（6-53）和式（6-54），决定

系数分别为 $R^2=0.8939$、$R^2=0.9770$ 和 $R^2=0.8236$。

$$\varepsilon = -1.0904P + 29.5220 \tag{6-52}$$
$$V = -0.0094421P + 0.24019 \tag{6-53}$$
$$a_v = 5.9969P - 11.9268 \tag{6-54}$$

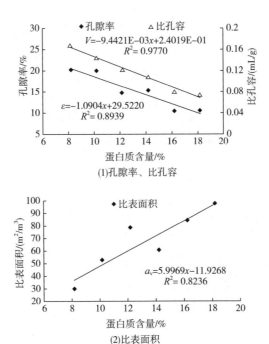

图6-12　不同蛋白质含量挂面的孔隙率、比孔容和比表面积

（三）密度

比重瓶法是非常传统且精度较高的测定固体物料密度的方法。本节采用比重瓶法测定挂面的密度。

1. 材料与设备

无水乙醇、蒸馏水、烘箱、温度计、电子天平、100mL 比重瓶、吸水纸等。

2. 试验方法

（1）无水乙醇密度 ρ_g 的测定

①比重瓶质量 m_0 的测定：将比重瓶依次用水、无水乙醇清洗干净，再用烘箱在 105℃烘干 30min。然后将比重瓶从烘箱中取出，置于干燥器中冷却至室温，然后分别对比重瓶编号，并利用电子天平测定每个比重瓶质量 m_0。

②比重瓶体积 V_0 的测定：用蒸馏水将比重瓶填满，逸出的蒸馏水用吸水纸吸干，然后用电子天平测定蒸馏水和比重瓶的总质量 m_{w+0}。则比重瓶的体积 V_0 可由 $V_0 = (m_{w+0} - m_0)/\rho_w$ 得到。其中，ρ_w 为水的密度，可依据当前环境温度通过查表获得。

③浸液（无水乙醇）密度 ρ_e 的测定：将水倒出，并将比重瓶用无水乙醇清洁、烘干，然后装满无水乙醇，通过电子天平测定比重瓶和无水乙醇的质量 m_{e+0}。则无水乙醇的密度 $\rho_e = (m_{e+0} - m_0)/V_0$。其中，$m_e$ 为比重瓶中无水乙醇的质量。

（2）挂面密度 ρ_n 的测定　将比重瓶用无水乙醇清洁、烘干、冷却，记录比重瓶质量 m_0，放入绝干挂面样品，样品体积约占比重瓶体积的 1/3，记录此时挂面和比重瓶的质量 m_{n+0}。倒入适量的浸液，轻轻晃动比重瓶并避免产生气泡，继续加入无水乙醇至满瓶。将比重瓶外的液体迅速擦拭干净，记录此时挂面、无水乙醇和比重瓶的总质量 m_{n+e+0}。

利用式（6-55）即可得出挂面的密度：

$$\rho_n = \frac{(m_{n+0} - m_0)\rho_e}{(m_{e+0} - m_0) - (m_{n+e+0} - m_{n+0})} = \frac{m_{n+0} - m_0}{V_0 - (m_{n+e+0} - m_{n+0})/\rho_e} \tag{6-55}$$

式中　　ρ_n——挂面密度，kg/m^3；

$\quad m_{n+0}$——比重瓶和挂面的质量，g；

m_{n+e+0}——比重瓶中挂面和无水乙醇的总质量，g；

$\quad m_{e+0}$——比重瓶装满无水乙醇时的总质量，g；

$\quad\quad m_0$——比重瓶质量，g；

$\quad\quad \rho_e$——无水乙醇密度，kg/m^3。

3. 结果与分析

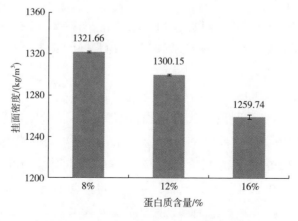

图6-13　不同蛋白质含量挂面的密度

从图6-13可知，挂面的密度随蛋白质含量的增加而减小，并与蛋白质含量呈显著的线性关系，其拟合方程见式（6-56），决定系数$R^2 = 0.9699$。

$$\rho_n = -774.01P + 1388.3 \qquad (6-56)$$

式中　P为蛋白质含量，小数形式。

（四）导热系数

对于多孔性材料，影响导热系数的因素很多，包括温度、相对湿度、密度、孔隙率、粒径及粒径分布、容重、比热、线膨胀系数等，其中相对湿度和密度是影响导热系数最重要的因素。因此，测定导热系数时，要测定物料的表观密度（刘晓燕，2009）。

导热系数的测定方法包括直接法和间接法。直接法可以采用热流法导热系数测定仪进行直接测定，但常规挂面尺寸偏小，无法满足仪器对样品的尺寸要求（建议样品厚度不得低于5mm，长度×宽度不得低于100mm×100mm）。间接法可以根据公式，分别求得样品的热扩散系数、密度、比热，最终计算得到样品的导热系数。激光法测定热扩散系数时，需对挂面样品进行喷石墨预处理，但因为挂面属于多孔介质，微小的石墨颗粒可能会进入挂面样品内部孔道，导致热扩散系数测定值差异较大。因此，不适合采用间接法测定挂面样品的导热系数。

综上，本节采用了热流法导热系数仪测定挂面的导热系数，它会受加工工艺、孔隙率等因素的影响。为了保证挂面的导热系数更接近实际情况，本节以面带来代替挂面，采用压辊压至特定厚度，制作工艺与常规挂面一致。

1. 材料与设备

真空和面机，河南东方面机集团有限公司；MT5-215型压面机组，南京市扬子粮油食品机械有限公司；热流法导热系数测量仪，HFM 436，德国NETZSCH公司。

2. 试验方法

（1）面带制备　采用面带代替挂面进行测试。根据导热系数测量仪和制面设备的限制，最终确定面带的厚度为7~8mm。根据谷朊粉添加比例（10%、12.5%、15%、17.5%、20%、22.5%、25%），称取相应质量的谷朊粉和淀粉，使面粉总重量为1000g。将面粉倒入自封袋，均匀摇动混合5min后倒入和面机。再加入含有10g食盐的适量蒸馏水，使面团最终含水量约为33%，启动和面机。

和面结束后，醒发面絮 30min，再将面絮在 MT5-215 型压面机组上进行压延，将面团厚度压至要求的特定厚度。然后，将面带放入低温保温箱，送至测试单位尽快测试。为了更好地分析测定结果，保证测定结果更加准确，每次试验均需测定面带的实际厚度。

（2）初始含水率测定　面带导热系数测定完成后，尽快从此样品上取样，称取样品约 10g，剪碎后放入烘箱 105℃烘干 5h（或 130℃，3h），最终得到试验样品的实际含水率。

（3）导热系数 k 测定　样品的平整度对测定结果影响较大，所以要严格保证面带表面的平整度，并在样品表面附一层保鲜膜，以防止水分散失。然后，在导热系数测量仪上设定不同温度（20、25、30、35、40、45、50、55、60℃），测定样品在不同温度下的导热系数。

3. 结果与分析

试验结果见表 6-12，图 6-14 和图 6-15 表示挂面导热系数与温度及蛋白质含量的关系。

表6-12		不同蛋白质含量面带的导热系数				单位：W/（m·K）	
含水率/%	33.41	33.28	31.37	33.48	32.47	33.13	33.36
温度/℃ ＼ 谷朊粉/%	10.0	12.5	15.0	17.5	20.0	22.5	25.0
16.53	0.2336	0.2344	0.2322	0.2498	0.2535	0.2648	0.2556
20.90	0.2381	0.2389	0.2389	0.2528	0.2568	0.2673	0.2608
25.56	0.2449	0.2457	0.2464	0.2588	0.2622	0.2729	0.2690
30.34	0.2516	0.2524	0.2547	0.2643	0.2693	0.2792	0.2767
35.32	0.2515	0.2519	0.2557	0.2628	0.2679	0.2781	0.2772
40.12	0.2533	0.2537	0.2579	0.2637	0.2685	0.2789	0.2789
44.93	0.2532	0.2543	0.2587	0.2630	0.2680	0.2781	0.2790
49.73	0.2532	0.2552	0.2597	0.2630	0.2684	0.2775	0.2791
54.49	0.2545	0.2571	0.2623	0.2653	0.2705	0.2801	0.2815
59.29	0.2546	0.2580	—	0.2658	0.2709	0.2806	0.2815

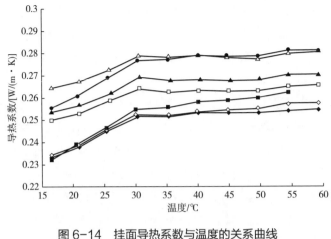

图 6-14 挂面导热系数与温度的关系曲线

◆ 8%~33.41%   ◇ 10%~33.28%   ■ 12%~31.37%
□ 14%~33.48%   ▲ 16%~32.47%   △ 18%~33.13%
● 20%~33.36%

从图 6-14 可知,当温度低于 30℃时,导热系数与温度呈线性关系;当温度高于 30℃(低于 60℃)时,导热系数几乎不再随温度发生变化;从图 6-15 可知,当挂面中蛋白质含量较低时,导热系数受温度影响较弱,而当挂面中蛋白质含量较高时,导热系数随温度升高而升高。

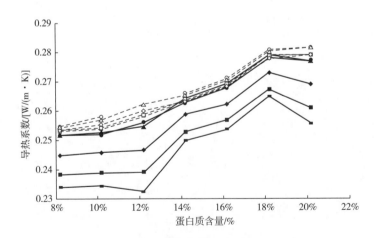

图 6-15 不同蛋白质含量挂面的导热系数

—— 16.5℃   ■ 20.9℃   ◆ 25.5℃   ▲ 30.3℃   ● 35.3℃
---- 40.0℃   □ 44.9℃   ◇ 49.7℃   △ 54.5℃   ● 39.3℃

利用 SPSS 软件采用向后筛选的方法进行回归，得到导热系数随蛋白质含量、温度的变化关系式见式（6-57），相关系数 R^2=0.9630。

$$k = 0.2778 - 2.4794P + 0.004518T + 19.6066P^2 - 9.5326T^2 - 44.8825P^3 + 6.7838T^3$$

$$(6-57)$$

式中　P——蛋白质含量，小数形式；

　　　T——温度，℃。

（五）比热容

Mercier（2004）等利用面粉的四种主要组分（水、淀粉、蛋白质和气体），根据每种组分的质量分数进行加权计算，得到面粉的比热容。样品均采用谷朊粉和淀粉两种原料制成，试验将分别测定谷朊粉和淀粉的比热容，同时需磨碎一个挂面样品，用于验证本方法测定物料比热容的准确性。

1. 试验方法

（1）挂面粉碎制粉　取蛋白质含量为 17.5% 的挂面样品，采用冷冻研磨仪进行研磨，并过筛 120 目（与原料的过筛目数一致），得到谷朊粉含量 17.5% 的面粉。

（2）原料含水率的测定　称取谷朊粉、小麦淀粉、挂面研磨粉样品各 10g 放入铝盒，放入烘箱 105℃烘干 4h 至绝干，分别测定三个样品的含水率。

（3）样品的制备　为了减少温度对样品特性的影响，本节采用真空冷冻干燥机对样品进行除水。样品包括谷朊粉、淀粉、挂面粉碎样品三类。烘干后，将 3 份样品装入自封袋，密封保存，备用。另取未烘干的谷朊粉、小麦淀粉和挂面粉碎样品备用。最后，将六份样品送至第三方测试单位（北京市理化分析测试中心）尽快安排测试。

（4）比热容的测定　将烘至绝干和未烘干的谷朊粉、小麦淀粉和挂面研磨粉样品，分别在 DSC（NETZSCH5）上测定比热容，测试温度范围为 15~60℃。

2. 结果与分析

图 6-16 表示谷朊粉、小麦淀粉及挂面粉碎样品的比热容随温度的变化，由图 6-16 可知，各样品比热容均随温度升高而升高，呈良好的线性关系，如式（6-58）~式（6-60）所示。

$$C_{\text{Pro}} = 4.8907\text{E} - 03 \times (T - 273.15) + 1.2417, R^2 = 0.9929 \tag{6-58}$$

$$C_{\text{Star}} = 5.0773\text{E} - 03 \times (T - 273.15) + 1.2185, R^2 = 0.9901 \tag{6-59}$$

$$C_{17.5\%} = 5.0587\text{E} \cdot 03 \times (T - 273.15) + 1.2494, R^2 = 0.9838 \tag{6-60}$$

式中　　T——温度，K。

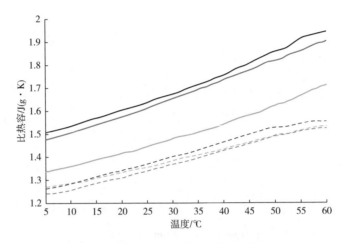

图6-16　淀粉、谷朊粉及面粉的比热容

--- 17.5%烘干　　--- Star烘干　　--- Pro烘干
—— 17.5%未烘干　—— Star未烘干　—— Pro未烘干

淀粉、谷朊粉及挂面样品的比热容测定结果见表6-13。将未烘干淀粉看作淀粉和水分的混合物，再对比理论计算值和实测值的误差，误差范围为-2.57%~1.75%，平均误差为0.38%。谷朊粉计算的误差相对较大，误差范围为2.89%~6.18%，平均误差为4.36%。通过淀粉和谷朊粉的质量比例，计算谷朊粉含量为17.5%挂面的理论比热容发现，不同温度下的理论计算值与实测值存在较小的误差，平均误差为2%。因此，在本节中可采用原料质量配比作为权重，以计算不同谷朊粉含量面粉的比热容。

$$C_n = C_{\text{pro}}w_{\text{pro}} + C_{\text{star}}w_{\text{star}} + C_{\text{water}}w_{\text{water}} \tag{6-61}$$

式中　　C——比热容，J/$(\text{g} \cdot \text{K})$；

　　　　w——各成分的比例，%；

下标 n、pro、star 和 water 分别表示挂面、蛋白质、小麦淀粉和水。

表6-13		谷朊粉、小麦淀粉及挂面样品的比热容			单位：J/（g·K）	
干基含水率 /（kg/kg）	0.0092	0.0989	0.0088	0.1104	0.0108	0.0711
样品 温度/℃	17.5% 面粉（烘干）	17.5% 面粉（未烘干）	淀粉（烘干）	淀粉（未烘干）	谷朊粉（烘干）	谷朊粉（未烘干）
5.0	1.2651	1.5073	1.2409	1.4775	1.2708	1.3367
10.0	1.2873	1.5342	1.2578	1.5042	1.2865	1.3581
15.0	1.3158	1.5690	1.2867	1.5413	1.3080	1.3856
20.0	1.3425	1.6047	1.3124	1.5764	1.3325	1.4168
25.0	1.3697	1.6397	1.3403	1.6117	1.3570	1.4443
30.0	1.4024	1.6769	1.3692	1.6538	1.3826	1.4794
35.0	1.4309	1.7135	1.3945	1.6943	1.4082	1.5048
40.0	1.4661	1.7529	1.4268	1.7331	1.4338	1.5403
45.0	1.4977	1.8041	1.4575	1.7796	1.4642	1.5820
50.0	1.5288	1.8581	1.4922	1.8187	1.4884	1.6202
55.0	1.5447	1.9142	1.5125	1.8604	1.5149	1.6661
60.0	1.5566	1.9465	1.5292	1.9059	1.5356	1.7155
65.0	1.5703	1.9607	1.5460	1.9517	1.5706	1.7893
70.0	1.5833	1.9919	1.5583	1.9999	1.5854	1.8825

（六）收缩特性

多数物料在干燥过程中会发生体积收缩现象，阻碍水分从物料内部向外部传递。而目前的研究工作基本上均会简化处理，忽略其收缩过程。本节将对物料在干燥过程中的收缩现象进行试验研究。

1. 试验方法

（1）面条制备　试验分别选用小麦粉精粉、不同谷朊粉配比面粉来制作面条，并进行干燥收缩特性的测定试验。精粉购自河北金沙河集团，不同配比面粉的谷朊粉含量为22.5%和17.5%，其蛋白质含量分别为11.5%、18.2%和14.2%，最终获得宽2mm、厚2mm的湿面条。对湿面条进行干燥，干燥条件为温度40℃，相对湿度为75%。

（2）面条收缩行为的测定　鲜面条测定尺寸时，由于其本身湿软易变形，直接采用测厚规，会导致面条被挤压，引起测定尺寸数据不准确，故需采用游标卡尺测定；在干燥过程中，挂面结构具有了一定的刚性结构，则可采用测厚规测定挂面样品的尺寸变化。取样时间间隔为20min（0~3h）、30min（3~4h）。取出挂面样品后,要尽快测定其宽度、厚度。为了减小误差,每次取样2根挂面对其上、中、下三个位置进行6次尺寸的测定,再取平均值。

2. 结果与分析

图6-17表示不同面粉原料所制作的面条在干燥过程中的尺寸变化。从图6-17的三个图可以看出,挂面的长度和宽度方向均在干燥过程中出现了收缩效应,收缩尺寸约为0.2mm,约占总尺寸的10%。收缩效应主要发生在干燥的前100min,在干燥100min时挂面湿基含水率约为18%,干燥超过100min后,挂面的长度和宽度尺寸几乎不再发生变化。还可以看出,挂面的三个取样位置中,下部位置的尺寸变化最小,上部位置的尺寸变化最大,这可能是由于上部挂面受下部挂面的重力影响,在一定程度上被拉长,引起上部挂面的尺寸变小。

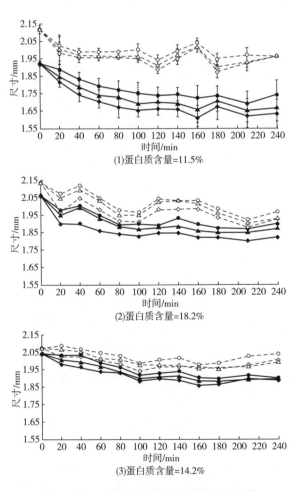

图6-17   不同蛋白质含量挂面的收缩特性

→ 上宽   → 中宽   → 下宽
-◇- 上宽   -△- 中宽   -○- 下宽

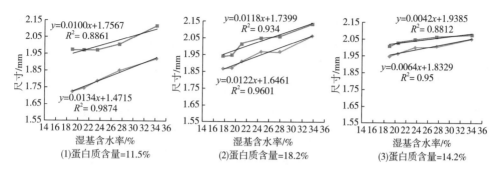

图6-18　挂面干燥过程中的收缩行为与含水率的关系

──宽　──长

图 6-18 所示为挂面干燥过程中含水率降至 18% 之前的挂面尺寸与湿基含水率的关系。由图可知，挂面尺寸与含水率呈明显的线性关系，徐娓（2006）等对土豆的干燥研究也发现，土豆的厚度与含水率呈线性关系。因此，在挂面干燥过程中，本节假设挂面收缩比例为 10%，且在湿基含水率大于 18% 时，挂面收缩特性与含水率呈线性关系，如式（6-62）所示，化简后得式（6-63）。

$$\frac{18\%}{90\% \times L_0} = \frac{M_t}{L} \tag{6-62}$$

即

$$L = 5L_0 M_t \tag{6-63}$$

式中　L_0——挂面的初始尺寸，m；

　　　M_t——挂面在 t 时刻的湿基含水率，kg/kg。

三、数学模型的求解方法

通过对挂面干燥过程湿热传递过程的研究，本节建立了挂面在热风干燥过程中的三维湿热传递数学模型。

由于不能对方程组求解而得到精确的解析解，只能通过数值计算的方法获得方程组的数值解。对于数值计算的方法有很多，包括有限元方法、有限体积方法、有限差分方法、边界元方法等。每一种方法都各有优势，但有限元法在连续介质的数值求解和非线性求解方面具有较大优势，该方法采用矩阵形式表达，便于计算机求解，在处理非线性问题、多物理场耦合等问题时非常可靠。有限元方法的基础是变分原理和加权余量法，其基本求解思想是把计算区域划分为有限个互不重叠的单元，在每个单元内，选择一些合适的节点作为求解函数的插值点，将微分方程中的变量改写成由各变量或其导数的节点值与所选用的插值函数组成的线性表达式，借助于变分原理或加权余量法，将微分方程离散求解。

本节建立的挂面干燥过程的湿热传递数学模型，涉及热量传递、质量传递、流体流动等多个领域，且不同的参数是相互依赖的，其控制方程是非线性、强耦合的，所以本节选用在多物理场求解方面具有较大优势的有限元分析软件 COMSOL Multiphysics 对建立的数学模型进行求解。

有限元分析软件 COMSOL Multiphysics，是一款大型的高级数值仿真软件，由瑞典的 COMSOL 公司开发，广泛应用于各个领域的科学研究以及工程计算，被当今世界科学家称为"第一款真正的任意多物理场直接耦合分析软件"，适用于模拟科学和工程领域的各种物理过程。COMSOL Multiphysics 以高效的计算性能和杰出的多场直接耦合分析能力，实现了任意多物理场的高度精确的数值仿真，在全球领先的数值仿真领域里得到广泛的应用。COMSOL 中定义数学模型非常灵活，源项、以及边界条件等参数可以是常数、任意变量的函数、逻辑表达式，或者直接是一个代表实测数据的插值函数等。同时，用户可以自主选择需要的物理场并自定义各物理场参数之间的相互关系，也可以输入自定义的偏微分方程（PDEs），并指定它与其他方程或物理场之间的关系，轻松实现多物理场之间的耦合。

目前，该软件已经在多孔介质、化学反应、流体动力学、燃料电池、地球科学、热传导、射频、结构力学等领域得到了广泛的应用。我国在煤层气、油气开采等方面已有很多的应用，并得到了试验验证，能够较好地模拟真实的物理过程（贺瑶瑶，2010；张丽萍，2011；杨宏民，2010）。挂面的干燥过程也可以看作一个多孔介质的干燥过程，其湿热传递过程是一个温度、相对湿度、风速、水蒸气压等多个物理场相互耦合作用的过程，可以借助该软件强大的耦合求解功能进行快速求解。

本节根据已建立的湿热传递数学模型，在 COMSOL 软件里建立挂面的几何模型，选择软件的多孔介质传热模块、稀物质传递模块、流体流动模块、达西流模块和自定义 PDEs 等模块建立挂面干燥过程的湿热传递偏微分方程组，并根据挂面干燥过程的湿热传递机制，自定义各个方程之间的耦合项，设定模型的初始条件和边界条件。然后设定合理的时间步长和网格尺寸，选用合适的数值求解器，即可对该偏微分方程组进行求解。最后，根据模拟结果分析干燥过程中的挂面骨架温湿度场、空气温湿度场及速度场和压力场分布。除此之外，该软件具有强大的耦合分析功能和后处理技术，可为输出结果进行多场分析和直观的图形显示提供便利,省去了直接编程求解的麻烦,简化了数据分析和可视化的步骤。其数值求解过程的基本思路如图 6-19 所示。

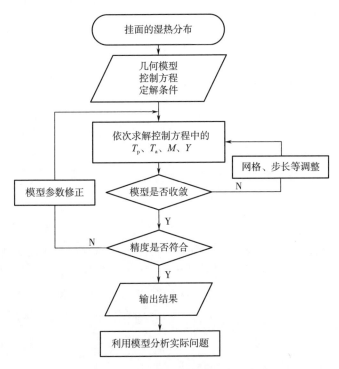

图 6-19　数学模型的求解思路示意图

四、小结

本节将挂面看作是各向均匀分布的多孔连续介质,根据质量和热量守恒原理,建立了挂面热风干燥过程的湿热传递偏微分方程组;方程之间是强耦合的,且方程所需的热物理参数多是基于试验原料进行实际测定的。因此,模拟结果更符合本节试验条件,也能够保证该湿热传递模型更符合实际情况。

第三节　挂面干燥过程的数值模拟与分析

干燥是一个复杂的传热、传质、流体流动等耦合作用的过程,而干燥过程的湿热传递数学模型可对挂面干燥过程进行仿真模拟。准确的挂面干燥过程湿热传递数学模型,能够帮助研究人员或企业生产技术人员,进一步了解干燥过程的水分和热量传递规律,深化对挂面干燥过程中水分和热量传递过程的直观理解;基于湿热传递数学模型,还可分析干燥条件对挂面干燥过程的影响,辅助优化干燥条件,实现挂面干燥过程的高产量、高品质、低能耗。

　　除此之外,应用湿热传递数学模型,可为干燥过程的智能化控制提供理论支持。当烘房内部的干燥条件出现异常波动时,可基于挂面的当前含水率和温度等初始条件,重新设置干燥条件、求解数学模型,获得该批次挂面产品达到合格所需要的干燥条件,减少产品浪费,保证生产的稳定运行。

一、挂面干燥过程湿热传递模型的验证

(一)几何模型及相关参数

　　干燥试验的挂面尺寸为 2mm×2mm,故在对挂面进行干燥过程模拟时,将挂面几何模型定义为 2mm×2mm 的方形挂面。因为挂面是对称分布的,故以挂面中心线作为对称轴,取挂面的一半作为分析对象,建立几何模型。采用自由剖分三角形网格划分,对挂面的边界层进行了加厚细化处理,加厚层数为 6 层,几何模型及边界层细化示意图如图 6-20 所示。该几何模型共划分单元格 3748 个,其中,三角形单元 3148 个,四边形单元 600 个。

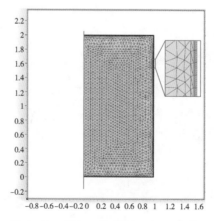

图 6-20　挂面几何模型及边界层细化

（二）初始条件和边界条件

验证挂面干燥过程的湿热传递模型时，采用谷朊粉配比为 17.5%（蛋白质含量为 14.2%），初始含水率为 30%。干燥条件为干燥温度 40℃、相对湿度 75%、风速 1m/s。模型所需要的部分热物理参数来自本章第二节"二、热物理参数的测定"，其他模型所需参数见表 6-14。

表6-14　　　　　　　　　　　模型求解所需要的其他参数

名称	单位	数值
水的比热容	J/（kg·K）	4174
水蒸气比热容	J/（kg·K）	1880
空气比热容	J/（kg·K）	1010
对流换热系数	W/（m²·K）	29.62
对流传质系数	m/s	0.0136
空气导热系数	W/（m·K）	0.027
空气动力黏度	Pa·s	1.803×10^{-5}
渗透率	m²	5.222×10^{-8}
挂面厚度	m	0.002
外界空气湿度	mol/m³	0.01
外界风速	m/s	1

初始条件：挂面的初始温度为 293.15K，初始湿基含水率为 30%。气体相初始温度为 293.15K，初始水分浓度为 $1.33mol/m^3$。

边界条件：几何模型左侧边为对称轴，挂面相传热时，其他三边为对流换热边界条件；挂面内部气体传热时，其他三边为温度边界条件，传质时，其他三边为对流传质边界条件。

利用 COMSOL Multiphysics 对偏微分方程进行求解时，采用瞬态求解器中的直接法，选用 PARDISO 求解器对偏微分方程组进行求解，模拟挂面干燥 240min 过程中的水分及温度等参数的变化过程。设置求解时间时，考虑挂面干燥过程的实际情况，在干燥前期含水率变化较大，而在干燥后期，含水率变化相对较小。因此，时间步长设置时也遵循干燥前期步长较小、干燥后期步长较大的基本原则。

（三）湿热传递模型的验证

采用面平均法计算整个几何模型区域的平均含水率随时间的变化，并与实测结果对比分析，发现模拟值与试验值吻合较好，两者数值的最大差异不超过 1.4%，相对误差不超过 6%，说明该模型可以较好地模拟挂面干燥过程中的水分变化（图 6-21）。

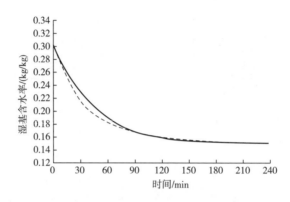

图 6-21　模拟值与试验值的对比曲线

——— 试验值　---- 模拟值

造成模拟值与试验值差异的原因，可能是水分扩散系数测定时，试验设置的含水率水平较低，且干燥曲线法获得的有效水分扩散系数，体现的是整个干燥过程的平均水分扩散系数，拟合关系式未能很好地体现干燥过程中含水率变化对有效水分扩散系数的影响。所以，在干燥初始阶段，含水率变化较大，而未充分考虑含水率变化的有效水分扩散系数，不能很好地体现其对模拟过程中挂面内部水分扩散的影响，导致模拟值与试验值出现偏差。

因为挂面尺寸较小，即使采用非常小的温度探针埋入挂面内部，也会对挂面本身的结构产生影响，且探针的埋入位置的密封效果可能会造成干燥介质进入，最终会引起挂面内部温度的测定误差较大。因此，本节未对挂面的温度变化进行验证。

二、挂面干燥过程的数值模拟

根据建立的湿热传递模型，对挂面干燥过程进行了数值模拟，重点分析了挂面干燥过程中挂面含水率和温度、挂面内部气体的温度和水分浓度等参数的变化，以便更深入、直观地了解挂面干燥过程中各参数的变化规律，也为干燥工艺优化时参数的选择提供依据。

（一）挂面干燥过程中的水分场分布及变化

图 6-22 所示为挂面干燥过程中内部含水率场分布图，图 6-23 表示的是挂面干燥过程中不同时刻的内部干基含水率变化与位置（沿 x 方向，从中心至表面的距离分别为 0、0.2、0.4、0.6、0.8 和 1mm）的关系。这两个图清晰地表现了挂面干燥过程中的含水率分布变化，图 6-22 的图例中的红色越深，表示该位置的含水率越高，而蓝色越深，表示该位置处的含水率越低，图中还画出了含水率的等值线。

从图 6-22 中可以看出，干燥开始时，含水率均匀分布于挂面内部各处，而干燥开始后，挂面外部的含水率开始下降，即外侧水分先脱除，而中心处的含水率未下降，说明中心处的水分仍未发生迁移。在挂面内部存在一个含水率差异明显的界面，该界面在干燥过程中逐渐向挂面几何中心靠拢，而界面内部的含水率未出现下降。干燥约 10min 后，界面到达挂面的几何中心处，此时中心处的含水率开始下降，表明此时几何中心处的水分开始向外迁移，从图 6-23 的曲线也可以观察到这个现象。随着干燥过程的继续，中心处含水率逐渐降低，内部水分逐渐向外部迁移，但是在挂面外侧的含水率等值线更密集，说明外侧的水分梯度更大（图 6-22 和图 6-23）。

从图 6-24 可以看出，挂面内部不同位置处具有不同的干燥曲线，呈现出明显的干燥时间差异，其中最外侧（1mm）的干燥曲线干燥时间最短，而中心处（0mm）的干燥曲线干燥时间最长。当干燥至 120min 时，挂面内部的含水率分布更加均匀，且随着干燥的继续进行，水分分布更加均匀，直至干燥过程结束。

进一步分析图 6-25 中挂面内部不同位置处的水分梯度沿 x 轴方向的变化可以看出，较大的水分梯度主要出现在干燥的初始阶段，且主要表现在挂面外侧，此部分的含水率梯度差异较大，容易造成挂面机械特性的较大差异，所以如果出现质量损伤，挂面外侧出现质量损伤的可能性更大。这也是在干燥条件非常强烈的情况下，挂面外侧易出现结壳硬化的原因，因为较大的含水率梯度造成挂面内外两侧的机械特性产生较大差异，外侧水分首先脱除，引起表面硬化结壳，尤其是在挂面尺寸较大的情况，这种结壳硬化现象更明显。

（二）挂面干燥过程中的温度场分布及变化

图 6-26 所示为挂面干燥过程中的挂面温度场分布图，图 6-27 表示的是挂面干燥过程中不同时刻的挂面温度与位置（沿 x 轴方向，从中心至表面的距离分别为 0、0.2、0.4、0.6、0.8 和 1mm）的关系。

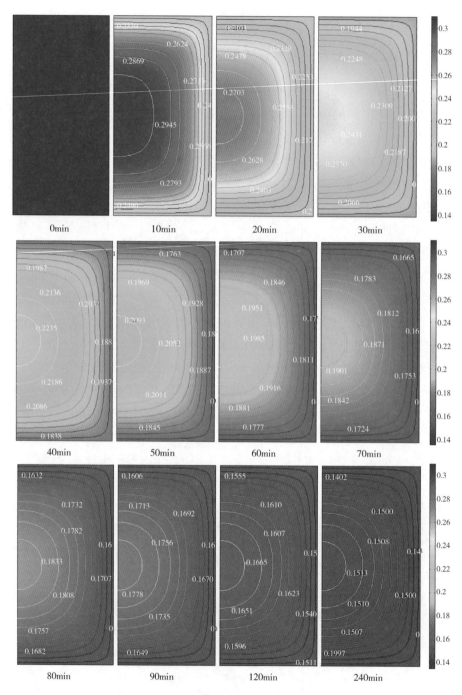

图6-22 不同干燥时刻挂面内部含水率场分布图

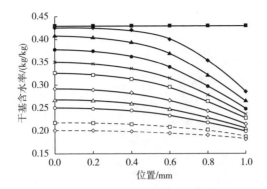

图 6-23　挂面内部含水率变化与位置的关系

■ 0min　◆ 10min　▲ 15min　● 20min
✕ 30min　□ 40min　◇ 50min　△ 60min
○ 1h30min　-□- 2h　-◇- 4h

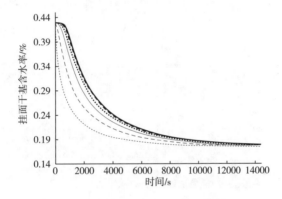

图 6-24　挂面内部不同位置处的干燥曲线

—— 0mm　-- 0.2mm　····· 0.4mm
—— 0.6mm　-- 0.8mm　······ 1mm

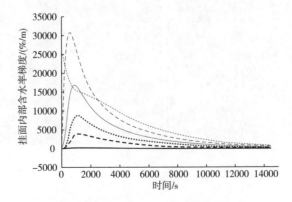

图 6-25　挂面内部不同位置处的水分梯度变化（沿 x 轴方向）

—— 0mm　-- 0.2mm　····· 0.4mm
—— 0.6mm　-- 0.8mm　······ 1mm

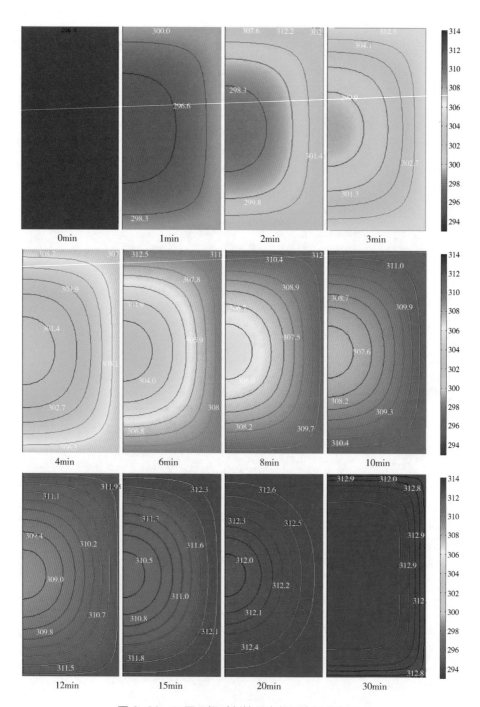

图 6-26 不同干燥时刻挂面内部温度场分布图

　　从图 6-26 可以看出, 挂面内部温度的变化与含水率场分布变化呈现相似的规律, 即干燥过程中外部热量逐渐向中心传递, 内部温度逐渐升高。但与含水率场分布的不同之处是, 挂面温度场变化的持续时间更短。从图 6-26 和图 6-27 可以看出, 干燥约 20min 时, 挂面内部温度比较接近外界环境温度, 而干燥 30min 时, 挂面各位置处的温度已基本与外界环境温度达到一致, 而挂面含水率在干燥 120min 时才基本达到均匀分布。

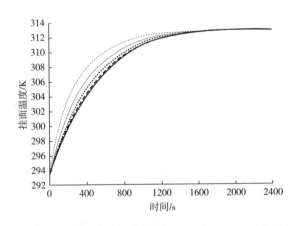

图 6-27　不同位置处的挂面温度随时间的变化曲线

———— 0mm　 - - - 0.2mm　······ 0.4mm
———— 0.6mm　······· 0.8mm

　　从图 6-28 的挂面内部温度梯度变化曲线也可以看出, 当干燥 30min 时, 挂面内部的温度梯度几乎降低为 0 K/m。干燥 30min 后, 挂面内部温度已不再是影响干燥过程的主要因素, 而内部水分向外传递将是影响水分传递的主要因素, 即干燥过程变为一个严格的水分传递内部控制阶段。

　　与挂面含水率场分布的另一个不同之处是, 挂面温度的分布相对比较均匀, 温度等值线未呈现明显的外部密集、内部稀疏的特点。所以, 相对于水分梯度, 挂面干燥过程中, 温度梯度较小, 其对挂面机械特性的影响也相对较弱。可见, 虽然挂面导热系数较小, 传热较慢, 但相对于水分传递来说, 挂面内部的热传递速度更快, 温度场分布更均匀。

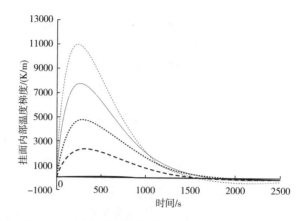

图6-28 挂面内部不同位置处的温度梯度变化（沿 x 轴方向）

—— 0mm - - - 0.2mm ········ 0.4mm
—— 0.6mm —— 0.8mm

三、挂面干燥过程的数值模拟分析

（一）干燥温度对干燥过程的影响

采用参数化扫描方法，固定干燥介质的相对湿度为75%，分别采用干燥温度为303、308、313、318K这4个干燥条件来模拟挂面的干燥过程，分析干燥温度对挂面干燥过程的影响，如图6-29所示。由图6-29可知，干燥温度越高，含水率下降越快，且挂面干基含水率达到平衡含水率的时间也越短，即干燥结束越快。

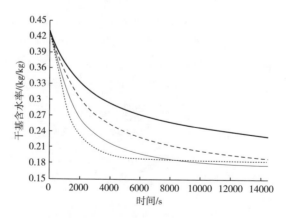

图6-29 干燥温度对挂面干燥过程的影响

—— 303K - - - 308K —— 313K ········ 318K

选取了最低温度（303K）和最高温度（318K）的模拟数据，对挂面不同位置处（距离中心0、0.4、0.8和1mm）的含水率进行了对比分析，如图6-30所示。从图中可以看出，干燥温度为318K时，0mm与0.4 mm两个位置处的含水率更加接近，水分梯度增加，且整个干燥过程的干燥速率较高，在干燥2 h（7200s）后，挂面基本达到平衡含水率；而干燥温度为303 K时，干燥速率明显降低，即使干燥至4 h（14400s），各位置处的含水率仍未达到平衡含水率，依旧存在一定的水分梯度。因此，提高干燥温度，可显著提高挂面内部水分向外扩散，这对于提高挂面干燥速率具有作用。

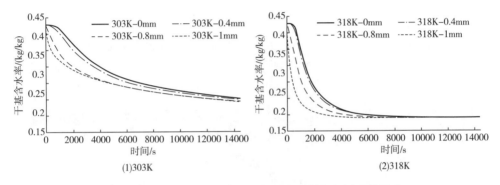

图6-30　干燥温度对挂面内部不同位置处干燥过程的影响

（二）相对湿度对干燥过程的影响

采用参数化扫描的方法，固定干燥介质的温度为313.15 K，分别采用相对湿度为60%、65%、70%、75%、80%、85%和90%这7个干燥条件来模拟挂面的干燥过程，分析相对湿度变化对挂面干燥过程的影响，如图6-31所示。相对湿度越高，挂面的含水率下降越慢，且挂面干基含水率达到平衡含水率的时间也越长，即干燥结束越慢。虽然不同的相对湿度对干燥过程的影响表现出了一定的趋势，但根据武亮等对实际生产企业中的干燥过程的分析可知，相对湿度是影响挂面脱水量主要因素（武亮，2015）。因此，该模型可能还未体现出相对湿度对干燥过程的显著影响。

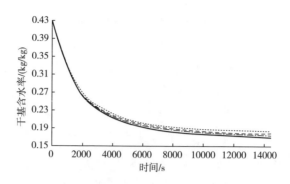

图 6-31 相对湿度对挂面干燥过程的影响

—— 60% —·— 70% - - - 80% ······ 90%

图 6-32 表示的是相对湿度对挂面内部不同位置处（0、0.4、0.8 和 1mm）干燥过程的影响，该图表现出了与平均含水率下降情况相一致的趋势，但相对湿度对干燥过程的影响效果依旧较小。造成该现象的可能原因是，本节采用的模型参数多是基于干燥温度 40℃、相对湿度 75% 的干燥条件试验所获得的参数拟合关系式，拟合关系式缺乏相对湿度或水分对热物理参数的影响，导致在分析不同相对湿度对干燥过程的影响时，部分模型参数不能起到应有的作用。

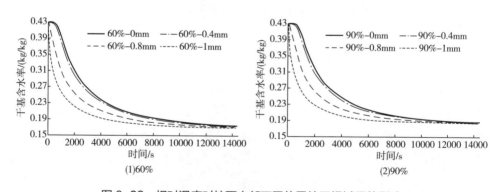

图 6-32 相对湿度对挂面内部不同位置处干燥过程的影响

四、小结

通过对挂面干燥过程的湿热耦合传递数学模型进行验证，结果表明该模型模拟值与试验值的吻合较好，绝对误差不超过 1%，说明模型能够较好地模拟挂面的干燥过程。通过对挂面干燥过程的进一步模拟发现，干燥过程中挂面外侧温度先升高，水分先脱除；同时，在挂面内部存在一个含水率梯度界面，该界面在干燥过程中不断向几何中心迁移，10min左右到达几何中心；挂面外侧的水分梯度较大，易导致表面机械特性差异，引起质量下降。干燥温度越高，含水率下降越快，含水率达到平衡含水率的时间也越短。

另外，利用该数学模型还可以更进一步优化干燥工艺，将干燥工艺分为三段，也可以分为更多分段，以充分提高干燥速率，并维持良好的挂面品质。

（本章由王振华撰写）

参考文献

［1］Assifaoui A., Champion D, Chiotelli E., et al. Characterization of water mobility in biscuit dough using a low-field 1H NMR technique［J］. Carbohydrate Polymers, 2006, 64（2）: 197-204.

［2］Bosmans Geertrui M, Lagrain Bert, Deleu Lomme J, et al. Assignments of proton populations in dough and bread using NMR relaxometry of starch, gluten, and flour model systems［J］. Journal of Agricultural and Food Chemistry, 2012, 60（21）: 5461-5470.

［3］Bushuk W, Winkler C A. Sorption of water vapor on wheat flour starch and gluten［J］. Cereal Chemistry, 1957, 34（2）: 73-86.

［4］Chen P L, Long Z, Ruan R, et al. Nuclear magnetic resonance studies of water mobility in bread during storage［J］. LWT-Food Science and Technology, 1997, 30（2）: 178-183.

［5］De T J, Verboven P, Delcour J A, et al. Drying model for cylindrical pasta shapes using desorption isotherms［J］. Journal of Food Engineering, 2008, 86（3）: 414-421.

［6］Derde L J, Gomand S V, Courtin C M, et al. Moisture distribution during conventional or electrical resistance oven baking of bread dough and subsequent storage［J］. Journal of Agricultural & Food Chemistry, 2014, 62（27）: 6445-6453.

［7］Hemdane S, Jacobs P J, Bosmans G M, et al. Study on the effects of wheat bran incorporation on water mobility and biopolymer behavior during bread making and storage using time-domain 1H NMR relaxometry［J］. Food Chemistry, 2017（236）: 76-86.

［8］Hou G G. Asian noodles: science, technology, and processing［M］. Wiley, 2010.

［9］Kim Y R, Cornillon P. Effects of temperature and mixing time on molecular mobility in wheat dough［J］. LWT-Food Science and Technology, 2001, 34（7）: 417-423

［10］Lu Z, Seetharaman K. 1H nuclear magnetic resonance（NMR）and differential scanning calorimetry（DSC）studies of water mobility in dough systems containing barley flour［J］. Cereal Chemistry, 2013, 90（2）: 120-126.

［11］Mercier S, Marcos B, Moresoli C, et al. Modeling of internal moisture transport during durum wheat pasta drying［J］. Journal of Food Engineering, 2014, 124（1）: 19-27.

[12] Patrick J W. Porosity in carbons: characterization in applications [M]. London: Edward Arnold, 1995.

[13] Qiu J, Khalloufi S, Martynenko A, et al. Porosity, bulk density, and volume reduction during drying: review of measurement methods and coefficient determinations [J]. Drying Technology, 2015, 33 (14): 1681-1699.

[14] Rouquerol J, Avnir D, Fairbridge C W. Recommendations for the characterization of porous solids [J]. Pure and Applied Chemistry, 1994, 66 (8): 1739-1758.

[15] Tang H R, Godward J, Hills B. The distribution of water in native starch granules-A multinuclear NMR study [J]. Carbohydrate Polymers, 2001, 43 (4): 375-387

[16] Tang H R, Brun A, Hills B. A proton NMR relaxation study of the gelatinisation and acid hydrolysis of native potato starch [J]. Carbohydrate Polymers, 2001, 46 (1): 7-18

[17] Umbach S L, Davis E A, Gordon J, et al. Water self-diffusion coefficients and dielectric properties determined for starch-gluten-water mixtures heated by microwave and by conventional methods. [J]. Cereal Chemistry, 1992, 69 (6): 637-642.

[18] Waananen K M, Okos M R. Effect of porosity on moisture diffusion during drying of pasta [J]. Journal of Food Engineering, 1996, 28 (2): 121-137.

[19] 贺瑶瑶. 裂隙-孔隙介质细观渗流机理研究 [D]. 武汉: 武汉工业学院, 2010.

[20] 刘晓燕, 郑春媛, 黄彩凤. 多孔材料导热系数影响因素分析 [J]. 低温建筑技术, 2009 (9): 121-122.

[21] 潘永康, 王喜忠, 刘相东. 现代干燥技术 [M]. 2版. 北京: 化学工业出版社, 2007.

[22] 武亮, 刘锐, 张波, 等. 干燥条件对挂面干燥脱水过程的影响 [J]. 现代食品科技, 2015 (9): 191-197.

[23] 武亮. 挂面干燥工艺模型与过程控制研究 [D]. 北京: 中国农业科学院, 2016.

[24] 徐娓, 丁静, 赵义, 等. 多孔物料干燥中物料体积的收缩特性 [J]. 华南理工大学学报 (自然科学版), 2006, 34 (8): 61-65.

[25] 杨宏民. 井下注气驱替煤层甲烷机理及规律研究 [D]. 焦作: 河南理工大学, 2010.

[26] 张丽萍. 低渗透煤层气开采的热-流-固耦合作用机理及应用研究 [D]. 北京: 中国矿业大学, 2011.

[27] 张玉良, 曹永生. 我国小麦品种资源蛋白质含量的研究 [J]. 中国粮油学报, 1995 (2): 5-8.

[28] 中国国家标准化管理委员会. GB/T 21650.1—2008 压汞法和气体吸附法测定固体材料孔径分布和孔隙度 第1部分: 压汞法 [S]. 北京: 中国标准出版社, 2008.

第七章

挂面烘房能耗分析及干燥节能技术

第一节　隧道式挂面烘房的能耗分析研究

随着科技的发展和进步，挂面生产设备的制造和控制水平得到了极大的提高，但针对挂面烘房能耗系统分析的文献较少，企业或科研机构对挂面生产过程中的能耗及能耗利用率缺少数据，这不利于对挂面烘房结构与效能进行更深层次的分析和研究。

在当前节能减排、燃煤改燃气等政策措施不断落实的时代，针对挂面烘房开展能耗分析，制定节能减排措施，符合经济社会发展对环境质量的总体要求，也是挂面生产工艺研究向更深层次发展的必由之路。

一、材料与方法

（一）挂面烘房

挂面的生产过程主要包括和面、醒面、压延、切条、干燥、冷却和包装等工序。干燥工序是耗能最大的操作工序，干燥过程的基本工艺如图 7-1 所示。被加热的导热油从热管内部流过，冷空气流过热管外部时被加热，热空气再通过对流和辐射的方式将热量传递给湿面条，将迁移至面条表面的水分带走，达到干燥的目的。

本节中所涉及的能耗及干燥相关参数的测定，均是基于某挂面企业的 2004 年所建的老式 5 排 60m 烘房、2013 年所建的新式 2 排 130m 烘房，和 2015 年改造后的 2 排 130m 烘房，烘房结构示意图如图 7-2。其中，新式 2 排 130m 烘房的改造过程，主要是采用可编辑逻辑控制器（PLC）对烘房进行了温湿度自动控制的改

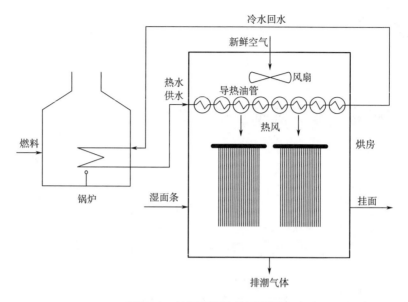

图 7-1 挂面干燥工艺示意图

造,改造后烘房的温湿度条件更加稳定,参数波动幅度下降。

新式烘房的尺寸为宽 3.75m,高 3.85m,长 130m;而老式烘房的尺寸为宽 6m,高 3.5m,长 60m。新式烘房有两个排潮出口,而改造后的烘房有三个排潮出口,所有排潮气体都是通过排潮出口排出烘房。

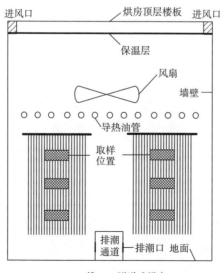

(1) 2排130m隧道式烘房

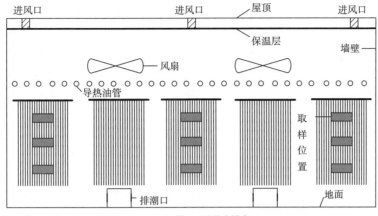

(2) 5排60m隧道式烘房

图 7-2　两种隧道式挂面烘房结构示意图（横截面）

（二）测试参数

针对烘房的热量和质量守恒规律，绘制了流入和流出烘房的热量流向示意图，如图 7-3 所示。

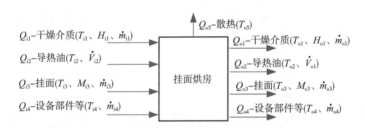

图 7-3　挂面烘房单元的热量守恒示意图

注：T 为温度，H 为空气湿度，m 和 V 分别为质量流量和体积流量，M 为挂面含水率；下标 i 表示入口，下标 o 表示出口。

根据烘房控制单元的热量守恒原理，则 $Q_{i1}+Q_{i2}+Q_{i3}+Q_{i4}=Q_{o1}+Q_{o2}+Q_{o3}+Q_{o4}+Q_{o5}$。

其中，干燥介质携带进入、流出烘房的热量，分别通过其温度、相对湿度和流率来确定；由导热油提供的热量通过进出烘房的导热油的温度差和体积流率确定，但为了更方便地计算总供热量，可以测定每条生产线的每日耗煤量；挂面携带进入、流出烘房的热量通过挂面的温度差、含水率差和平均产量来确定。

Tippayawong 等（2008）对龙眼的烘房研究发现，地板散热、建筑散热、辐射散热等的总耗热比例约为 2%，地板散热不足 1%，且其干燥温度为 60~70℃，比挂面干燥温度高。而本节所用烘房的地板采用三层复合，烘房底部结构从上往下依次为 5cm 厚的水泥，2.5cm 粗的地暖管埋在混凝土内，5cm 厚的塑料泡沫板，且烘房是并行排列的，故烘房之间的热传递可以忽略。因此，烘房热量衡算时，可以忽略地板、侧墙厚度等引起的散热损失（Çomakli, 2003），仅考虑通过楼房顶层散热损失的热量。另外，设备部件热耗多数为固定热耗，且设备部件一直在烘房单元内部移动，其温度会出现高低变化，但干燥过程中所吸收或放出的热量均在烘房单元内部，不会带入或带出热量，故在节能降耗方面无法优化；面杆等可移动部件的比热较小，虽在干燥结束后被移出烘房出口，并再次被送入烘房入口，但挂面被移出和送入烘房时的温度差异较小，所引起的热量变化很小，耗热较少，可以忽略不计。所以，当将整个烘房看作一个控制体时，热量 Q_{i4} 和 Q_{o4} 可以忽略。

（三）仪器与设备

试验所需的仪器与设备见表 7-1。

表 7-1　　　　　　　　　　　　试验所需的仪器与设备

仪器	型号	公司
气象仪	Kestrel 4500	美国 Kestrel 公司
电子天平	BSA323S-CW	赛多利斯科学仪器（北京）有限公司
电热恒温鼓风干燥箱	DHG-9140	上海一恒科技有限公司
热成像仪	Testo875-2i	德国 Testo 公司
智能温度湿度记录仪	179A-TH	艾普瑞（上海）精密光电有限公司

（四）试验方法

采用 Kestrel 4500 气象仪对烘房内、顶层进风孔、烘房入口、烘房出口、总排潮口的温湿度及风速进行测定；采用 Testo875-2i 热成像仪测定挂面在烘干过程中的温度以及烘房屋顶内外两侧的温度分布；通过导热油流量计和温度表，确定导热油进出烘房的温度和体积流率；采用 DHG-9140 电热恒温鼓风干燥箱在 130℃ 烘干挂面 4h，测定挂面含水率；利用卷尺测定烘房结构尺寸；向企业获取每条生产线的日产量和耗煤量等参数。

在新式烘房和改造后的烘房测定过程中，分别将气象仪悬挂在面杆上［如图

7-2（1）中的取样位置］，使其随链条同步运行，测定烘房内部不同位置的温湿度参数变化。同时，对生产线左排、右排的挂面取样测定，取样位置为上、中、下三个高度，如图 7-2（1）所示，取样时间间隔为 15min（0~1h）、20min（1~3h）、30min（3~4h）。

本节分别以新式 2 排 130m 隧道式烘房［图 7-2（1）］、老式 5 排 60m 隧道式烘房为研究对象［（图 7-2（2）］测定相关参数。其中老式烘房由于原有的设备比较简陋，不能测定导热油的流量，仅测定了煤耗、上架和下架挂面的含水率、挂面产量等参数。试验测定时间为 2014 年 8 月 13 日。

新式烘房的测定试验中，分别对生产线左排、右排挂面做了测定，取样位置为挂面的上、中、下三个高度，如图 7-2（1）所示。同时，对烘房顶部的内侧温度和外侧温度分别进行测定。试验测定时间为 2014 年 9 月 22~25 日。

通过分析烘房能耗和产量等数据，提出了关于新烘房节能改造的建议，并于2015 年 11 月 11~15 日再次对改造后的新烘房进行了全面测试。

具体的测试方法如下：

（1）挂面温度、烘房天花板温度、二层地板温度的测定　　选取适当位置，采用红外热像仪 Testo 875-2i 对目标位置和样品进行拍照，最终在电脑上通过读取图片的数据，来获取相应测点的温度。

（2）烘房内部的温度、相对湿度、风速的测定　　Kestrel 4500 便携式气象仪对烘房内空气、顶层进风孔、烘房入口、烘房出口、总排潮口的温湿度及风速进行测定。在测定烘房内的温湿度时，为了更准确地记录温湿度和风速的变化，将该设备挂在面杆上，使其同挂面一起向前运行，在线测定烘房内的温度、相对湿度和风速。

（3）挂面含水率的测定　　在不同的干燥时刻（0、15、30、45、60、80、100、120、150、180、210、240min）对测量位置处同一杆挂面的上、中、下三个位置进行取样，将样品放入自封袋并排出湿空气，密封并放入保温箱。试验结束后，采用烘箱烘干法（130℃烘干 4h）测定挂面的含水率。

（4）空间的温湿度　　利用 179A-TH 智能温度湿度记录仪，分别对生产线二层空间的前中后三个位置、烘房入口、烘房出口、压面机组车间的温度和相对湿度进行测定。

（5）水分不均匀度　　在生产的不同时刻（每 2h）对下架的挂面取样，采用近红外分析仪 DA7200 测定挂面成品的含水率。

（6）导热油数据　　在锅炉房记录导热油进出锅炉的温度和体积流率，再根据烘房生产线的开工条数,计算每条生产线的导热油平均体积流率。

(7)其他参数 利用卷尺对烘房的详细结构进行测定;向企业生产部门获取每条生产线的日产量和平均耗煤量等数据,然后根据烘房生产线的开工条数,计算每条生产线的平均产量和煤耗。

(五)数据处理方法

根据挂面日产量,得到进入烘房的湿挂面质量流率:

$$m_{n0} = \frac{1 - M_f}{1 - M_0} m_{nf} \tag{7-1}$$

式中　　m_{no}——每日进入烘房的湿挂面质量,kg/d;

　　　　m_{nf}——每日挂面产量,kg/d;

　　　　M_0——挂面初始含水率,%;

　　　　M_f——挂面最终含水率,%。

单条生产线的每日除水量可通过式(7-2)计算:

$$m_w = m_{n0}M_0 - m_{nf}M_f \tag{7-2}$$

式中　　m_w——每日除水量,kg/d。

物料热焓,表示特定物质处在某一状态时所具有的能量。本节采用式(7-3)计算焓值,而挂面干燥的理论最低耗热量采用式(7-4)计算。

$$Q = Cm\Delta T = Cm(T - T_{ref}) \tag{7-3}$$

式中　　Q——物料的焓值,kJ;

　　　　C——物料的比热容,kJ/(kg·℃);

　　　　m——物料的质量,kg;

　　　　T——物料的温度,℃;

　　　　T_{ref}——参考温度,为0℃。

$$Q_{eff} = m_w(C_w\Delta T + H_v) \tag{7-4}$$

式中　　Q_{eff}——物料干燥所需的最低耗热量,kJ;

　　　　H_v——水的蒸发潜热,2395kJ/kg;

　　　　C_w——水的比热容,4.2kJ/(kg·℃)。

生产线的总供热量可通过式(7-5)计算:

$$Q_{total} = m_{coal}C_{coal} \tag{7-5}$$

式中　　Q_{total}——总供热量,kJ;

M_{coal}——燃煤的质量，kJ；

C_{coal}——燃煤的热值，kJ/kg。

烘房热效率，表示的是理论最低耗热量与总供热量之比，如式（7-6）所示。

$$\eta = \frac{Q_{eff}}{Q_{total}} \tag{7-6}$$

式中　η——理论最低耗热量与总供热量之比，为小数。

单位产量的热耗（煤耗），即挂面的比热耗（比煤耗）为：

$$E_{面} = \frac{Q_{total}}{m_{nf}} = \frac{m_{coal}}{m_{nf}} \tag{7-7}$$

式中　$E_{面}$——挂面的比热（煤）耗，为小数。

单位除水量热耗（煤耗），即除水的比热耗（比煤耗）为：

$$E_{水} = \frac{Q_{total}}{m_{w}} = \frac{m_{coal}}{m_{w}} \tag{7-8}$$

式中　$E_{水}$——除去水的比热（煤）耗，为小数。

导热传热，主要用于计算通过导热传递而散失的热量。在挂面稳定干燥过程中，散失的热量主要是通过烘房顶层天花板散失，且该过程属于稳态导热过程，可采用傅里叶导热定律来描述。

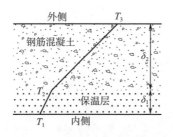

图7-4　烘房顶层结构示意图

根据图7-4所示，通过热传导传递的热量为：

$$Q_{cond} = \frac{T_1 - T_2}{\delta_1} k_1 \tag{7-9}$$

式中　Q_{cond}——通过热传导传递的热量，kJ；

T_1、T_2——烘房墙壁内侧、钢筋混凝土与保温层界面处的温度，℃；

δ_1——保温层的厚度，m；

k_1——保温层的导热系数，W/（m·K）。

式（7-9）化简为：

$$\frac{\delta_1}{k_1} = \frac{T_1 - T_2}{Q_{\text{cond}}} \tag{7-10}$$

同理，

$$\frac{\delta_2}{k_2} = \frac{T_2 - T_3}{Q_{\text{cond}}} \tag{7-11}$$

式中　δ_2——混凝土的厚度，m；

　　　k_2——钢筋混凝土的导热系数，W/（m·K）；

　　　T_3——烘房墙壁外侧的温度，℃。

化简式（7-10）和式（7-11），得公式（7-12），

$$Q_{\text{cond}} = \frac{T_1 - T_3}{\sum\limits_{i=1}^{2} \dfrac{\delta_i}{k_i}} \tag{7-12}$$

其中，$\delta_1 = 0.035\text{m}$，$\delta_2 = 0.11\text{m}$，$k_1 = 0.02137\text{W/（m·K）}$，$k_2 = 1.74\text{W/（m·K）}$，则式（7-12）化为式（7-13）。

$$Q_{\text{cond}} = \frac{T_1 - T_3}{1.935} \tag{7-13}$$

当采用煤耗或导热油温差来计算烘房总耗热量时，不方便与之前的数据进行对比，且天气的温湿度变化或其他烘房的特异变化情况等都会对试验结果产生影响。因此，本节将通过分析排潮气体和进风气体的温湿度差异来计算焓值差，分析烘房的改造效果，并通过煤当量的形式反映节能效果。

但在进行数据计算时，排潮气体中的水蒸气较多，空气的密度也与进口新鲜空气不一致。为了获得更精确的计算结果，需要将空气的密度确定为一个随水分和温度变化的函数，计算公式如式（7-14）所示。

$$\rho_a = \frac{1 + Y_d}{H} = \frac{273 M_a M_v (1 + Y_d)}{22.4 (273 + T_a)(M_v(1 - Y) + M_a Y)} \tag{7-14}$$

式中　ρ_a——湿空气的密度，kg/m^3；

　　　T_a——空气的温度，℃；

　　　M_v——水蒸气的摩尔质量，g/mol；

　　　M_a——干空气的摩尔质量，g/mol；

　　　Y_d——水分在干空气中的质量浓度，kg/kg；

　　　Y——水分在湿空气中的质量浓度，kg/kg。

其中，

$$Y_d = \frac{Y}{1 - Y} \tag{7-15}$$

$$Y = \frac{Y_d}{1 + Y_d} \tag{7-16}$$

$$C_a = 1.01 + 0.87Y \tag{7-17}$$

式中　　C_a——湿空气的比热容，kJ/（kg·℃）。

新式烘房的能耗测定试验在 2014 年 9 月进行，而改造后烘房的测定试验在 2015 年 11 月进行，两次试验的天气条件不一致。为了避免天气条件对试验结果的影响，本节采用烘房改造前后入口和出口的焓值差来对比节能效果。测定改造后烘房时的天气温度，低于测定改造前烘房时的天气温度，所以这部分预加热的焓将被减去，以保证两次测定试验的入口温度是一致的。空气焓计算时，将空气看作干空气和水蒸气的混合物，而干空气的密度可以根据式（7-18）进行计算。根据式（7-14）和式（7-18），即可计算得到水蒸气的质量流动速率，进而确定不同天气条件下进口气体的焓值差。

$$\rho = \rho_0 \frac{273 \times P}{(273 + T) \times 0.1013} \tag{7-18}$$

式中　　P——压强，Pa；

ρ_0——标准状况（0.101MPa，273K）下干空气密度，1.293kg/m³。

计算过程所用到的其他相关参数见表 7-2。

表 7-2　　　　　　　　　　　烘房及材料的相关参数

参数	数值	单位
煤的热值	25944	kJ/kg
空气比热容	1.2	kJ/（kg·K）
导热油比热容	2.24	kJ/（kg·K）
纯面粉比热容	1.21	kJ/（kg·K）
水的比热容	4.2	kJ/（kg·K）
导热油密度	870	kg/m³
烘房屋顶面积	3.75×130	m²
排潮口直径	0.6	m
排潮口数量	2	个

续表

参数	数值	单位
圆形进气口直径	0.15	m
圆形进气口数量	48	个
上下架进气口尺寸	3.75 × 2.11	m

最后，采用 Excel 2010 和 Origin 8.5 进行数据处理和图表绘制，采用式（7–19）计算标准差，采用 SPSS 20.0 进行 t 检验及其他统计分析。

$$S = \sqrt{\frac{\left[n \sum x^2 - \left(\sum x \right)^2 \right]}{n(n-1)}} \tag{7-19}$$

二、结果与分析

（一）新旧烘房的产能及能耗对比

本节试验在 2014 年 8 月份进行，此时天气炎热，气温较高，因此，耗煤量相对较低。通过获得的试验数据，对比分析了新式烘房和老式烘房的日耗煤量、吨挂面耗煤量、烘房热效率（比例）等参数，数据计算结果见表 7–3，新旧烘房相应参数的对比分析结果见图 7–5。

从图 7–5 可以直观地看出，新烘房的产量、烘房热效率、单位除水量等指标均得到了较大幅度的增加，而单位产量煤耗、单位除水量煤耗等指标均得到了较大幅度的减小。所以，与旧烘房相比较，新烘房在产量、能耗等方面具有较大的优势。

从表 7–3 可知，对于单位挂面产量的热耗 $E_{面}$，老式烘房 869.73kJ/kg，新式烘房为 707.84 kJ/kg，新式烘房可节约用煤 18.6%。可见，新式烘房在节能效果方面具有良好的优势。而且，本节所选用的老式烘房已在原始设计烘房基础上进行了大量改造。可见，新式烘房的节能效果将更明显。

干燥过程中的烘房热效率，表征单纯用于水分蒸发的热量占总供热量的比重，从数据可以看出，新式烘房的热效率为 76%，比老式烘房提高了 10%，挂面的产量也由老式烘房的 38400kg 提高至新式烘房的 47160kg，提高了 22.8%，这与新式烘房良好的锅炉系统、设计优良的排潮系统、良好的建筑保温和输送管道保温等相关。还与试验测定的季节相关，如在冬季进行试验，散热损失、加热空气的热量等指标均会比夏季测定试验数据偏大，最终导致烘房热效率减小。

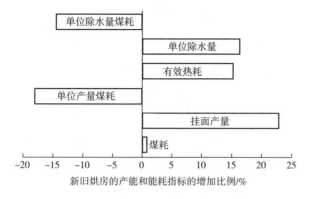

图 7-5　新旧烘房的产能和能耗对比

表 7-3　　　　　　　　　　　　　　新旧烘房的能耗对比分析

参数	单位	数值	
		60m 线	130m 线
煤耗	kg/d	1280 ± 65^a	1290 ± 00^a
挂面日产量	kg/d	38400 ± 392^a	47160 ± 111^b
挂面的比热耗 $E_{面}$	kJ/kg	869.73 ± 72.74^a	707.84 ± 16.70^b
初始含水率	kg/kg	29.98 ± 0.18^a	29.22 ± 0.38^b
最终含水率	kg/kg	13.39 ± 0.28^a	13.36 ± 0.25^a
烘房热效率	%	66 ± 6^a	76 ± 2^b
水分的比热耗 $E_{水}$	kJ/kg	3672.20 ± 327.37^a	3159.82 ± 76.30^b

注：字母不同表示同一行数据之间存在显著性差异（$P<0.05$）。

对于单位除水量的热耗 $E_{水}$，新式烘房为 3159.82kJ/kg，而老式烘房为3672.20kJ/kg，说明新式烘房比老式烘房能够更充分地利用热量，最大限度地用于水分蒸发，提高了热效率。另外，老式烘房的长度为 60m，被分成了 4 控制区，每个控制区的长度较小，而新式烘房的长度为 130m，被分成了 7 控制区，每个控制区的长度较大，干燥条件更容易控制，生产更稳定。

对于上述结果，分析认为主要有以下两个方面的原因。

一方面是干燥介质的温度。两种烘房内的平均相对湿度均为 79%，但老式烘房的平均温度为 33℃，而新式烘房的平均温度为 42℃。可见，高温在一定程度上加速了挂面的干燥。在"三段式"干燥理论支持下，第二段采用高温干燥，可充分利用干燥介质热量，而老式烘房一直处于相对低温的环境，即使到了第二段区间，干燥速率也不能有效地提高，因此，整体干燥速率和产量下降。

另一方面是设备和建筑结构的改造和能效。老式烘房的保温措施、散热器的热交换效率、锅炉房的热效率、沿途管道的保温效率等性能都较差。另外，老式烘房的平均温度较低，可能也会影响挂面和水的比热耗，这与前人的研究相似（Motevali，2011；Chayjan，2013）。所以，建议挂面烘房采用高温干燥，可以提高干燥速率，增加产量，降低比热耗，减少能耗。

（二）新烘房的能耗分析及节能建议

在对烘房顶部进行散热计算时，将烘房平均分成 12 段，分别测定每段天花板的内侧温度和外侧温度（图 7-6），并根据式（7-13）进行散热量的计算。

图 7-6　烘房顶部内侧和外侧的温度分布测定

基于测定的数据，根据本节"数据处理方法"中的相关计算公式，计算挂面、空气、导热油的输入和输出热量，得到烘房各部分热量的输入和输出值，结果见表 7-4。

将表 7-4 中各热量项的输入项和输出项分别求和，即可得到烘房控制单元的总流入热量和总流出热量如下：

$$Q_i = 2638.53 \text{kJ/s}$$

$$Q_0 = 2514.35 \text{kJ/s}$$

表7-4		烘房各部分热量的输入输出结果			单位：kJ/s
类型	输入热量		输出热量		差值
	参数	数值	参数	数值	
空气	Q_{i1}	397.72	Q_{o1}	755.26	-357.54
导热油	Q_{i2}	2201.26	Q_{o2}	1729.56	471.70
挂面	Q_{i3}	39.55	Q_{o3}	25.57	13.97
设备部件	Q_{i4}	0	Q_{o4}	0	0
散热	—	—	Q_{o5}	3.96	-3.96

由此可见，流入烘房的总热量不等于流出烘房的总热量，其流入与流出热量的计算误差为

$$\delta = \frac{Q_i - Q_o}{Q_i} = \frac{2638.53 - 2514.35}{2638.53} = 4.7\%$$

通常情况下，工程计算分析需要面临多种工况，不可避免会产生计算误差。测算误差只要不影响计算结果分析，都是允许的。工程计算时误差应在10%以内。本节的计算误差为4.7%，是可以接受的。之所以产生这个误差，是因为烘房入口是开放的，空气会出现不稳定的流入或流出，测算结果有误差；再者，所有排潮气体均通过两个排潮口被排出，且流速快、不稳定，测定风速时容易产生偏差，导致误差增大。

对表7-4中的数据作进一步分析可知，挂面和导热油在干燥过程中是作为提供热量的因素，而空气和墙壁散热是消耗热量的因素。因此，可通过适当提高进入烘房的挂面的温度来提高烘房进入的能量，而且挂面温度升高后，也会促进水分在挂面内部的传递速率，提高干燥速率。

虽然挂面携带的热量较大，主要是由于挂面含水率高、温度较高所致，而实际上烘房实际热源为导热油供热。因此，烘房的供热量为471.70kJ/s，故通过烘房墙壁散热的比例、排潮排出的热量比例分别为：

$$\delta_s = \frac{Q_{o5}}{Q_{i2} - Q_{o2}} = \frac{3.96}{2201.26 - 1729.56} = 0.84\%$$

$$\delta_2 = \frac{Q_{o1} - Q_{i1}}{Q_{i2} - Q_{o2}} = \frac{755.26 - 397.72}{2201.26 - 1729.56} = 75.8\%$$

本节所选130m隧道式烘房的散热损失仅为0.84%，烘房的保温效果较好，这与挂面烘房的干燥温度较低、环境温度较高、辐射散热小、墙壁导热散热小等因

素相关，而且烘房的并行排列也减少了热量的横向散失。所以，在目前的烘房实际构造情况下，在进行烘房能耗优化时，可以不用再考虑散热问题。

　　通过排潮气体流出的热量占导热油供热总量的75.8%，所占比例较大，而且排潮气体的温度也较高，尤其是在主干燥区域，如图7-7所示。因此，可以考虑通过回收排潮气体热量来减小排潮热损失，提高热利用率。在主烘干区，排潮温度较高（约45℃），相对湿度较大（约88%）。如果排潮温度降低至40℃，相对湿度降低至70%，则可回收潜热和显热262kJ/s，这相当于导热油供热量的55.5%。所以，从排潮气体回收热量是一种行之有效的节能方法（Golman，2014；Donnellan，2015）。

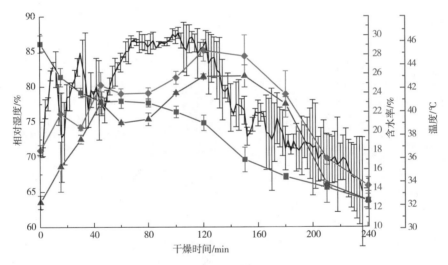

图7-7　新式烘房中干燥介质的温湿度和挂面温度变化曲线

—— 相对湿度　—■— 含水率　—▲— 挂面温度　—◆— 空气温度

　　除此之外，干燥过程中干燥速率波动较大。从图7-7可以看出，相对湿度一直维持在较高水平，接近饱和。由于排潮风机频率固定，排潮速率也是固定的。在干燥50~100min时，水蒸气不能及时地被排出烘房，导致挂面干燥速率降低。然而，在100~170min时，面条温度升高、相对湿度下降，挂面含水率迅速较低。这种快速干燥方式极易形成挂面内部较高的水分梯度，进而引起挂面截面上的机械性能差异，最终产生质量问题（Hou，2010）。因此，建议在烘房的主干燥区安装更多的排潮风机，以精确控制排潮气体的排出速率，稳定烘房内部的干燥条件。

（三）新式烘房存在的问题及改进建议

虽然新式烘房在产量、能耗等方面具有较大的优势，但在其实际生产过程中仍存在一些问题。

（1）最终产品的含水率不稳定　最终产品的水分不均匀度为1%~2%。因为干燥介质温度、相对湿度和风速的控制，还需借助于频繁的取样来测定水分，以掌握干燥进度，并采取手动操作来控制温度和相对湿度。若出现过度干燥，会造成成本增加和能源浪费。以某企业年产50万t挂面为例，过度干燥1%相当于额外增加5000t面粉，额外干燥5000t水（折合消耗约410t标准煤）。假设面粉价格为3000元/t，标准煤价格为500元/t，企业每年要多支出1500万元面粉和21万元的标准煤，这将是一个非常客观的数值。虽然燃煤成本的可节约空间较小，但燃煤降低所带来的环境效益是巨大的。如果可以节约这部分燃煤，可减少CO_2排放2100t，减少SO_2排放7t，减少氮氧化物排放6t。

（2）挂面的含水率下降不均匀　从图7-8可知，烘房内部挂面的含水率下降不均匀，在主干燥阶段前半段脱水缓慢，而在后半段脱水较快，这种较大的含水率差异变化容易造成产品质量问题，如酥条等。

通过分析发现，主要原因是在于主干燥段的前半段，挂面内部的水分经干燥后大量进入空气，但烘房的排潮不及时，且空气温度未得到有效提高，导致烘房内部的相对湿度迅速升高，而主干燥段后半段的排潮效果比较充分，从挂面内部脱除的水分可以较好地被排出烘房，且空气温度也升高，引起烘房内部的相对湿度相对较低，干燥速率提高。

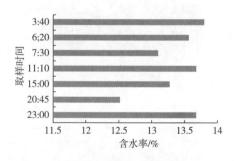

图7-8　挂面最终含水率的不均匀性

（3）烘房结构尺寸较大　烘房顶端剩余空间较大，约1.5m，而进气口尺寸较小（D=15cm）且分布相对稀疏，间隔约3.5m（图7-9），同一类型的不同烘房的排潮阀门开合程度大小无规律（图 7-10），这些均导致干燥介质的温湿度分布不均匀，进而导致挂面的干燥不均匀。

针对挂面烘房生产过程中出现的上述问题，建议对烘房进行节能优化改进。

首先，针对烘房结构较大、最终含水率不均匀的情况，可以采用流体模拟软件模拟烘房内的流体流动，优化烘房通风结构，保证干燥介质的温湿度分布均匀和流体流动均匀；还要通过建立挂面的干燥模型，并嵌入工况控制系统，调节气体流速、导热油流量等，协同保持烘房特定区域的温湿度稳定。

其次，建议在干燥速率较大的主干燥段，采用单独的引风机排潮，保证脱除的水分及时地被排出烘房，稳定主干燥段的干燥条件，维持干燥速率相对稳定。

第三，充分利用清洁、可再生能源。采用太阳能与锅炉同时供热、燃煤改燃气锅炉、太阳能辅助热泵（Wu, 2014）等方式，可以减少煤炭的使用，降低能耗。在夏季白昼，太阳能供热几乎可完全替代锅炉供热；在冬季采用这种组合供热的方式，可大量减少烘房的煤耗。

图 7-9　挂面烘房顶层空间实物图

图 7-10　烘房内部小排潮口的开合情况实物图

（四）烘房内部温湿度自动控制改造效果分析

根据前述试验获得的烘房能耗和产品含水率的结果，对烘房进行再次改造，实行温湿度自动控制，并采用烘房内部其他分区的空气进行热量补偿，充分利用烘房内热空气的热量，具体排潮和热量补偿过程如图 7-11 所示。

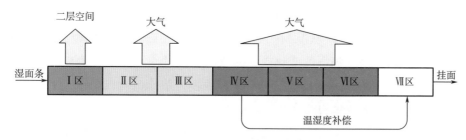

图 7-11　烘房排潮及内部空气补偿示意图

温湿度控制的方法，主要是通过 PLC 控制器调节烘房导热油管内的导热油流量，来控制干燥气体温度。同时，通过调节排潮风机的转速，调整排潮气体的流量，以实现对干燥气体相对湿度的控制。最终，保证烘房内干燥介质的温度和相对湿度维持在要求的范围内。

对新烘房进行数据计算时，通常将 130m 的隧道式烘房沿长度方向平均分成 7 个区域，根据温度和相对湿度的分布情况，采用不同方式进行排潮。具体如下：Ⅰ区采用单独风机将空气排入烘房顶部的二层空间；Ⅱ区、Ⅲ区分别采用独立风机排潮，汇合后再统一排入大气；Ⅳ区、Ⅴ区、Ⅵ区也分别采用独立风机排潮，汇合后再统一排入大气；Ⅶ区相对湿度较小，没有排潮，必要时可由Ⅳ区直接补偿。

通过对新烘房进行上述改造后，重新对烘房的温湿度分布、挂面干燥速率、烘房节能效果、挂面产量、挂面干燥均匀度等指标进行了分析，以评价其改造后的效果（表 7-5）。

表 7-5　　　　　　　　　　新烘房温湿度自动控制改造前后的产量和煤耗

参数	改造前	改造后	变化幅度 /%
挂面产量 /（t/d）	42.14	50.61	20
单位产量的煤耗 /（kg/t）	27.35	25.54	−6.6
干燥时间 /h	4	3.5	−12.5
除水量 /（t/d）	9.64	10.98	14
烘房热效率 /%	80	81	1.25

从表 7-5 可知, 新式烘房进行温湿度自动控制改造后, 挂面产量从 42.14t/d 提高为 50.61t/d, 提高了 20%; 单位产量煤耗从 27.35kg/t 降低为 25.54kg/t, 降低了 6.6%; 干燥时间从 4h 降低为 3.5h, 降低了 12.5%; 除水量比改造前提高了 14%。所以, 烘房控制自动化改造后, 不仅缩短了干燥时间, 还提高了产能和烘房热效率, 具有良好的经济效益。

但本次测定的改造前的烘房有效热效率为 80%, 高于之前测定的 66%。这是由于两次测定试验的天气状况, 即入口空气状况存在差异, 导致了入口能耗的计算差异。可见, 天气的温湿度变化或其他烘房生产过程的特殊情况等都会对试验结果产生影响, 导致烘房的能耗计算结果产生较大差异。因此, 根据式 (7-14) 至式 (7-18) 进行节能效果的计算, 详细计算结果见表 7-6。

表 7-6 烘房改造后的节能效果

参数		单位	改造前		改造后		
			前	后	前	中	后
进风	温度	℃	34	34	26.65	27.48	23.34
	相对湿度	%	52	49	70.00	58.00	58.00
	体积流率	m³/s	2.14	1.26	0.70	2.15	1.01
	干基含水率	kg/kg	0.02	0.02	0.02	0.01	0.01
	焓值	kJ/s	86.64	50.69	22.70	71.30	28.64
			137.33		122.64		
排潮	温度	℃	40.5	42.9	28.52	36.22	40.67
	相对湿度	%	93.37	90.97	84.39	91.70	86.99
	体积流率	m³/s	2.55	1.59	0.75	2.83	1.75
	干基含水率	kg/kg	0.05	0.05	0.02	0.04	0.04
	焓值	kJ/s	124.66	81.83	26.01	123.70	85.49
			206.48		235.20		
预加热干空气的焓		MJ/d	—	—	536.96	1452.22	1124.04
预加热空气中水分焓		MJ/d	—	—	16.20	39.00	24.81
水蒸发潜热		kJ/kg	2601.08	2606.91	2571.96	2590.67	2601.49
平均蒸发潜热		kJ/kg	2603.99		2588.04		
上架湿挂面含水率		%	28.94		29.14		
下架干挂面含水率		%	12.68		13.76		
上架质量		kg/d	51780		61590		
下架质量（产量）		kg/d	42140		50610		
除水量		kg/d	9640		10980		

续表

参数	单位	改造前		改造后		
		前	后	前	中	后
潜热耗热量	MJ/d		25106.61		28427.96	
总耗热量	MJ/d		31081.59		34959.86	
挂面比热耗 $E_面$	kJ/kg		737.65		690.80	
除水比热耗 $E_水$	kJ/kg		3223.70		3182.70	
单位产量节约煤炭	g/kg			1.81		

从表 7-6 可知，通过对新烘房进行温湿度自动控制改造，挂面的比热耗从 737.65kJ/kg 降低为 690.80kJ/kg，降低了 46.85kJ/kg，即干燥 1t 挂面可以节省 1.81kg 煤。对于一个年产 50 万 t 挂面的企业来说，每年可以节省 905t 煤炭，具有较好的经济效益和环境效益。为了更好地进行烘房能耗的分析，建议在每条试验线安装一个热量表，即在导热油管的总进口装一个流量计，再在导热油管的进口和出口分别加装一个温度计，并实现实时监测。直接通过导热油的热量消耗，即可快速了解烘房的改造工作对烘房能耗的影响。

图 7-12 表示的是新烘房改造前后一天中不同时刻的挂面最终含水率分布情况。从图中可以看出，烘房改造后，水分不均匀度（即含水率的极差）从改造前的 1.8% 降低为 1.4%，平均含水率从 13.37% 升高为 13.99%，含水率波动范围从 12.5%~14.3% 变为 13.7%~14.5%。因此，含水率均匀性得到了极大地提高，虽然平均含水率的提高程度较小，但给企业带来的效益却是巨大的。最终含水率低于行业标准要求的 14.5%（国家粮食局，2014）的程度越大，企业投入的成本将会越大。对于年产 50 万 t 挂面的企业来说，如果含水率被过度干燥 1%，5000t 面粉将会被添加到挂面中以替代水分，同时需 410t 煤炭去干燥这部分水分。

对于最终含水率的不均匀性，可能有以下两个原因。

（1）新鲜冷气体与热空气混合不均匀　新鲜冷空气从烘房顶部的进风口进入烘房，并通过导热油管被加热，但在风扇的间隙处，冷空气不能充分与导热油管换热，所以新鲜冷空气在某些位置不能充分被加热以及与热空气混合，容易引起烘房内温度和相对湿度的波动。

（2）温湿度控制不精确　外界冷空气来自大气，而一天中空气的温度和相对湿度是不断变化的。改造前，工人每半小时通过手动调节导热油流量来稳定烘房内的干燥条件，但其稳定性仍不如改造后的自动温湿度控制系统。因此，改造后，挂面的水分不均匀度降低了，但仍有可提高的空间。未来的烘房应该有稳定的进气气流、良好的冷热气体混合以及更加精确和灵敏的温湿度自动控制系统。

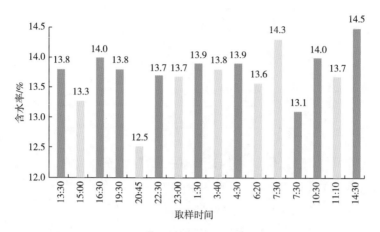

图7-12   新烘房改造前后不同时刻的挂面最终含水率分布

  ▨ 改造前   ▩ 改造后

图7-13表示的是烘房改造前后，挂面的含水率随时间的变化曲线。从图中可以看出，烘房改造后，挂面的干燥曲线更平缓，含水率下降更均匀。改造前，在0~45min时，含水率下降较快，45~100min时含水率下降缓慢，这种水分的快速变化不利于产品的品质稳定。而改造后，挂面含水率始终保持稳定地下降，不会出现较大的水分梯度或水分差异，不容易造成品质问题。

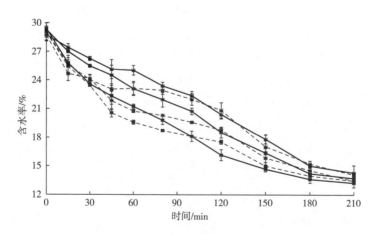

图7-13   烘房改造前后挂面含水率的变化曲线

  ━■━ 改造后–上   ━◆━ 改造后–中   ━▲━ 改造后–下
  ┈■┈ 改造前–上   ┈◆┈ 改造前–中   ┈▲┈ 改造前–下

　　从上述分析可以看出，新式烘房改造后，最明显的变化是，挂面的干燥时间由改造前的 4h 缩短为改造后的 3.5h，日产量有了一定程度地提高，且挂面的干燥曲线更平缓，干燥过程中的含水率下降更均匀，说明新烘房改造后，既提高了挂面产量，也保证了产品质量。

　　可见，对新烘房进行排潮管道改造、温湿度自动控制改造后，产品质量更加稳定，产生的原料成本效益更加明显，且自动化控制改造引起的用工数量减少，也给企业减少了人工成本。

三、小结

　　本节对挂面企业的新式 2 排 130m 和老式 5 排 60m 隧道式烘房开展试验，对烘房的烘房结构、挂面产量、能耗等指标进行了对比分析，并根据试验数据再次对新式烘房进行了热平衡分析和温湿度自动控制改造。结果发现，在热能利用方面，烘房散热比例极小，不到 1%，而排潮气体带走的热量占比较大，占 75.8%；在能耗和产能方面，新式烘房比老式烘房性能更好，且通过焓差法比较了新烘房及其改造后的表现情况，发现新烘房改造后其产能、能耗、挂面水分均匀度等指标均得到了较大的改善。

第二节　太阳能辅助供热挂面烘房热能构成研究

　　干燥是挂面生产的关键环节之一（沈群，2008）。挂面干燥主要利用对流烘干法，此烘干法在国内挂面生产企业广泛应用（沈再春，2001）。挂面干燥的热能供应主要以燃煤为主，利用燃煤加热导热介质（水或导热油），导热介质间接对烘房进行加热。由于这种加热方式容易控制，在生产上普遍采用（陆启玉，2007）。挂面干燥是挂面生产能源消耗的主要环节。已有很多学者对于挂面干燥生产过程节能技术及措施进行了有益尝试，主要集中于挂面干燥特性研究、挂面生产工艺调查以及不同生产线之间能效的评估（武亮等，2015；王杰等，2014；王振华等，2014；魏益民等，2014）。

　　太阳能作为清洁能源的一种，因其资源丰富、没有地域限制、可直接开发和利用，逐渐受到人们的重视。光热转换和光电转换是太阳能利用的两种主要方式。太阳能光热利用技术是目前最成熟、普及率最高的太阳能技术，如常见的太阳能热水装置、太阳能采暖、制冷以及太阳能热泵等。近年来，国家和地区纷纷出台有关太阳能光热利用政策，推进太阳能在建筑中的规模化应用［《中华人民共和国可再生能源法》（2006），《关于进一步加快太阳能光热系统推广应用的实施意见》（2009）］。山东省德州市政府《关于进一步加快太阳能推广应用工作的意见》（德政办发〔2011〕25号）要求，"鼓励生产过程中需要大量供热的工业企业（如纺织、印染、造纸、制药、化工、干燥等企业）安装使用太阳能光热系统"。太阳能干燥装置根据阳光是否直射在物料上可以分为三类：温室型、集热型（包括小型的热泵干燥室）以及组合型（温室–集热型）（高兴海，2010）。太阳能干燥系统具有较好的社会经济效益，可在降低能耗、缩短干燥时间的同时，提高产品质量（Duran等，2015；Pirasteh等，2014；Prakash等，2014）。目前，太阳能光热技术已应用到多种农副产品的干燥中，如利用温室型太阳能烘房干燥谷物、香蕉、辣椒、葡萄等（Elkhadradraoui等，2015；Ekechukwu等，1999），利用小型太阳能热泵干燥室干燥椰子肉（Mohanraj等，2014）、蘑菇（Şevik，2013）等。利用太阳能干燥物料，不仅能降低生产成本，还能减少碳排放（Janjai等，2011；Om Prakash等，2013；Fudholi等，2010）。有学者估计到2020年，利用太阳能技术可以降低农产品干燥CO_2排放的23%（Tripathy等，2015）。

近年来，随着太阳能光热转换技术的发展，已有企业利用太阳能光热技术干燥挂面（集热型）。然而，太阳能光热利用设备的一次性投入较高，投入回收期较长，而挂面行业又属于微利行业，这些因素限制了其在挂面干燥中的推广应用。同时，以往的研究主要集中在温室型太阳能烘房或热泵干燥室的能效评估上，对集热面积较大的集热型烘房的能效评估的借鉴和参考价值有限。本节以某一挂面生产企业的太阳能–燃煤供热锅炉、挂面干燥生产车间为研究对象，研究太阳能辅助供热挂面烘房的热能构成、节能效果及建设和管理成本，为太阳能光热利用技术在挂面干燥工艺中的应用提供依据，同时也为采用相似干燥工艺的其他物料的干燥过程提供借鉴。

一、材料与方法

（一）仪器与设备

179A–TH智能温湿度记录仪（美国Apresys精密光电有限公司）；BSA323S–CW电子天平［赛多利斯科学仪器（北京）有限公司］；DHG–9140电热恒温鼓风

干燥箱（上海一恒科技有限公司）；台秤（1/50）（泰安泰山衡器有限公司）；常压热水采暖锅炉（济南金信达特种设备有限公司）。

（二）试验方式

1. 挂面干燥工艺在线监测

干燥工艺监测方法参照王杰等（2014a）的方法。挂面切条上架后，将179A–TH智能温湿度记录仪悬挂于挂面传送装置上（上、中、下），仪器随挂面的链条传动装置一起运行，在线监测烘房内上、中、下三个位置处的温度和相对湿度。在动态监测挂面干燥工艺的同时，记录当天天气状况，并用179A–TH智能温度湿度记录仪记录当日的温度和相对湿度。

2. 挂面干燥曲线绘制

取样时间为0、24、48、72、96、120、144、168、192、216和240min，共11个位置，重复三次。含水率测定温度为130℃，4h。

$$W_S = \frac{M_S - m}{M_S} \times 100\% \tag{7-20}$$

式中　M_S——挂面在任意位置处的质量，g；

　　　m——烘干后挂面的干物质质量，g。

3. 煤耗计算

用台秤称量不同时间段的煤耗和和面量，并做记录。煤的热值为24267~25104kJ/kg。

$$C_c = \frac{C_t}{P_t} \tag{7-21}$$

式中　C_c——单位耗煤量，kg/t；

　　　C_t——该段时间内耗煤量，kg；

　　　P_t——该段时间内的挂面产量，t。

（三）数据处理方法

试验测定了三次，分别为2015年4月29日—4月30日、5月31日—6月4日和7月27日—7月29日，记录测试时间的和面量。采用SPSS 18.0和Excel 2010进行数据处理和统计分析。

二、结果与分析

（一）烘房结构介绍

生产车间基本情况介绍：厂房为二层平房结构，每层高 3.5m。一层为面粉储存车间、制面车间、切条车间、包装车间及成品挂面储存车间；二层为烘房，约 750m²；楼房顶部为太阳能光热转换面板（6000 根），每根管长 1.8m。太阳能面板方阵的方位稍微偏西（太阳辐射能量的最大时刻在中午稍后），太阳能换热板倾角范围为 25°~50°（南低北高）。

该烘房为索道式烘房（单排挂面在烘房中往复运行，依次经过由隔墙划分的若干区域进行分段干燥），长 50m，宽 25m，挂面在烘房内经五次往返干燥。烘房分四区，Ⅰ区干燥时长 48min，Ⅱ区干燥时长 48min，Ⅲ区干燥时长 96min，Ⅳ区干燥时长 48min（图 7-14）。干燥介质从烘房两侧墙体上的窗户进入烘房内，湿空气利用混流式通风机通过圆柱形通风管（Φ=25cm）从烘房内排出，烘房内不同的小风管再通过烘房两侧的大管（Φ=80cm）排出。这样可以充分利用干燥介质的余热，对新鲜空气进行预加热。此外在烘房底部铺设有地暖。

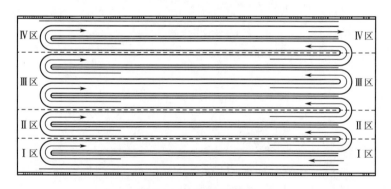

图 7-14　烘房平面图

（二）供热系统简介

该烘房利用循环水（反渗透制得的纯净水）通过管式换热器向烘房供热，热源为燃煤和太阳能（图 7-15）。在天气状况良好的白天，可以燃煤结合太阳能加热，在日照强烈的中午仅用太阳能即可满足烘房对热量的需求。太阳能加热系统水温高于 49℃时，即可与锅炉结合使用；当储水罐内水温介于 65~70℃时，停止添加煤炭；当太阳能加热系统水温低于 53℃时，停止使用太阳能加热系统。利用该加热系统可为烘房提供的干燥介质温度为 48~50℃（主干燥区）。

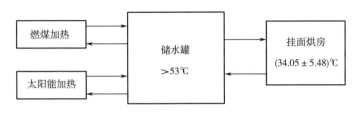

图 7-15　挂面烘房供热循环图

（三）挂面干燥工艺简介

图 7-16 为烘房内温度和相对湿度随时间的变化曲线。烘房内 I 区温度较为恒定，处于 25~30℃ 的范围内，与外界环境温度（30.34℃）较为接近；烘房 II 区温度逐渐升高，平均温度为 32.46℃；烘房 III 区温度较 II 区高，平均温度为 39.73℃；烘房 IV 区温度逐渐降低，平均温度为 35.19℃，温度较 I 区高；整个干燥过程平均温度为（34.91±4.88）℃。干燥工艺的主干燥区为 III 区，其平均温度大于 35℃，小于 45℃，属于中温干燥工艺（王杰，2014）。烘房内相对湿度先升高，再降低。各区相对湿度为，I 区：89.05%，II 区：91.44%，III 区：73.49%，IV 区：56.80%。

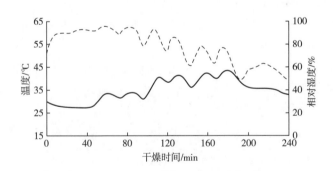

图 7-16　挂面烘房温湿度变化曲线

——温度　- - - 相对湿度

（四）挂面干燥脱水曲线

图 7-17 为该烘房内挂面的干燥脱水曲线。挂面干燥的初始含水率为（29.73±0.80）%，末端含水率为（11.27±0.57）%，干燥过程四个干燥区的脱水率分别为 18.56%、20.18%、56.74%、4.53%，多数水分在挂面干燥的 III 区除去。稳定

和面量为 45.96t/d，最大和面量为 51.50t/d。

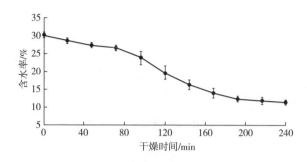

图 7-17 挂面干燥脱水曲线

（五）挂面干燥过程热能构成分析

表 7-7 为调查期间挂面生产车间煤耗及太阳能利用结果。太阳能辅助供热挂面烘房平均煤耗为 23.97~26.86kg/t（挂面）。由表 7-7 知，在调查时间内燃煤单独供热平均时长 16.50h，单位煤耗 28.60~32.05kg/t；太阳能结合燃煤供热平均时长 5.64h，单位煤耗 18.32~20.53kg/t，太阳能供热占比 35.94%；太阳能单独供热（未使用燃煤系统）平均时长 1.88h。太阳能每天提供 17.51% 的生产能耗，相当于节约燃煤 257.94kg，为生产 8.05~9.02t 挂面所耗煤量。由表 7-7 还可知，太阳能的利用会受到天气的影响。在调查期内，晴天太阳能为挂面干燥提供 21.40% 的能耗，多云天气提供 11.70% 的能耗。

在考虑天气状况的前提下，假定该生产企业一年利用太阳能时间为 200d，则可节约煤炭 51.59t。以吨煤 600~800 元计，可节约生产成本 30953~41271 元。

表 7-7　　　　挂面烘房热能构成分析

日期	天气状况	燃煤			燃煤 + 太阳能			太阳能	燃煤/%	太阳能/%
		时长/h	煤/吨面/(kg/t)	煤/小时/(kg/h)	时长/h	煤/吨面/(kg/t)	煤/小时/(kg/h)	时长/h		
4.29	阴转晴	18.00	31.02~34.76	66.57	6.00	21.45~24.03	46.02	0	92.28	7.72
4.30	晴	15.50	30.64~34.33	65.74	5.50	22.93~25.69	49.2	3	81.73	18.27
6.01	多云	19.33	25.38~28.44	54.46	4.67	10.03~11.24	21.52	0	88.23	11.77
6.02	多云	18.92	故障停机		5.08	11.43~12.80	24.52	0	—	—

续表

日期	天气状况	燃煤			燃煤 + 太阳能			太阳能	燃煤/%	太阳能/%
		时长/h	煤/吨面/(kg/t)	煤/小时/(kg/h)	时长/h	煤/吨面/(kg/t)	煤/小时/(kg/h)	时长/h		
6.03	晴	14.58	29.13~32.64	62.51	9.42	15.57~17.45	33.42	0	81.73	18.27
7.28	晴	15.17	32.83~36.78	70.44	3.66	22.92~25.68	49.18	5.17	73.86	26.14
7.29	晴	14.00	27.39~30.69	58.78	5.16	23.91~26.79	51.30	4.83	77.10	22.90
平均值		16.50	28.60~32.05	61.38	5.64	18.32~20.53	39.31	1.86	82.49	17.51

三、讨论

太阳能资源与地区、季节、昼夜的关系很大，不同地区的资源利用率不同。在太阳能集热系统设计前，要对本地区的太阳能资源进行全面地考察。一般来说，低纬度地区可利用太阳能的时间长，日照量也较大，太阳能的可利用性较好；高纬度地区太阳能辐射强度较低，有利用价值的时间较短，太阳能的可利用性较差。此外，气候对太阳能资源的影响也是巨大的。只有在晴朗的白天，大气透明度好，才有太阳直射或斜射；阴雨天时的散射利用价值降低。有些地区虽然地处低纬度，但阴雨天较多，如我国江浙一带，夏季雨天多，不太适合采用太阳能加热。有些地区虽然纬度较高，太阳直射的时间较短，但晴朗的天气较多，如我国中部地区，集热系统的利用率相对较高，经济性较好。此外，在考察本地区太阳能资源的时候，也需考虑本地区的空气污染情况，如我国京津冀地区，由于大气污染的加重，太阳能辐射热转换呈现下降的趋势。

虽然太阳能干燥具有干净卫生、取之不尽、不需开采和运输等优势，但是有效的利用太阳能干燥并非易事，太阳能干燥也存在一些不足，如分散性较大，热值低，需要较大面积的集热器，占地面积大，设备投资费用高，温升小，干燥速率低，一般只能用于干燥介质温度为 40~70℃的物料干燥。此外，太阳能利用还存在间断性以及干燥设备系统效率低等问题。为了提高太阳能集热系统的经济效益，应考虑常年运转，综合利用。例如，设计的太阳能集热器除了干燥外，还可考虑房屋取暖和供热水。在进行太阳能干燥烘房的设计时，还应根据干燥对象（物料的特性）以及生产的季节性进行太阳能干燥器的选型（温室型、集热型和集热 – 温室型）；结合当地政策，做好技术经济分析，做出合理的系统设计。

四、小结

（1）在调查期内，该烘房燃煤提供的热能为 83.25%~86.95%，太阳能提供的热能为 13.05%~16.75%。

（2）太阳能光热利用具有绿色、长久等优势，但太阳辐射分散、不稳定，容易受昼夜、季节、地理纬度和海拔高度等自然条件的限制以及晴、阴、云、雨等随机因素的影响，其使用效率依然偏低。再者，由于光热转换装置生产成本较高，其经济性还不能与常规能源相竞争，还有待政策支持。

第三节   空气源热泵在挂面干燥过程中的应用研究

近年来，我国众多地区雾霾频发，尤其在京津冀地区更为明显。雾霾的主要污染物为 PM 2.5 颗粒，其次为 PM10，而煤炭燃烧是 PM 2.5 的重要来源。我国通过治理火电行业，产生了很好的节能减排效果，如今开始治理燃煤工业锅炉。燃煤工业锅炉是企业供能的主要方式。截至 2011 年底，我国燃煤工业锅炉约 52.7 万台，年排放烟尘、二氧化硫、氮氧化物分别占全国排放总量的 33%、27%、9%。我国单位国内生产总值能耗约是世界平均水平的 2 倍，高能耗带来的高污染排放值得关注。《节能减排"十二五"规划》明确提出，到 2015 年，全国万元国内生产总值能耗比 2010 年下降 16%，中国和美国也于 2014 年 11 月 12 日达成温室气体减排协议《中美气候变化联合声明》，中国政府承诺到 2030 年停止增加二氧化碳排放。同时，国家还颁布了相关法律法规和标准，以约束各类污染排放行为，体现了国家实施节能减排的决心。

对于以常规燃煤锅炉供热为主的中小型企业，已开始采用煤改气等方式，以达到国家的污染物排放标准，但这会极大地增大供热成本，导致以燃煤锅炉供热为主的部分小型企业停产或倒闭。当然，企业也可以考虑采用清洁、低污染的电能、空气源热泵、地热、太阳能等非化石能源的供热方式。空气源热泵可以将能量从低位的热源空气流入高位热源的节能装置，将难以直接利用的低位热能，比如空气、地下水等所含有的热量转换成高位热能，实现部分高位能的节约，尤其是煤、燃气、油和电能等高位能的燃料。挂面的干燥过程属于中低温干燥过程，通过空气源热泵对高温高湿的排潮气体进行热量回收，可满足挂面干燥过程的热量需求，这种热量回收方法和手段，可有效提高烘房的热量利用效率。通过开展空气源热泵挂面烘房的能耗测定试验，分析空气源热泵应用于挂面烘房的节能效果，可为挂面干燥过程的热源供应及其他产品的中低温干燥工艺分析提供参考依据和数据基础。

一、材料与方法

（一）仪器与设备

试验仪器与设备同本章第一节中"仪器与设备"。

（二）试验方法

通过提前到挂面企业烘房车间实地调查，了解挂面烘房的基本结构和通风排潮路径，如烘房的结构尺寸、排潮方式、排潮口位置、动力计算、供热计算等信息，确定有针对性的、具体的测试方案，并分别于夏季（2018 年 8 月 21~22 日）和冬季（2019 年 1 月 22~24 日）开展了隧道式挂面烘房的能耗、产量、排潮等相关测试工作。

试验烘房为改良的索道式烘房，结构如图 7-18 所示。烘房"蛇形"索道共分为 4 道，上架后进入的第 1 道，即为 1 道，之后顺延，分别为 2~4 道。根据夏季测定结果，对烘房进行了改造，在 1 道（预干燥区）外侧设置了 8 台空气源热泵，用于烘房排潮热量的回收利用，回收的热量通过新式散热器输送回烘房。新式散热器与老式散热器沿挂面面杆运行方向前后均匀间隔布置。新式散热器散热效果更好，但散热片密集（图 7-19），通风效果较差，尤其是当风扇从散热片由上向下吹过散热片时，风阻较大，通风效果不好。预干燥区的 8 台热泵全部开启，其他区域布置的 10 台空气源热泵随烘房的实际运行情况而开启。

1. 排潮方式

采用顶部进风、底部排潮的通风排潮方式。外界低温低湿的新鲜空气通过鼓风机从烘房顶部被送入烘房内部，使烘房内部空气压力大于外界大气压；空气经散热片加热后，对烘房内的挂面进行干燥。然后，相对湿度升高的空气在烘房正压的驱动下，经烘房底部排潮口自然排出烘房，或者经烘房外侧的热泵吸入，再排放到周围环境。

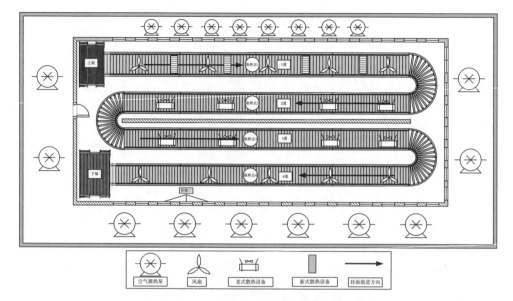

图 7-18　索道式挂面烘房结构示意图

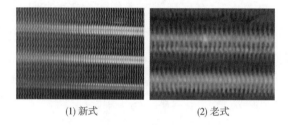

(1) 新式　　　　　　(2) 老式

图 7-19　新式与老式散热器的散热片

2. 排潮气体热量的回收利用

空气源热泵对从烘房排出的排潮气体的热能进行再利用,以提高热能利用率。空气源热泵的分布如图 7-18 所示。与 2018 年夏季试验相比,冬季测定试验时,在 1 道外侧增加了 8 台小型空气源热泵,对 I 区高温高湿气体进行回收利用。

3. 测定参数和测试方法

测试方法同本章第一节"试验方法"。

电耗和热水流量需要每天在车间开机前和关机后分别记录电表、流量计的累积度数。热水和冷水温度通过点式温度传感器实时测定,最后以平均温差代替。新增 8 个热泵的电耗,没有安装电能表,本测试以功率 6kW、按实际运行时间进行此部分电耗的计算。

热水流量经 4 个流量计分别送入烘房的 4 个分区,需记录每个流量计的累积流量，最后汇总，即为烘房的实际供热流体流量。

（三）数据处理方法

采用 Excel 2010 和 SPSS 18.0 进行处理数据和统计分析。

二、结果与分析

（一）产量及成本分析

表 7-8 为夏季和冬季测试期间挂面产量及成本分析表。由表 7-8 可知，在冬季测定期间，平均每天使用面粉约 26916.5kg，每天生产挂面约 24166.5kg（工作时间为7：00—19：30），成品率为 89.78%。挂面车间的日均耗电量为 1654 度[①]，而作为热源供应的空气源热泵的日均耗电量为 1160 度，其中旧装热泵 600 度，新装热泵 560 度。从烘房热源的角度分析，只考虑热泵供热电耗（注：未计算供应热水的水源热泵电耗），1 斤[②]挂面的耗电量为 0.0242 度，即每吨挂面耗电量约 48.4 度。按照工业用电价格 0.80元/度，则每斤挂面的供热电耗成本为 1.9 分钱，即每吨挂面需缴纳热源电费约 38 元。从 3d 的监测结果看，电耗成本相对比较稳定。1 月 23 日的电耗成本最高为 4.3 分/kg，1 月 24 日的电耗成本最低为 3.5 分/kg。这可能是由于外界环境条件变化所致，从图 7-20所示的外界环境温湿度变化曲线可知，1 月 23 日下午空气湿度升高较大，导致加热高湿空气所需的热量升高，且高湿空气的除湿能力较低，最终会降低烘房的干燥效率，也势必会增加排潮和热量消耗。因此，1 月 23 日电耗成本较高。而 1 月 24 日的环境相对湿度较低，温度相对较高，其加热至相应温度所需热量减少，且相对湿度低除湿能力强，电耗成本也降低。这反映了相对湿度的重要性及其对干燥及烘房能耗的影响。

表 7-8　　　　　　　　　　　　夏季冬季挂面产量及成本分析表

监测日期	面粉用量/kg	挂面产量/kg	成品率/%	车间耗电/度	旧热泵耗电/度	新热泵耗电/度	热泵电耗/（度/kg）	电耗成本/（分/kg）
2018 年 8 月 21 日	20500	19750	96.34	1332	1624	—	0.0822	6.6
2018 年 8 月 22 日	23500	22750	95.74	1404	1688	—	0.0742	5.9
2018 年 8 月 23 日	23000	22350	97.17	1344	1520	—	0.0680	5.4
平均值	22333	21617	96.42	1360	1611	—	0.0748	6.0

① 1 度 =1kW · h=3.6 × 10⁶ J。

② 1 斤 =0.5kg。

续表

监测日期	面粉用量 /kg	挂面产量 /kg	成品率 /%	车间耗电 /度	旧热泵耗电 /度	新热泵耗电 /度	热泵电耗 /（度 /kg）	电耗成本 /（分 /kg）
2019 年 1 月 22 日	28500	25500	89.47	1734	664	556.8	0.0479	3.8
2019 年 1 月 23 日	23250	20900	89.89	1500	584	537.6	0.0537	4.3
2019 年 1 月 24 日	29000	26100	90.00	1728	552	585.6	0.0436	3.5
平均值	26917	24167	89.78	1654	600	560	0.0484	3.9

注：电费单价按 0.80 元 / 度计算。

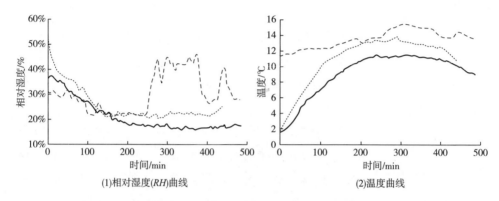

(1)相对湿度(*RH*)曲线   (2)温度曲线

图 7-20　室外大气环境中的温湿度变化规律

—— 0122　--- 0123　······ 0124

与夏季的产量和热泵电耗成本相比（工作时间为 7：00—18：30），冬季的产量并没有受到很大的影响，而且热泵电耗成本还降低了（注：只是热泵的电耗成本），这与Ⅰ区排潮口处增加热泵以回收余热有很大关系。对于产品的成品率，本次测试期间约为 89.78%，低于夏季测定的 96.42%。这可能与该企业所用面粉含水率较高有关。冬季测试期间的面粉含水率为 15%~16%，而夏季测试期间为 14%~15%。另外，挂面最终含水率不均匀也是造成成品率差异的重要原因。建议应加强成品挂面的水分监测和现场管理。

（二）烘房内部的温湿度及风速分布

受挂面干燥过程中脱水散失到烘房空气的影响，烘房内部空气的温湿度存在上、中、下不同位置处空间分布不均匀的情况。夏季烘房能耗测定试验时，散热器布置均匀，烘房内部温湿度分布波动相对较小。但冬季测定试验时，在 1 道外侧新增 8 台空气源热泵，并将回收热量通过新式散热器送入烘房，造成热量分布不均匀,引起温湿度变化明显。因此,空气温湿度和风速分析时,将重点分析冬季测试期间的烘房内部空气温湿度和风速的变化规律。

图 7-21 和图 7-22 分别表示夏季、冬季测试期间烘房空间上、中、下三个测点的风速、温度和相对湿度变化曲线,分别采用不同颜色的曲线表示。本隧道式烘房分为 4 道(图 7-18),图中竖直的虚线,表示每一道的交界处。从图 7-22 可

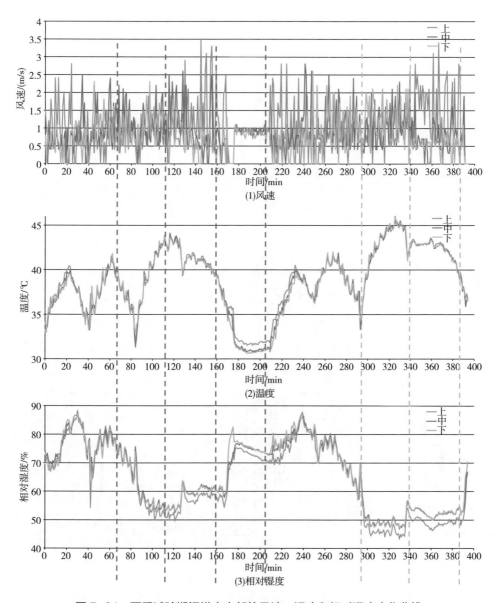

图 7-21　夏季试验期间烘房内部的风速、温度和相对湿度变化曲线

以看出,冬季测试期间,风速在烘房内部分布比较均匀,上、中、下三个测点处的曲线交叉明显、不易区分,说明风速接近一致,且风速基本控制在 1m/s 左右 [图 7-22(1)],与夏季测试结果 [图 7-21(1)]上层风速较大、下两层风速较小的现象相比,风速均匀性有了较大的改善,能更好地保证不同高度处的挂面得到均匀干燥。

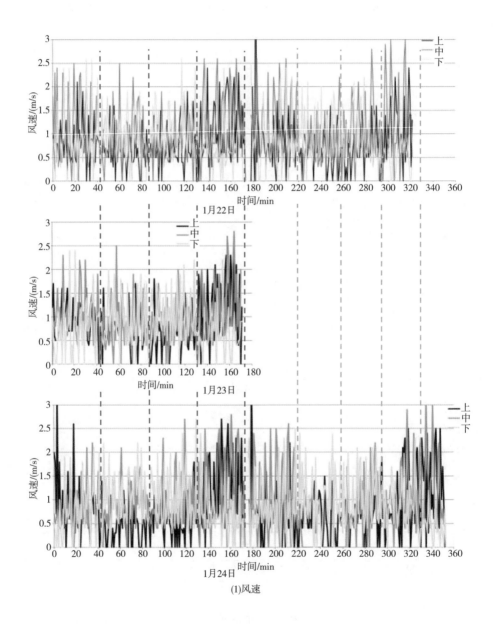

(1)风速

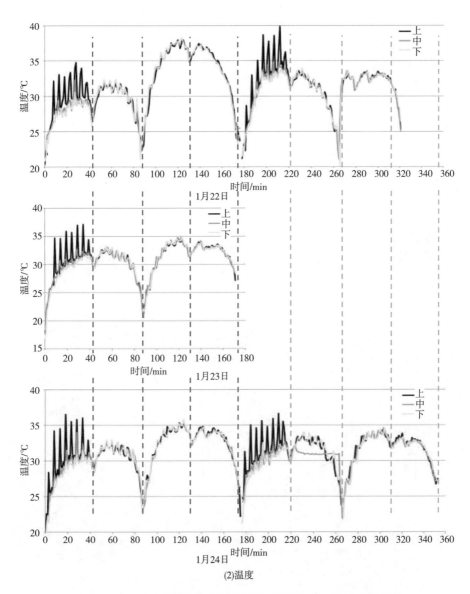

1月22日

1月23日

1月24日

(2)温度

图7-22 不同日期烘房内部的风速、温度和相对湿度变化曲线

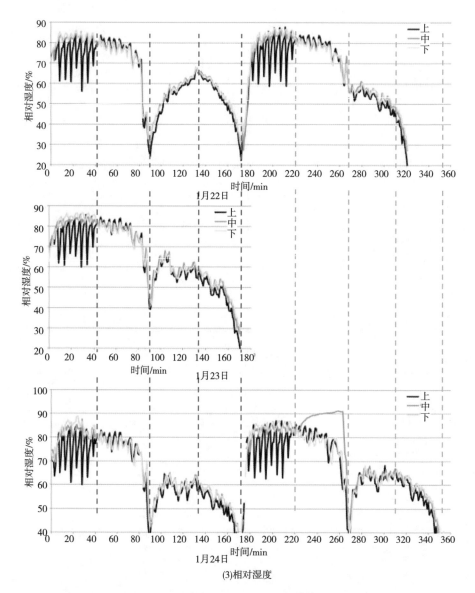

图 7-22　不同日期烘房内部的风速、温度和相对湿度变化曲线（续）

　　对于温度和相对湿度，夏季测定结果的温度数据相对比较均匀［图 7-21 （2）］，但相对湿度存在上部湿度低、下部湿度高的问题［图 7-21（3）］；冬季测定结果在 1 道出现了一些波动，由于在 1 道外侧新增了 8 台空气源热泵，每个热泵回收的热量单独通过新安装的散热器进行散热，但新散热器散热片密集、通风效果差（图 7-22），当挂面经过散热片底部时，通过散热片的风速较小，导致热量在附近聚集，引起局部温度升高，进而引起相对湿度降低。故在1道上出现[图7-22（2）和图7-22（3）]。这种干燥条件的剧烈变化不利于挂面的均匀脱水需求，还会增大挂面的水分不均匀度。

另外，在不同日期测定的烘房内部的风速相对比较稳定，但温度和相对湿度在2道和3道交界处有较大的变化，这是烘房的门口、上架口处和下架口处，均为进风口，烘房运行过程中会有大量新鲜空气从此处进入烘房，故此处的烘房干燥条件受外界环境条件影响较大，尤其是受烘房门口开闭的影响最大。建议保持烘房门口关闭，通过烘房内的传感器、排潮来调节烘房的温湿度条件。同时，增加传感器的分布密度，使烘房内部不同位置处的干燥条件调节更加精准，干燥产品质量更可控。

选取冬季和夏季测试期间上午（取一个干燥过程时间为准）上部测点的烘房内部温度和相对湿度进行对比分析，如图7-23所示，T表示空气温度，RH表示空气相对湿度。由图7-23可以看出，两个季节烘房内部的相对湿度变化较小，夏季烘房的温度比冬季高约5℃，但温度的差异并没有对挂面产量产生较大的影响。说明相对湿度是影响挂面干燥过程更为重要的因素。对于局部温度升高引起的相对湿度的波动，应通过改善散热片的通风性能来保证热量的充分扩散、均匀分布，维持干燥条件稳定，保证产品质量。

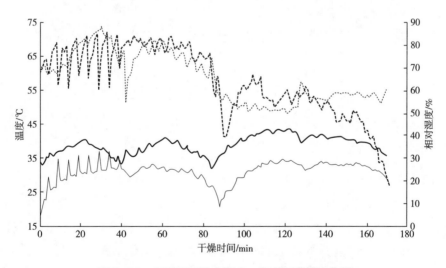

图 7-23　冬季夏季烘房温度、相对湿度对比曲线

—— 190123-*T*　----- 180821-*T*　—— 190123-*RH*　······ 180821-*RH*

　　为了分析各排潮口的排潮情况，试验对烘房各排潮口处的温度、相对湿度和风速进行了测定，排潮口编号沿 1 道上架口处向 4 道下架口处逐渐增大，并逐个测定每个排潮口的参数，试验结果如图 7-24 所示。由图 7-24 可知，1 道侧边的排潮气体相对湿度较高，达 80%~90%，但温度和风速较小，而 4 道侧边的排潮气体相对湿度较低，仅为 60% 或更低（注：干燥结束阶段，相对湿度不宜低于 60%），但温度和风速较大。新安装的 8 个热泵在 1 道侧边，可以充分地回收高湿排潮气体的热量，尤其是空气中水蒸气的潜热热量，而 4 道侧边的排潮气体相对湿度较小、温度较高，故热空气的干燥利用不充分、排潮热量回收不理想，造成了能量的浪费。建议减小 4 道处的排潮量，同时减少此处热泵安装（或开启）的数量，降低热泵运行成本。

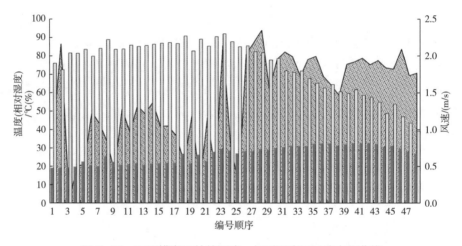

图 7-24　不同排潮口处的温度、相对湿度及风速变化曲线

风速　　温度　　相对湿度

（三）挂面含水率变化

　　图 7-25 表示冬季测定期间不同位置处挂面干燥过程中含水率的变化曲线。从图 7-25 可以看出，挂面含水率曲线变化比较平缓，含水率下降比较均匀，但也表现出了明显的水分不均匀度偏大的现象，尤其是在中间干燥阶段，同一取样点的上、中、下三个位置处的含水率差异较大，含水率的绝对差值甚至达到了 5%。说明挂面干燥过程中同一杆挂面在上、中、下三个高度处存在较大的水分不均匀性。干燥结束时，同一位置处挂面的含水率也存在较大差异，如 1 月 24 日上午测定的含水率绝对差值甚至达到了 1.3%。

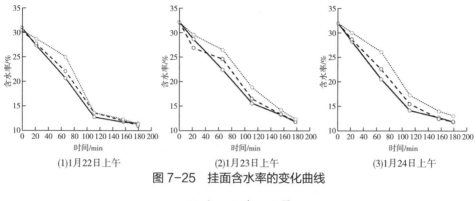

(1)1月22日上午   (2)1月23日上午   (3)1月24日上午

图7-25 挂面含水率的变化曲线

——○—— 上 — -○- — 中 ……○…… 下

夏季和冬季测定的挂面含水率不均匀度数据如图7-26所示。由测定结果分析可知,夏季测定的挂面平均含水率为11.71%(虚线),标准偏差为0.18%,冬季测定的挂面平均含水率为11.95%(实线),标准偏差为0.58%。由图7-26可看出,冬季时平均含水率提高了0.24%,但标准偏差变大了,即含水率不均匀度变大。造成这种现象的原因很多,包括气候条件变化、原料水分及加水量、烘房进风和排潮、烘房运行管理等原因,如原料面粉的含水率变化从15.18%到16.63%不等。挂面水分的不均匀性将会给企业带来较大的利润损失。因此,对挂面干燥过程中的水分变化进行合理的控制是非常必要的,这可以通过准确了解挂面的实时水分,再根据干燥工艺优化结果或准确的干燥模型对干燥过程进行实时决策或分析,精准控制烘房的温湿度条件,提高挂面干燥工艺的稳定性。

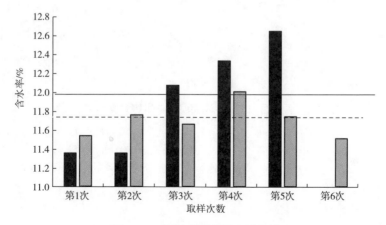

图7-26 挂面含水率的不均匀度

■冬季 ■夏季

图 7-27 表示挂面含水率、挂面表面温度与烘房空气温度的变化曲线，实线表示环境温度，长虚线表示挂面温度，短虚线表示挂面含水率。从图可知，干燥过程中烘房内的空气温度始终高于挂面表面温度，平均高 10℃，这与夏季测定时挂面表面温度逐渐接近空气温度有所差异。可能是因为干燥时水分蒸发是吸收热量的过程，夏季干燥时烘房温度偏高，干燥速率大，干燥前期水分得到较快地脱除，空气传递给挂面的热量可以更多地用于挂面温度的升高，且夏季测试期间上架的挂面含水率偏低，为 29.5%，而冬季上架挂面的含水率偏高，为 31.1%，故对于含水率高且下降速度较慢的情况，热空气传递给挂面的热量将更多地用于干燥脱水，更少地用于挂面温度的升高。所以，冬季测试期间的挂面温度偏低。因此，建议控制挂面上架水分，保证以当前固定的干燥条件实现对挂面的稳定干燥。

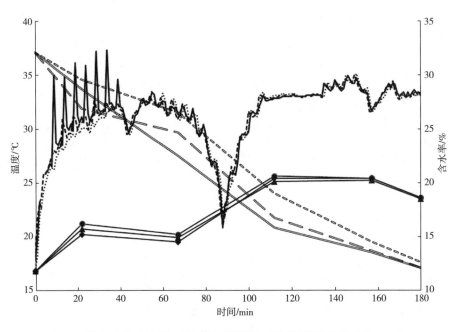

图 7-27　挂面含水率、表面温度与烘房温度的变化曲线

——空气温度-上　----空气温度-中　……空气温度-下
——挂面温度-上　——挂面温度--中　——挂面温度-下
——水分-上　——水分-中　----水分-下

（四）烘房能耗分析

表 7-9 和表 7-10 分别表示夏季和冬季测试期间内的产量、热泵电耗、车间电

耗和有效热耗的计算结果。从表 7-10 可以看出，冬季测试期间的挂面平均最终含水率为 11.97%，比 2018 年夏季测定的 11.63% 略有提高，但仍远低于国标要求的 14.5%，这将大大增加烘房的热量消耗和企业的烘干成本。另外，由于冬季挂面初始含水率提高而引起的除水量增大，也会增加烘干成本。这可能受冬季测试期间的原料含水率高而加水量在两个季节保持不变，以及冬季测试期间在面带上架之前过程散失水分少等因素的影响。因此，应加强原料面粉含水率、制面过程水分损失率监测和分析等，保证上架挂面水分稳定；同时控制干燥工况，使挂面的最终含水率控制在合理的范围，不要过分低于国标要求，以有效提高产量、降低能耗、减少成本。

通过对挂面产量、挂面初始和终点含水率、热泵电耗、车间电耗的计算，发现冬季测定期间，每天烘房的除水量约为 6.7t，除去这部分水所需的理论耗热量平均为 16003MJ。根据通过烘房热管的累积流量和冷热水的温差，不考虑 8 个新增热泵供热情况下，烘房总供热量约为 29129MJ，则平均有效热耗（理论耗热量与总供热量的比值）约为 55.12%，低于夏季测定时的 89.28%。与夏季测定数据相比，冬季测定的误差偏大，标准偏差为 5.71%，原因在于供热管道的冷热水温差变化较大，同一天测定的温差甚至高达 2.4℃，每个管道的瞬时流速变化也较大，而夏季测定时冷热水温差不超过 0.2℃，且同一天测定的瞬时流速也很稳定。但这种温差的变化，主要来源于企业烘房管理人员对烘房干燥过程热源的人为干预，是主动改善烘房干燥状况的表现。但这种操作给烘房热量计算带来了较大的不确定性，更反映出烘房干燥条件控制、挂面干燥过程智能控制研究的必要性。若要测定更加准确的烘房热量消耗，需要安装热量积算仪，以测定瞬时热量、累积热量等数据。

表 7-9　　　　　　　　　　夏季测定期间烘房有效热耗计算表

指标		生产班次			平均值	标准偏差
		8 月 21 日	8 月 22 日	8 月 23 日		
产量计算	初始含水率 /%	30.42	29.21	29.32	29.65	0.67
	最终含水率 /%	11.65	11.60	11.63	11.63	0.03
	当日批次产量 /t	19.75	22.75	22.35	21.62	1.63
	湿面上架量 /t	25.08	28.41	27.94	27.14	1.80
	除水量 /t	5.33	5.66	5.59	5.53	0.18

续表

指标		生产班次			平均值	标准偏差
		8月21日	8月22日	8月23日		
热泵电耗	热泵电耗/度	1624	1688	1520	1610.67	84.79
	每吨面热泵电耗/度	82.23	74.20	68.01	74.81	7.13
	单位除水量热泵电耗/t	304.82	298.27	271.73	291.60	17.52
车间电耗	车间电耗/度	1332.00	1404	1344	1360	38.57
	每吨面车间电耗/度	67.44	61.71	60.13	63.10	3.85
	单位除水量车间电耗/t	304.82	298.27	271.73	291.60	17.52
热耗计算	有效耗热/MJ	12760	13554	13397	13237	421
	累积流量/m³	1120	1193	1081	1131	57
	温差/℃	3.1	3.3	3.0	3.1	0.2
	总耗热/MJ	14582	16535	13621	14913	1484.99
	有效耗热比/%	87.50	81.97	98.36	89.28	8.34

表7-10　　　　冬季测定期间烘房有效热耗计算表

指标		生产班次			平均值	标准偏差
		1月22日	1月23日	1月24日		
产量计算	初始含水率/%	30.57	31.92	30.78	31.09	0.73
	最终含水率/%	11.36	12.07	12.49	11.97	0.57
	当日批次产量/t	25.5	20.9	26.1	24.2	2.8
	湿面上架量/t	32.6	27.0	33.0	30.8	3.3
	除水量/t	7.1	6.1	6.9	6.7	0.5
热泵电耗	热泵电耗/度	1221	1122	1138	1160	53
	每吨面热泵电耗/度	48	54	44	48	5
	单位除水量热泵电耗/t	173	184	165	174	10
车间电耗	车间电耗/度	1734	1500	1728	1654	133
	每吨面车间电耗/度	68.0	71.8	66.2	68.7	2.8
	单位除水量车间电耗/t	173.0	184.1	165.0	174.0	9.6
热耗计算	有效耗热/MJ	16898	14595	16517	16003	1235
	累积流量/m³	906	896	812	871	52
	温差/℃	8.2	7.8	7.9	8.0	0.2
	总耗热/MJ	31279	29165	26942	29129	2169
	有效耗热比/%	54.02	50.04	61.30	55.12	5.71

基于冬季测定的试验数据进行烘房热平衡的计算分析，计算结果见表7-11。其中，大气的温湿度测定数据来自置于外界环境的温湿度仪，放置于阴凉通风处，冬季的太阳辐射小，数值相对准确。最后，对表7-11中各热量项的输入项和输出项分别求和，可得：

$$Q_i=4015.33kJ/s, \quad Q_o=3756.85kJ/s$$

由此可见，烘房进入的热量不等于烘房流出的热量，热量差值为：

$$\Delta Q=Q_i-Q_o=258.48kJ/s$$

输入与输出热量的计算误差比例为：

$$\varepsilon = \frac{\Delta Q}{Q_i} = 6.44\%$$

通常情况下，工程计算需要面临多种不稳定的工况，不可避免会产生误差。本节试验的计算误差为6.44%，而工程计算时误差在10%以内，是可以接受的。之所以产生这个误差，是因为烘房顶层的进风口无法测定风速，只能通过排潮口的排潮量进行间接计算，存在一定的误差。而且冬季试验测定时新安装的8台热泵的排潮气体参数也不易测定，延长风道后气流存在脉动，仍无法准确测定风速。另外，热泵供热不确定内部工质的瞬时流速，因此本次热量计算忽略了热泵的供热。热泵消耗了电能，提供了热能，若考虑热泵供热，对于烘房系统来说，输入热量会增多，而输出热量会减小。所以若考虑热泵供热，本测试的误差可能会略有增高。

表7-11　　　　　　　　　烘房各部分热量的输入输出结果　　　　　　　　单位：kJ/s

类型	输入热量		输出热量		差值
	参数	数值	参数	数值	
空气	Q_{i1}	262.88	749.33	Q_{o1}	−486.45
热水	Q_{i2}	3724.93	2978.08	Q_{o2}	746.85
挂面	Q_{i3}	27.53	19.74	Q_{o3}	7.79
设备部件	Q_{i4}	0	0	Q_{o4}	0.00
散热	—	—	9.71	Q_{o5}	−9.71

对热量数据进一步分析知，空气在整个过程中带走的热量为486.45kJ/s，散热损失热量约为9.71kJ/s，而管道热水和挂面带入的热量分别为746.85和7.79 kJ/s。与夏季相比，冬季周围环境温度低，烘房散热增多，而管道热水供热和挂面作为烘房热源的输入因素，热水供热量增多，挂面携带输入烘房的热量减少，挂面带

入热量仅占热水供热的 1% 左右，通过提高进入烘房的挂面温度来提高烘房供热量和干燥效率的效果有限。

通过对流入和流出新装 8 台热泵的排潮气体余热回收热量进行估算，流入热泵的热通量为 1367kJ/s，流出热泵的热通量为 947kJ/s，因此热泵至少获取了 420 kJ/s 热量，若这部分热量按照 100% 转化为烘房供热热量，约占管道热水供热的 56%，占总供热量（管道热水供热和热泵回收余热，即热泵回收热量约占烘房的总热量）的 36%。挂面烘房空气源热泵的主要优势在于，以高温高湿排潮气体为热源，排潮气体在热泵内会冷凝释放大量的潜热，潜热释放的热量要远大于空气温差变化所带来的显热热量，这将显著提高热泵的制热量。因此，可通过规划排潮气体排出位置、监控排潮气体温湿度和风速参数，设置热泵的布局和功率安排，充分利用排潮气体余热。

三、讨论

本节选择的挂面烘房在预干燥区的排潮口处设置了 8 台空气源热泵，对 1 道侧边的排潮气体进行余热回收利用，仅计算热泵的耗电成本，每千克挂面干燥成本约为 3.8 分钱，甚至低于夏季的 5.4 分 /kg。新增热泵对余热最丰富的 1 道排潮气体进行充分利用，提高了热量利用率，减少了烘房干燥成本，但冬季环境温度低，烘房热能利用率较低，约为 55%。根据本次测试结果估算，热泵回收的热量约占管道热水供热的 56%，约占总供热量（管道热水供热和热泵余热回收热量，即整个干燥过程消耗的热量）的 36%。冬季挂面干燥的总成本应为每吨挂面所需供入干燥车间的热水成本，再加上热泵的电耗成本，及设备折旧、管理费用。夏季不需要有供入干燥车间的热水，干燥成本只是空气热泵的电耗，再加上设备的折旧、管理费用。烘房内的风速分布相对比较均匀，基本维持在 1m/s，但温度和相对湿度受周围环境、散热片结构等影响较大，尤其在每一分区的交界区变化较大，且同一杆挂面的上、中、下三个高度的挂面含水率差异偏大，最终挂面产品的水分不均匀度也偏大。

关于数据的不确定性：①使用气象仪测定排潮气体参数，由于设备数量限制，需要气象仪在烘房内测定 2 次循环之后才能测排潮，所以排潮气体测定与气象仪测定的烘房内的温湿度参数不是同步的。本节默认烘房是稳定运行的，排潮参数可与气象仪在烘房内运行期间的参数结合进行相关计算。②计算烘房的气体热量时，进入烘房的空气入口，在烘房顶部，且开口不规则，无法准确测定，而流出烘房的空气有多种方式，包括底部排潮口排出、热泵排出等，通过测定排潮气体流量来间接计算通过顶部进风口进入烘房的气体流量，故热平衡计算时存在一定误差。

因此，根据企业烘房运行获得的数据，对于烘房改进提出部分具体的建议：①选用风阻小的散热器，以更均匀地将热量送入烘房。②相对湿度较大的排潮气体可以通过风道单独输送至最近的热泵，充分利用高温高湿的排潮气体。③干燥条件剧烈变化会对产品质量产生影响，建议设置更多分区，各区不能混流、单独控制温湿度，增加传感器数量，更精准地控制干燥条件，保证最终产品质量稳定、水分均匀。④控制好原料的理化指标，尤其是含水率，保证干燥工艺稳定，为企业获取最大的利润。

四、小结

（1）根据夏季测定结果给出的建议，在烘房 1 道外侧新增了 8 台空气源热泵，对 1 道侧边的排潮气体进行余热回收利用，仅计算热泵的耗电成本，每千克挂面干燥成本约为 3.8 分钱，甚至低于夏季的 5.4 分 /kg。新增热泵对余热最丰富的 1 道排潮气体进行充分利用，提高了热量利用率，热泵回收的热量约占管道热水供热的 56%，约占总供热量（管道热水供热和热泵余热回收热量，即整个干燥过程消耗的热量）的 36%。

（2）下架挂面的水分不均匀，影响企业的利润，直接影响企业经济效益，故稳定挂面干燥过程，保持良好的干燥均匀性具有重要意义。烘房内部空气的温湿度、排潮速率及排出位置，决定了热空气干燥挂面的均匀性，以及热量用于干燥挂面的利用程度，也影响空气源热泵对排潮气体的回收利用效果。因此，通过流体动力学模型，结合湿热传递模型，模拟优化烘房内部空气的温度、相对湿度和风速分布，进一步研究空气源热泵的空间布置和功率分配、烘房内空气的流动、进风和排潮等规律，提出合理的进风、排潮设置方案，将更有助于提高烘房的热量利用效率，对于挂面烘房设计、能耗利用优化、挂面干燥均匀性提高等均具有较好的指导意义。

（3）干燥条件剧烈变化会对产品质量产生影响。针对烘房内部温湿度分布存在较大的不均匀性，建议在烘房设置更多分区，各区不能混流、单独控制温湿度，增加传感器数量，更精准地控制干燥条件，保证最终产品质量稳定、水分均匀。

（4）原料的初始含水率、最终含水率均会影响干燥过程以及企业经济效益。实际生产过程中要严格控制原料含水率和最终含水率，尤其是保障最终含水率稳定，且略低于 14.5%，以保证企业的最大利润。

（本章由魏益民、王振华、武亮、张影全撰写）

参考文献

［1］Chayjan R A, Salari K, Abedi Q, et al. Modeling moisture diffusivity, activation energy and specific energy consumption of squash seeds in a semi fluidized and fluidized bed drying［J］. Journal of Food Science and Technology, 2013, 50（4）: 667–677.

［2］Çomakli K, Yüksel B. Optimum insulation thickness of external walls for energy saving［J］. Applied Thermal Engineering, 2003, 23（4）: 473–479.

［3］Donnellan P, Cronin K, Byrne E. Recycling waste heat energy using vapour absorption heat transformers: A review［J］. Renewable & Sustainable Energy Reviews, 2015（42）: 1290–1304.

［4］Duran G, Condor í M, Altobelli F. Simulation of a passive solar dryer to charqui production using temperature and pressure networks［J］. Solar Energy, 2015（119）: 310–318.

［5］Ekechukwu O V, Norton B. Review of solar–energy drying systems III: Low temperature air–heating solar collectors for crop drying applications［J］. Energy Conversion and Management, 1999, 40（6）: 657–667.

［6］ELkhadraoui A, Kooli S, Hamdi I, et al. Experimental investigation and economic evaluation of a new mixed–mode solar greenhouse dryer for drying of red pepper and grape［J］. Renewable Energy, 2015（77）: 1–8.

［7］Fudholi A, Sopian K, Ruslan M H, et al. Review of solar dryers for agricultural and marine products［J］. Renewable & Sustainable Energy Reviews, 2010, 14（1）: 1–30

［8］Golman B, Julklang W. Simulation of exhaust gas heat recovery from a spray dryer［J］. Applied Thermal Engineering, 2014, 73（1）: 897–911.

［9］Hou G G. Asian noodles: Science, technology, and processing［M］. New Jersey: John Wiley & Sons, Inc., Publication, 2010.

［10］Janjai S, Intawee P, Kaewkiew J, et al. A large–scale solar greenhouse dryer using polycarbonate cover: Modeling and testing in a tropical environment of Lao People's Democratic Republic［J］. Renewable Energy, 2011, 36（3）: 1053–1062.

［11］Mohanraj M. Performance of a solar–ambient hybrid source heat pump drier for copra drying under hot–humid weather conditions［J］. Energy for Sustainable Development, 2014（23）: 165–169.

［12］Motevali A, Minaei S, Khoshtagaza M H. Evaluation of energy consumption in different drying methods［J］. Energy Conversion & Management, 2011, 52（2）: 1192–1199.

［13］Om Prakash, Anil Kumar. Historical Review and Recent Trends in Solar Drying Systems［J］. International Journal of Green Energy, 2013, 10（7）: 690–738.

［14］Pirasteh G, Saidur R, Rahman S M A, et al. A review on development of solar drying applications［J］. Renewable and Sustainable Energy Reviews, 2014（31）: 133–148.

［15］Prakash O, Kumar A. Solar greenhouse drying: A review［J］. Renewable and Sustainable Energy Reviews, 2014（29）: 905–910.

［16］Şevik S, Aktaş M, Doğan H, et al. Mushroom drying with solar assisted heat pump system［J］. Energy

Conversion and Management, 2013（72）: 171-178.

［17］Tippayawong N, Tantakitti C, Thavornun S. Energy efficiency improvements in longan drying practice ［J］. Energy, 2008, 33（7）: 1137-1143.

［18］Tripathy P P. Investigation into solar drying of potato: Effect of sample geometry on drying kinetics and CO2 emissions mitigation ［J］. Journal of Food Science and Technology, 2015, 52（3）: 1383-1393.

［19］Wu W, Wang B, Shi W, et al. Absorption heating technologies: A review and perspective ［J］. Applied Energy, 2014, 130（5）: 51-71.

［20］高兴海.太阳能果蔬脱水车间性能试验及苹果脱水工艺优化研究［D］.兰州：甘肃农业大学, 2010.

［21］国家粮食局.LS/T 3212—2014 挂面［S］.北京：中国标准出版社, 2014.

［22］陆启玉.挂面生产工艺与设备［M］.北京：化学工业出版社, 2007.

［23］沈群.挂面生产配方与工艺［M］.北京:化学工业出版社, 2008.

［24］沈再春.现代方便面和挂面生产实用技术［M］.北京:中国科学技术出版社, 2001.

［25］王杰.挂面干燥工艺及过程控制研究［D］.北京:中国农业科学院, 2014.

［26］王杰, 张影全, 刘锐, 等.挂面干燥工艺研究及其关键参数分析［J］.中国粮油学报, 2014（10）: 88-93.

［27］王杰, 张影全, 刘锐, 等.隧道式烘房挂面干燥工艺特征分析［J］.中国粮油学报, 2014（3）: 84-89.

［28］王振华, 魏益民, 张影全, 等.挂面烘房的能耗分析与节能建议［C］//中国食品科学技术学会第十一届年会.杭州: 2014.

［29］武亮, 刘锐, 张波, 等.干燥条件对挂面干燥脱水过程的影响［J］.现代食品科技, 2015（9）: 191-197.

［30］魏益民, 王杰, 张影全, 等.挂面干燥特性及其与干燥条件的关系［C］// 中国食品科学技术学会第十一届年会.杭州: 2014.

第八章

挂面干燥工艺优化

评估干燥工艺的标准是单位产能、单位能耗和产品质量。合理的挂面干燥工艺应具有干燥过程落面率低、干燥时间短、能源消耗少，管理和控制容易等特点；面条含水率 ≤ 14.5%、条形平直、表面光洁；同时，具有良好的烹调特性和机械强度，运输和贮藏过程不发生酥面等问题。

徐秋水（1982a，1982b）在 20 世纪 80 年代初向国内介绍日本挂面生产技术。冯学宁（1982）最早介绍了应用连续隧道式挂面干燥技术的体会。行业标准《挂面生产工艺技术规程》（SB/T 10072—1992）给出了挂面干燥烘房区域划分的区间概念（预干燥区、主干燥区、完成干燥区），及各区间相应的技术参数。陆启玉（2007）从挂面的干燥特性出发，将挂面的干燥过程分为三个阶段：预备干燥阶段、主干燥阶段（依序又分内蒸发和全蒸发阶段）、完成干燥阶段；并系统介绍了各阶段的工艺控制要求、参数范围、注意事项，及易发生的质量缺陷等。这些技术、规程和概念对促进我国挂面工业化生产发挥了重要作用，至今仍具有现实指导意义。

目前，生产上使用的干燥工艺为中温干燥工艺，即行业推荐的挂面干燥工艺规范（SB/T 10072—1992）。挂面干燥所需能量主要以燃煤、燃气锅炉，或热泵供热为主，热载体为导热油或水。王振华等（2017）通过对生产上挂面烘房的能耗分析发现，烘房的热效率为 60%~70%，干燥热效能较低，说明仍有大量热量被浪费。这一方面是由于缺乏充分依据的干燥工艺参数，烘房结构设计不合理；另一方面是由于管理粗放，供热排潮仅凭借操作经验，随意性较大，温湿度变动幅度较大。在生产上，不合理的干燥工艺不仅导致生产成本的较大差异，还会影响挂面的产品质量，如干燥温度过高、相对湿度过低，易引起酥条等质量问题。实践表明，对挂面进行分段温湿度组合干燥，即能满足挂面干燥特性的要求，又能提高热能效率,也便于干燥过程控制。

目前,已有的研究或资料均没有系统论述挂面干燥工艺"三个阶段"划分相应的理论依据,或提供分析的试验数据。少量的能耗分析仅是对实际生产过程的调查研究,缺少必要的定量比较数据分析。有关对挂面干燥工艺及其对产品质量的研究多为定性论述或描述,仅有的定量化研究缺乏对挂面产量、质量和能效一体化的过程监测、产品分析和工艺评价。本章重点分析和讨论三段式挂面干燥工艺特征,三段式划分的理论依据及其合理性;干燥工艺参数与产品质量及能耗的关系。在此基础上,优化三段式挂面干燥工艺模型,供生产企业参考或借鉴。

第一节　三段式干燥工艺特征分析

干燥动力学重点研究干燥物料的干燥曲线、干燥速率曲线、干燥过程的数学模型,以及合理的干燥设备和干燥工艺参数等。SB/T 10072—1992 给出了挂面干燥烘房区域划分的区间概念(预干燥区、主干燥区、完成干燥区),及各区间相应的技术参数。在没有挂面干燥工艺控制模型和自动控制干燥介质的条件下,人们根据对挂面干燥特性的认识和干燥过程控制的经验,对干燥烘房进行分段控制或监测。然而,挂面干燥工艺,特别是在隧道式干燥,甚至在改良隧道式干燥过程中,是一个连续过程。有关的研究或资料均没有论述挂面干燥工艺"三个阶段"划分的试验过程和理论依据。因此,设计与温度、相对湿度等因素及水平有关的干燥过程分析试验,借助于食品水分分析技术平台(参见第二章图 2-2)等现代手段,分析挂面干燥过程区间划分依据和相应的介质参数,验证该工艺控制手段的合理性,即使在烘房智能控制条件下,仍具有现实指导意义。

一、材料与方法

(一)试验材料

面粉:特一粉,金沙河面业有限责任公司。添加剂:食盐,市售。水:蒸馏水,中国农业大学西校区提供。

（二）仪器与设备

JHMZ 200 和面机（北京东孚久恒仪器技术有限公司）；JMTD–168/140 试验面条机（北京东孚久恒仪器技术有限公司）；BLC–250–111 恒温恒湿箱（北京陆希科技有限公司）；ME3002E 电子天平［梅特勒 – 托利多仪器（上海）有限公司］；开天 B6650 微型计算机［联想（北京）有限公司］；Balance Link 2.20 应用软件（梅特勒 – 托利多集团）；DDS 334 单相电子式电能表（青岛电度表厂）；BSA323S–CW 电子分析天平［赛多利斯科学仪器（北京）有限公司］；DHG–9140A 电热恒温鼓风干燥箱（上海一恒科学仪器有限公司）；CR–400 彩色色差计（日本柯尼卡美能达公司）；TA.XT plus 物性测定仪（英国 Stable Micro Systems 公司）；179A–TH 智能温度湿度记录仪（美国 Apresys 精密光电有限公司）。

（三）试验设计

为研究挂面在不同温度、相对湿度条件下的干燥含水率曲线和干燥速率曲线，系统分析挂面的干燥特征，设计了 2 因素（温度、相对湿度）3 水平全排列挂面干燥过程试验（表 8–1），干燥时间 300min。试验重复三次。

表 8–1　　　　　　　　　　挂面干燥工艺温度和相对湿度试验设计表

因素	温度 /℃	相对湿度 /%
	30	65
水平	40	75
	50	85

在挂面干燥特性、干燥过程水分状态和迁移规律、干燥过程的能耗分析，以及企业干燥过程监测和分析的基础上，讨论设计了挂面干燥工艺模型试验（表 8–2）。

表 8–2　　　　　　　　　　　　挂面干燥工艺模型

挂面干燥模型	挂面干燥过程及参数								
	预干燥			主干燥			完成干燥		
	温度 /℃	相对湿度 /%	时间 /min	温度 /℃	相对湿度 /%	时间 /min	温度 /℃	相对湿度 /%	时间 /min
I	25	85	40	45	75	140	30	55	60

续表

挂面干燥模型	挂面干燥过程及参数								
	预干燥			主干燥			完成干燥		
	温度/℃	相对湿度/%	时间/min	温度/℃	相对湿度/%	时间/min	温度/℃	相对湿度/%	时间/min
Ⅱ	30	85	40	45	75	140	30	65	60
Ⅲ	35	85	40	45	75	140	30	75	60

（四）试验方法

1. 挂面制作

称取 200g 面粉，倒入和面机，加入 1% 的食盐和适量的水，使面团最终含水量为 34%。在和面机上和面 4min，然后将和好的面絮在试验面条机上进行复合压延。压延工序如下：在 1.5 mm 轴间距上压延三次，其中，直接压一次、对折两次；放入自封袋中，醒发 30 min。然后在轴间距 1.2、0.9、0.7、0.5mm 上分别压延一次，得到宽 2 mm、厚 1 mm 的面条。

2. 挂面干燥及其在线水分含量测定

将上述切好的湿面条挂在不锈钢面杆上，且从中抽取少量样品进行挂面初始水分含量测定。取样完毕后，立即将挂面挂入预先设定参数及运行的恒温恒湿箱进行干燥（参见第二章图 2-2）。启动安装在计算机上的天平应用软件，记录挂面在干燥过程中的质量变化数值，记录频率设置为次 /5min。

根据挂面的初始水分含量、初始重量以及质量变化数值，可以计算出挂面在干燥每 5 min 时的水分含量值，从而得到全过程地挂面干燥脱水曲线和干燥速率曲线。其中，水分含量和干燥速率的计算如下式所示：

$$W_t = \frac{(M_1 \times W_1 - M_1 + M_t) \times 100}{M_t}$$

式中　W_t——挂面干燥 t 时刻的水分含量，%；

　　　M_1——挂面干燥初始质量，g；

　　　W_1——挂面干燥初始的水分含量，%；

　　　M_t——挂面干燥 t 时刻的质量，g。

$$D_r = \frac{W_t - W_{t+\Delta t}}{\Delta t}$$

式中　D_r——挂面干燥速率，g/（g·min）；

$W_{t+\Delta t}$——挂面干燥 $t+\Delta t$ 时刻的水分含量，g/g；

　　Δt——干燥时间间隔，min。

3. 挂面干燥能耗测量

如第二章图 2-1 所示，用外接电能表测量挂面干燥过程所消耗的电能。

4. 挂面质量性状测定

干燥结束时，将烘箱里的挂面取出，于室温条件下存放 24 h，测定其质量。

水分含量测定：参照《食品安全国家标准　食品中水分的测定》（GB/T 5009.3—2016）测定。

色泽测定：将挂面均匀摆放在长方形的平底托盘里，用遮光布将 CR-400 彩色色差计的探头和挂面罩住测量，每份样品重复测量 5 次，结果取平均值。

抗弯强度测定：取厚度相同的挂面，截成长度 18 cm，垂直放于物性测定仪专用平台上，用探头（Spaghetti Flexure A/SFR）将挂面以 1.00mm/s 的速度均速下压，直至挂面被折断，每份样品重复测量 10 次，结果取平均值。

（五）数据处理方法

采用 Excel 2010 和 SPSS 18.0 进行数据处理和统计分析。

二、结果与分析

（一）挂面干燥工艺特征分析

1. 挂面干燥含水率曲线和干燥速率曲线

通过设计 2 因素（温度 T、相对湿度 RH）、3 水平（T：30、40、50 ℃，RH：65%、75%、85%）平滚压延挂面的干燥试验，从食品水分分析技术平台上获得的挂面干燥过程的连续分析结果。从图 8-1 可看出，挂面含水率均随干燥过程的进行而逐渐降低。前 30min 含水率变化较快，180min 后变化较小，240min 后含水率明显趋于平稳。

干燥速率在前 10min 迅速升高，然后急剧下降；30min 后干燥速率继续明显下降；180min 后变化明显趋缓，特别是 240min 后干燥速率曲线比较平稳，直至接近于零（图 8-1）。180min 后干燥介质条件变化对干燥速率的影响强度趋微。干燥前 10min，干燥速率最高，30min 后明显降低；180min 以后，趋于准平衡状态。可见，挂面干燥过程呈现明显的"三段式"干燥特征。

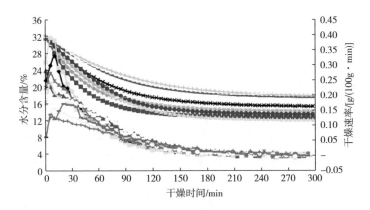

图8-1　挂面干燥曲线和干燥速率随时间的变化曲线

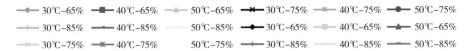

2. 干燥介质对干燥过程的影响

当相对湿度为85%时，所有挂面的最终含水率均未达到规定的要求（≤ 14.5%）。当相对湿度为75%时，仅温度为50℃的组合达到规定要求；而当相对湿度为65%时，所有挂面的最终含水率均达到规定要求（图8-1）。进一步分析发现，在一定相对湿度条件下，温度越高，挂面干燥速率越大，平衡含水率越低。在一定温度条件下，相对湿度越高，挂面的干燥速率越小，平衡含水率越高。

（二）三种模型的挂面干燥过程分析

从图8-2以看出，在设定的工艺条件下，当挂面进入烘箱时，挂面首先在低温高湿环境下进行恒速缓慢干燥。该阶段挂面干燥速率取决于热空气的温度、相对湿度及介质流速等外部条件，属于外部条件控制过程。当挂面表面没有充足的自由水分时，挂面开始进入主干燥阶段，此时热量不断的传至面条内部，使面条开始升温，从而使水分从内部向表面迁移，随之再发生表面蒸发。此过程为内部条件控制过程，因此，挂面干燥速率开始逐渐下降。当挂面进入完成干燥时，由于相对湿度的变化，挂面干燥速率在有一小段回升之后又开始下降，并逐渐趋于0g/（100g·min）。不论是挂面的干燥脱水曲线，还是干燥速率曲线，均能够清晰地辨别出挂面干燥依次所经历的3个阶段，即预干燥阶段、主干燥阶段和完成干燥阶段。特别是干燥速率曲线，能够反映出挂面在"三段式"干燥过程中的脱水速率变化。

从对三种模型的挂面干燥脱水量及速率比较来看，预干燥温度越高，挂面干燥速率越大（图 8-2）。主干燥由于条件相同，挂面干燥速率无明显差异，但是挂面的水分含量受预干燥温度的影响而出现差异。完成干燥时，相对湿度越低，挂面的干燥速率越大，平衡含水率越低。

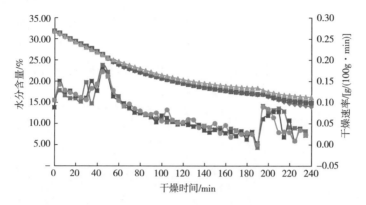

图 8-2 三种干燥工艺模型的挂面干燥脱水曲线及速率曲线

— 模型 I — 模型 II — 模型 III
— 模型 I — 模型 II — 模型 III

（三）三种干燥工艺模型挂面干燥能耗分析

从能耗测定结果（图 8-3）来看，预干燥阶段能耗随着温度的增加而增加；主干燥阶段的干燥条件虽然相同，但由于各自的升温幅度不一样（预干燥温度不同），其能耗随着升温幅度的增加而增加；完成干燥阶段能耗随着相对湿度的增加而增加。通过比较三种干燥工艺模型的总能耗可知，模型 I 的能耗分别是模型 II 和模型 III 的 90.85% 和 86.34%，分别节约能耗 9.15% 和 13.66%。

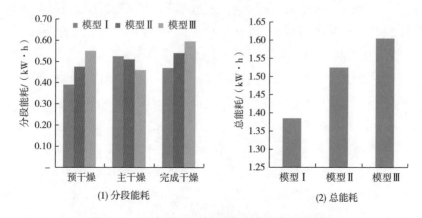

图 8-3 三种干燥工艺模型的分段能耗和总能耗

（四）三种干燥工艺模型的挂面质量性状

由表8-3可知，三种干燥工艺模型的产品质量性状中，水分含量均达到了产品标准的要求（≤14.5%），色泽b^*存在显著性差；其他质量性状间均无显著性差异。结果说明，预干燥阶段温度对挂面产品质量的影响较小，而完成干燥阶段相对湿度对产品最终水分含量的影响较大。综合分析认为，模型I干燥的挂面既能保证产品质量，又可降低能源消耗，是比较理想的挂面干燥工艺模型。

表8-3　　　　　　　　　　　　三种干燥工艺模型的挂面质量性状

参数	模型I	模型II	模型III
水分含量/%	12.77 ± 0.06^c	13.18 ± 0.14^b	14.28 ± 0.08^a
色泽L^*	84.84 ± 0.59^a	84.24 ± 0.03^a	84.88 ± 0.45^a
色泽a^*	-0.56 ± 0.05^a	-0.62 ± 0.09^a	-0.51 ± 0.04^a
色泽b^*	16.32 ± 0.49^{ab}	17.36 ± 0.57^a	16.13 ± 0.09^b
抗弯强度/g	18.51 ± 0.45^a	20.11 ± 1.23^a	18.28 ± 1.46^a

注：字母不同表示同一行数据之间存在显著性差异（$P<0.05$）。

三、讨论

本节依靠"食品水分分析技术平台"在线连续监测和自动记录功能，通过设计以温度、相对湿度为因素的3水平全因子试验，获得了精确度较高的9条挂面干燥曲线和对应的干燥速率曲线（图8-1）。特别是通过干燥速率曲线发现，挂面干燥速率在15min前达到最高，之后急剧下降，30min后明显降低。30min到180min干燥速率继续降低。180min后干燥速率下降缓慢，240min后趋于稳定。借助低场核磁共振分析与成像技术获得的挂面干燥过程水分迁移结果说明，干燥初期由于表面自由水和表层水分的蒸发使干燥速率迅速升高；之后，由于内部水分扩散较慢，吸附能力趋强，干燥速率下降；180min后，挂面内部水分梯度减小，干燥速率减小。挂面干燥过程温度场在30min时表面和中心温度基本一致。水分场显示，在干燥15min时挂面的中心位置含水率已明显降低（魏益民等，2017a，2017b）。通过以上研究认为，挂面干燥过程（干燥条件：温度40℃，相对湿度75%）三段论划分有其干燥过程温度传导、水分运移规律和特点的试验数据支撑，确实可分为预干燥阶段（0~30min），主干燥阶段（31~180min），完成干燥阶段（181~300min或240~300min）。另外，完成干燥阶段的终点应以目标含水率确定。

挂面干燥工艺模型是在挂面干燥特性研究和企业挂面干燥工艺特征分析的基础上提出的。首先，对于挂面干燥工艺总耗时（240 min）设计是按照企业挂面干燥时间提出来的。因为，对于连续化生产的挂面企业来说，挂面干燥所用的时间，一方面要根据挂面本身的干燥特性和对产品质量的要求来考虑和限制；另一方面还要与企业的生产能力及效率相匹配。SB/T 10072—1992规定，挂面烘干时间不应低于3.5h以上，烘干时间过短容易造成挂面"外干内潮"，表里收缩不一，甚至产生酥面。因此，240min的干燥时间设置较为合理。其次，对于"三段式"的划分以及各阶段温度、相对湿度的设置，同样需要结合挂面干燥理论和生产实际进行试验和分析。由于工作量问题，本节没有设计具体的干燥工艺各阶段时长试验，仅根据理论研究结果和企业生产调查确定的三阶段时长，未必是最佳时段划分（表8-2）。本节试验设计仅对预干燥阶段温度和完成干燥阶段相对湿度进行优化。优化结果表明，干燥工艺模型Ⅰ既满足挂面产品的质量要求，又能够节约能耗。

本节挂面干燥工艺模拟及优化是在实验室挂面干燥设备及系统条件下进行的，且仅对挂面干燥工艺系统参数中的温度、相对湿度以及干燥时间进行了研究，其试验模拟环境跟实际生产的挂面烘房存在一定的差距。因此，本节研究得到的最佳挂面干燥工艺参数及过程控制模型仍然不够系统或完整，其应用效果还有待结合具体的生产工艺和设备条件进行再次验证及评估。

四、小结

（1）挂面干燥过程（干燥条件：温度40℃，相对湿度75%）三段论划分有其干燥过程温度传导、水分运移规律的试验数据支撑，可分为预干燥阶段、主干燥阶段、完成干燥阶段。

（2）通过对三种干燥工艺模型的挂面干燥速率、能耗以及产品质量分析认为，模型Ⅰ（预干燥阶段：温度25℃，相对湿度85%，40min；主干燥阶段：温度45℃，相对湿度75%，140min；完成干燥阶段：温度30℃，相对湿度55%，60min）的挂面干燥工艺较为理想。其实际应用效果还有待结合具体的生产工艺和设备条件进行再次验证及评估。

（3）通过对挂面干燥工艺模型的模拟发现，合理控制挂面干燥过程的温度和相对湿度对提高挂面干燥速率、保证产品质量以及节能降耗具有重要的借鉴和指导意义。

第二节　干燥工艺与产品质量及能耗的关系

通过上述不同温度和相对湿度条件下的挂面干燥特性、加工能耗及产品质量认为，三段式干燥工艺模型（预干燥阶段：温度25℃，相对湿度85%，40min；主干燥阶段：温度45℃，相对湿度75%，140min；完成干燥阶段：温度30℃，相对湿度55%，60min），既能保证产品质量，又能降低能耗，初步认为是比较合理的挂面干燥工艺。但试验设计存在探索性和局限性，如干燥工艺模型预干燥阶段相对湿度相同（85%），完成干燥阶段温度相同（30℃）。因此，该模型是否是合理的、较佳的模型，还有待于进一步验证和改良。

在分析前期实验室研究、生产调查试验结果的基础上，针对前期试验的局限性，再次以2种商业小麦粉为原料，采用4种不同的挂面干燥工艺，分析不同干燥工艺的热能利用效率及其对产品质量的影响，明确不同干燥工艺对不同质量小麦粉的适用性，推荐优化的挂面干燥工艺，为挂面生产企业改进干燥工艺、降低干燥能耗、提高产品质量提供技术参考。

一、材料与方法

（一）试验材料

选取两种商业面粉（塞北雪高筋粉，金沙河精粉）作为试验样品，试验用面粉的质量性状如表8-4所示。塞北雪高筋粉的蛋白质含量和湿面筋含量较高，面团稳定时间、最大拉伸阻力、延伸性均明显大于金沙河精粉，属于强筋小麦粉。

表8-4　试验用小麦粉质量性状

小麦粉	蛋白质质量分数/%	湿面筋质量分数/%	稳定时间/min	最大拉伸阻力/EU	延伸性/mm	峰值黏度/BU	崩解值/BU
金沙河精粉	11.64	26.71	3.1	261.3	128.2	514	74
塞北雪高筋粉	13.50	31.56	9.8	600.3	169.1	480	106

（二）试验设计

在前期对企业挂面干燥工艺特征分析，实验室挂面干燥特性研究和的基础上，开展挂面干燥工艺的优化研究。设计了4个工艺组合模型（表8-5）；挂面的干燥工艺按照表 8-5 进行，每个试验重复三次。工艺模型 I 为恒温恒湿干燥；模型 II、III、IV 主干燥条件相同，各段的干燥时间相同（40min—140min—60min），共计时长为 240min，和生产上挂面干燥时长基本一致。

表 8-5　　　　　　　　　　挂面干燥工艺组合优化试验设计

干燥工艺	预干燥			主干燥			完成干燥		
	温度 /℃	相对湿度 /%	时间 /min	温度 /℃	相对湿度 /%	时间 /min	温度 /℃	相对湿度 /%	时间 /min
I	40	75	40	40	75	140	40	75	60
II	25	85	40	45	75	140	30	55	60
III	30	85	40	45	75	140	30	65	60
IV	35	85	40	45	75	140	30	75	60

注：干燥工艺 I 为《面条用小麦面粉》（SB/T 10137—1993）推荐的实验室面条干燥工艺：温度 40℃，相对湿度 75%。

（三）试验方法

1. 挂面制作
方法同本章第一节"试验方法"中"挂面制作"。

2. 挂面干燥及其在线水分含量测定
方法同本章第一节"试验方法"中"挂面干燥及其在线水分含量测定"。

除监测挂面的干燥脱水过程之外，还监测了挂面干燥过程电能消耗。对电能的监测具体细分为面板能耗、加热能耗、加湿能耗、风扇能耗和制冷能耗 5 部分，5 部分之和构成总能耗，如第二章图 2-1 所示。

3. 烹调特性
最佳煮制时间及熟断条率测定：参照《挂面》（LS/T 3212—2014）进行。

吸水率及烹调损失测定：称取 10g 样品，放入盛有 500mL 沸水（蒸馏水）的不锈钢盆中，用电磁炉（1000W）加热，保持水的微沸状态，按最佳煮制时间煮熟后，将面条用漏勺捞出，将水控干至不再有水滴滴落，记录此时面条质量，按照式（8-1）计算面条吸水率。面汤在电磁炉上蒸发至近干，在 130℃烘箱中烘至恒重，按照式（8-2）计算烹调损失。

$$X = \frac{M_1 - M_0(1 - W)}{M_0 \times (1 - W)} \times 100 \qquad (8-1)$$

$$P = \frac{M_2}{M_0 \times (1 - W)} \times 100 \qquad (8-2)$$

式中　　X——吸水率，%；

　　　　M_1——熟面条质量，g；

　　　　M_0——干挂面样品质量，g；

　　　　W——挂面含水率，%；

　　　　P——烹调损失，%；

　　　　M_2——500mL 面汤中干物质质量，g。

4. 质构特性的结构剖面分析（TPA）

采用 TA-XT2i 型质构仪测定熟面条的质构特性。取 500mL 自来水倒入锅中，在电磁炉上煮沸；称取 5 根干面条样品，放入沸水锅内，保持水微沸，煮制最佳煮制时间时，将面条立即捞出，以流动的自来水冲淋约 30s；然后把 5 根面条无空隙并排放置于测定平台上进行 TPA 测试。每个样品做三次平行测试。

试验参数设定：测定模式为 TPA 模式，选择 A/LKB-F 探头；测定前速度 2mm/s，测定时速度 0.8mm/s，测定后速度 2mm/s，压缩比 70%，两次压缩停留间隔 10s，起点感应力（触发值）为 10g，数据采集速率为 200pps。

（四）数据处理方法

采用 Excel 2010 和 SPSS 18.0 进行数据处理和统计分析。

二、结果与分析

（一）干燥工艺模型的干燥效果

评价挂面干燥效果的最基本指标就是干燥结束后成品挂面的含水率应 ≤ 14.5%（LS/T 3212—2014）。由表 8-6 可知，干燥前湿面条含水率无显著差异。经不同干燥工艺处理后，挂面的平衡含水率之间存在显著差异（$P<0.05$），干燥工艺 Ⅱ 和 Ⅲ 的平衡含水率能够满足产品质量要求。两种面粉的干燥工艺试验均得出相同的结果。

表 8-6　　　　　　　　　　　　四种干燥工艺模型的干燥效果比较

面粉	干燥工艺	初始含水率/%	最终含水率/%	结果评价
金沙河精粉	I	31.71 ± 0.17^a	$14.86 \pm 0.27a^b$	不合格
	II	31.70 ± 0.12^a	13.35 ± 0.03^d	合格
	III	31.60 ± 0.25^a	14.13 ± 0.36^c	合格
	IV	31.72 ± 0.16^a	14.76 ± 0.13^b	不合格
塞北雪高筋小麦粉	I	31.71 ± 0.14^a	15.14 ± 0.10^a	不合格
	II	31.62 ± 0.25^a	13.52 ± 0.13^d	合格
	III	31.84 ± 0.10^a	14.02 ± 0.24^c	合格
	IV	31.71 ± 0.22^a	14.99 ± 0.07^{ab}	不合格

注：字母不同表示同一列数之间存在显著性差异（$P<0.05$）。

（二）干燥工艺对产品质量的影响

4种工艺类型干燥面条在煮制过程中均未发生断条，烹调损失较低，达到了一级产品的质量要求（$\leqslant 10.0\%$, SB/T 10068—1992）。不同干燥工艺对挂面的抗弯强度和吸水率影响较小，但烹调损失之间存在显著性差异（表8-7）。以金沙河精粉为原料时，干燥工艺 I 制备的挂面抗弯强度最大，干燥工艺 III 制得的挂面吸水率较其他三种干燥工艺要高，且烹调损失相对较低。以塞北雪高筋粉为原料时，干燥工艺 III 制备的挂面其抗弯强度最低，干燥工艺 IV 制得的挂面吸水率和烹调损失均高于其他三种干燥工艺；其他三种挂面干燥工艺之间无显著差异（$P<0.05$）。不同面粉制作的挂面其抗弯强度、吸水率和烹调损失在不同干燥工艺之间存在极显著差异（$P<0.01$）。金沙河精粉挂面的烹调吸水率和烹调损失高于塞北雪高筋粉；而利用塞北雪高筋粉制备的挂面其抗弯强度较金沙河精粉高，其吸水率和烹调损失相应较低。

表 8-7　　　　　　　　　　不同干燥方式对挂面抗弯强度、烹调特性及色泽的影响

面粉	干燥工艺	含水率/%	抗弯强度/g	吸水率/%	烹调损失/%	色泽		
						L^*	a^*	b^*
金沙河精粉	I	9.26 ± 0.07^b	21.87 ± 3.82^a	172.78 ± 8.97^b	7.42 ± 0.38^{ab}	87.02 ± 1.00^a	-0.90 ± 0.03^c	16.56 ± 0.50^b
	II	9.53 ± 0.37^{ab}	18.87 ± 3.97^b	180.30 ± 4.65^a	7.99 ± 0.94^a	85.97 ± 1.06^b	-0.74 ± 0.16^b	16.48 ± 0.51^b
	III	9.75 ± 0.08^a	18.40 ± 4.05^b	181.13 ± 3.23^a	6.59 ± 0.45^c	85.56 ± 1.16^b	-0.70 ± 0.18^a	16.99 ± 0.72^{ab}
	IV	9.30 ± 0.26^b	18.99 ± 3.15^b	179.14 ± 4.99^{ab}	6.76 ± 0.33^{bc}	86.00 ± 1.14^{ab}	-0.85 ± 0.17^{bc}	17.54 ± 0.80^b

续表

面粉	干燥工艺	含水率 /%	抗弯强度 /g	吸水率 /%	烹调损失 /%	色泽		
						L*	a*	b*
塞北雪高筋粉	I	8.73 ± 0.35ᵃ	25.06 ± 3.16ᵃ	172.99 ± 2.34ᵃ	6.30 ± 0.39ᵇ	80.84 ± 1.17ᵇ	0.91 ± 0.12ᵃ	16.57 ± 0.83ᵃ
	II	8.40 ± 0.24ᵃᵇ	25.65 ± 2.95ᵃ	172.85 ± 2.67ᵃ	6.33 ± 0.18ᵇ	82.07 ± 0.81ᵃ	0.77 ± 0.13ᵇ	16.02 ± 0.68ᵃ
	III	8.26 ± 0.20ᵇ	22.72 ± 3.89ᵇ	172.90 ± 4.57ᵃ	6.38 ± 0.31ᵇ	82.01 ± 1.18ᵃ	0.69 ± 0.14ᵇ	16.37 ± 0.92ᵃ
	IV	8.42 ± 0.10ᵃᵇ	23.83 ± 4.30ᵃᵇ	172.92 ± 6.10ᵃ	6.83 ± 0.41ᵃ	82.43 ± 1.12ᵃ	0.71 ± 0.07ᵇ	15.78 ± 1.18ᵃ

注：字母不同表示同一列数据之间存在显著性差异（$P<0.05$）；
面条含水率为面条经一段时间放置后的平衡含水率。

由表 8-7 还可知，不同的挂面干燥工艺也会对挂面的色泽产生影响。精粉挂面经干燥处理后，其色泽 L*、a* 和 b* 在不同的干燥处理之间存在极显著差异（$P<0.01$）；高筋粉挂面经干燥处理后，其色泽 L* 值和 a* 值在不同的干燥处理之间存在极显著差异（$P<0.01$），色泽 b* 在不同的干燥处理之间不存在显著差异（$P<0.05$）。ΔE* 值反映了不同干燥工艺条件下挂面的色泽差异，ΔE* 值越小色差越小。表 8-8 两种面粉经不同干燥处理后挂面的色差 ΔE* 值。由表 8-8 可知，不同干燥工艺对挂面产品色泽的影响较小。经不同干燥处理后精粉挂面色泽 ΔE* 较小，变幅为 0.66~1.54；高筋粉挂面经不同干燥处理后的色差 ΔE* 变幅为 0.36~1.79。两种面粉制作的挂面其色泽之间存在较大差异，ΔE* 变幅为 3.36~6.18，这与两种面粉色泽之间存在较大差异有关（表 8-9）。

表 8-8　　　　　　　　不同干燥工艺条件下挂面产品的色差 ΔE*

干燥工艺	金沙河精粉				塞北雪高筋粉			
	I	II	III	IV	I	II	III	IV
I	0	1.06	1.54	1.42	0	1.35	1.21	1.79
II		0	0.66	1.07		0	0.36	0.44
III			0	0.72			0	0.72
IV				0				0

表8-9　　　　　　　　　　两种面粉的色泽 L* 值 a* 值和 b* 值

面粉	L*	a*	b*
金沙河精粉	92.66 ± 0.35^a	−1.86 ± 0.03^b	9.52 ± 0.08^a
塞北雪高筋粉	91.99 ± 0.23^b	−1.28 ± 0.02^a	8.04 ± 0.06^b

注：字母不同表示同一列数据之间存在显著性差异（$P<0.05$）。

由表8-10可知，干燥工艺对煮熟挂面 TPA 质构参数的影响较小。对于金沙河精粉，不同干燥工艺制作面条的弹性、黏聚性、胶着性和咀嚼性之间没有显著性差异，干燥工艺Ⅱ制作的挂面硬度较其他三种干燥工艺要低，而其黏聚性和回复性较其他干燥工艺要高。对于塞北雪高筋粉，不同干燥工艺制备的挂面其质构特性之间均无显著性差异。此外，由表8-10可知，塞北雪高筋粉面条的硬度、黏聚性、胶着性、咀嚼性和回复性均高于金沙河精粉面条，而黏聚性较金沙河精粉面条低，弹性在两种面粉制作的面条之间没有差异。

表8-10　　　　　　　　　不同干燥工艺对面条质构特性的影响

面粉	干燥工艺	硬度 /g	黏聚性	回复性
金沙河精粉	Ⅰ	400 ± 17.86^{ab}	0.56 ± 0.01a^b	0.30 ± 0.01^b
	Ⅱ	384 ± 17.81^b	0.56 ± 0.01^a	0.32 ± 0.01^a
	Ⅲ	406 ± 15.86^a	0.55 ± 0.01^b	0.30 ± 0.00^b
	Ⅳ	400 ± 6.74^{ab}	0.55 ± 0.00^b	0.30 ± 0.00^b
塞北雪高筋粉	Ⅰ	452 ± 21.16^a	0.56 ± 0.01^a	0.33 ± 0.01^a
	Ⅱ	462 ± 23.76^a	0.57 ± 0.01^a	0.33 ± 0.01^a
	Ⅲ	458 ± 19.58^a	0.56 ± 0.01^a	0.33 ± 0.01^a
	Ⅳ	448 ± 31.84^a	0.57 ± 0.01^a	0.32 ± 0.01^a

注：字母不同表示同一列数据之间存在显著性差异（$P<0.05$）。

（三）干燥工艺模型的能耗分析

为了进一步分析不同干燥工艺模型的热能供应和热能利用率，本节采用干燥介质的焓值来比较不同干燥工艺的热能供应和干燥效率。各干燥工艺模型的温度和相对湿度以及持续时间，经加权计算可知，不同干燥条件下的干燥介质单位焓值分别为，模型Ⅰ：132.96 kJ/kg；模型Ⅱ：126.52 kJ/kg；模型Ⅲ：131.69 kJ/kg；模型Ⅳ：134.17 kJ/kg。模型Ⅱ至模型Ⅳ的干燥介质单位焓值逐渐增大，但均处于平均值 131.34 ± 6.57 的 5% 范围内。考虑到实际生产控制的精度和技术水平，可以认为四种干燥模型的热能输入基本处于同一水平。虽然四种挂面干燥工艺其输入的总能量差异较小，但从最终含水率方面考虑，仅有工艺 Ⅱ 和 Ⅲ 的最终含水率低于 14.5%，能够满足生产要求。

三、讨论

挂面干燥工艺模型是在对挂面干燥特性研究和企业挂面干燥工艺特征分析的基础上建立起来的。首先，挂面干燥工艺的时长（240 min）是按照企业生产挂面干燥时间来设计的。对于连续化生产挂面的企业来说，挂面干燥所用的时间一方面要根据挂面本身的干燥特性和对产品质量的要求来考虑和限制，另一方面还要和企业的生产能力及效率相匹配。（SB/T 10072—1992）规定，挂面烘干时间不应低于 3.5h，烘干时间过短容易造成挂面"外干内潮"和表里收缩不一，甚至产生酥面。因此，240min 的干燥时间设置较为合理。其次，对于"三段式"工艺的划分以及各阶段温度、相对湿度的设置，同样需要结合挂面干燥理论和生产实际进行分析和确定。根据前述研究的结果及讨论，最终建立合理的挂面干燥工艺模型（表 8–5）。

合理的挂面干燥工艺应在保证产品产量和质量的基础上尽可能降低能耗。经比较分析发现，不同的干燥工艺干燥的挂面其产品质量之间差异较小；在室温（25℃）条件下，干燥工艺 Ⅱ（25℃/85%/40min—40℃/75%/140min—30℃/55%/60min）生产的面条其平衡含水率能够满足标准规定要求，且能耗最低，是较优的挂面干燥工艺设计。虽然不同干燥组合之间输入能量的差异较小，但是，仅有工艺 Ⅱ 和 Ⅲ 的平衡含水率能够满足标准要求。实验室的试验结果表明，在能量输入一定的条件下，合理设定干燥介质的温湿度及其组合，可以达到提高能量利用率的效果。当外界温度较低或相对湿度较小时，可调低完成干燥阶段的温度，增加相对湿度，防止温差或相对湿度差异过大，使面条变形或劈条。进一步分析发现，优化后的干燥工艺模型其单位热焓值为 126.52 kJ/kg，比推荐的实验室制作面条工艺（模型 Ⅰ，恒温 40℃，恒湿 75%；SB/T 10137—1993）的热焓值（132.96 kJ/kg）低 4.84%。

挂面干燥工艺模拟及优化试验是在实验室食品水分分析技术平台上进行的，且仅对挂面干燥工艺系统参数中的温度、相对湿度以及干燥时间进行了研究，其试验模拟环境跟实际生产的挂面烘房存在一定的差距。在干燥工艺耗能方面，虽然本节对挂面干燥过程各部分消耗的电耗做了监测，但是并不能完全以此为依据评价挂面不同干燥工艺的能耗和效率，只能作为结果验证和参考依据，其应用效果还需结合企业具体的生产工艺和设备条件进行验证、评估和改进。原因在于，实验室研究中采用加湿和压缩制冷的方式对干燥室的相对湿度进行调节，其能耗在总能耗中占比过高（59.8%~64.7%）；另外，余热的回收利用还未考虑。所以，本节以挂面含水率达到要求为原则，采用干燥介质的焓值来比较不同干燥工艺的热能供应和干燥效率。主干燥环节是挂面干燥的重要环节，与挂面产品质量密切相关。本节中不同干燥工艺的主干燥环节的参数统一设定为温度 =45℃、相对湿度 =75%、时间 =180min（占总干燥时长的 60%），该参数接近于实际生产过程的参数设定。对于主干燥区干燥工艺参数还需进一步优化，其对挂面干燥能效和产品质量的影响也需进一步研究。

本节研究设计的不同干燥工艺类型对产品质量的影响较小。挂面质量差异的主要原因是由于面粉质量的不同，如挂面产品的色差、吸水率、烹调损失、抗弯强度，以及硬度、黏聚性、胶着性和咀嚼性等质构特性。高筋粉经不同干燥工艺制作的挂面其质量特性之间差异较小，产品质量更为稳定。这可能是由于高筋粉挂面蛋白质含量高，在和面的过程中蛋白质水合程度高，面筋结构形成较好，能很好地将淀粉粒包裹在面筋结构之中；其在干燥过程中水分缓慢地从面条内部向外扩散，使得产品质量更为稳定。

四、小结

通过分析前期研究结果和已建立的初步干燥工艺模型，开展了干燥工艺模型对挂面质量性状、能耗的影响研究，进一步讨论和优化了干燥工艺模型，得出如下结论：

（1）通过分析挂面干燥工艺模型，合理控制挂面干燥过程的温度和相对湿度，以达到标准含水率、能耗较低为原则，结果认为：在室温（25℃）条件下，合理的干燥工艺为模型 Ⅱ，即预干燥：25℃ /85% /40min；主干燥：45℃ /75% /140min；完成干燥：35℃ /55% /60min。

（2）面粉质量是影响挂面产品质量的主要因素；不同干燥工艺对产品质量的影响较小。

（3）综合挂面干燥速率、能耗以及产品质量三个因素，合理地设定各干燥区的温度和相对湿度及其相互组合，可以有效提高能量利用效率。

（本章由魏益民、王杰、武亮撰写）

参考文献

［1］徐秋水.挂面生产技术（上）［J］.粮油食品科技, 1982（2）: 27–29.

［2］徐秋水.挂面生产技术（下）［J］.粮油食品科技, 1982（3）: 30–35.

［3］冯学宁.挂面采用连续隧道式干燥蒸汽管散热法的体会［J］.粮油食品科技, 1982（4）: 22–24.

［4］中华人民共和国商业部. SB/T 10072—1992　挂面生产工艺技术规程［S］.北京: 中国标准出版社, 1992.

［5］陆启玉.挂面生产工艺与设备［M］.北京: 化学工业出版社, 2007.

［6］王振华.挂面干燥过程中的水分传递及烘房能耗分析研究［D］.北京: 中国农业科学院, 2017.

［7］魏益民, 王杰, 张影全, 等.挂面的干燥特性及其与干燥条件的关系［J］.中国食品学报, 2017, 17（1）: 62–68.

［8］魏益民, 王振华, 于晓磊, 等.挂面干燥过程水分迁移规律研究［J］.中国食品学报, 2017, 17（12）: 1–12.

附　录

挂面干燥动力学及工艺技术研究论文摘要

（2014—2020 年）

中国农业科学院农产品加工研究所
魏益民教授科研团队

我国挂面制造业技术创新与产业升级

魏益民　　张波　　张影全　　李明　　郭波莉

（中国农业科学院农产品加工研究所 / 农业农村部农产品加工综合性重点实验室）

摘要： 通过对文献和发明专利分析和归纳，综述挂面产业发展历程和方向，突出技术创新或重大改进事件、产生较大影响的发明专利，展示发展过程技术革命和模式创新对产业的推动作用。指出在《中国制造 2025》战略的推动下，挂面产业发展方向：在全面实现自动化的基础上，探索智能化；在管理高效的前提下，向规模化方向发展；在主产业高效发展的背景下，讨论产业融合和产业模式的变化。

关键词： 挂面；传统食品；食品制造；产业升级；技术创新；发展模式

DOI：10.16210/j.cnki.1007-7561.2020.01.006

分类号： TS213.2

引文格式： 魏益民，张波，张影全，等 . 我国挂面制造业技术创新与产业升级 [J]. 粮油食品科技，2020，28（1）：1-4.

挂面干燥动力学研究

魏益民[1]　王振华[1,2]　于晓磊[1]　武亮[1]　王杰[1]　张影全[1]　张波[1]　李明[1]

郭波莉[1]

（1.中国农业科学院农产品加工研究所 / 农业农村部农产品加工综合性重点实验室；

2.北京工商大学 / 北京食品营养与人类健康高精尖创新中心）

摘要：干燥是挂面生产的重要工艺过程。优化干燥工艺是干燥过程研究的重要内容，其理论依据是对挂面干燥动力学的深刻认识。根据挂面干燥工艺目标要求，以可自主设计温度、相对湿度，在线控制干燥条件，监测干燥过程物料水分状态和迁移轨迹的食品水分分析技术平台为工具；采用压延和挤压技术制作挂面样品；基于挂面干燥动力学和热力学的基本概念，用递进思维的方法，研究挂面干燥特性和干燥过程控制技术。系统分析了挂面的干燥特性、热能利用效率、工艺控制技术等；讨论干燥工艺、设备和操作参数的合理性；为干燥过程控制的合理性、智能化以及工业设计提供参考。

基金：国家自然科学基金（31501527；51506218）；国家现代农业产业技术体系建设专项（CARS-02）；中国农业科学院科技创新工程

关键词：挂面；水分状态；水分迁移；干燥技术；干燥动力学

分类号：TS201

引文格式：魏益民，王振华，于晓磊，等 . 挂面干燥动力学研究［J］.中国粮油学报，2020，35（3）：72-80.

挂面干燥工艺能耗分析

魏益民[1]   王振华[1,2]   于晓磊[1]   武 亮[1]   王杰[1]   张影全[1]   张波[1]   郭波莉[1]

（1. 中国农业科学院农产品加工研究所 / 农业农村部农产品加工综合性重点实验室；

2. 北京工商大学 / 北京食品营养与人类健康高精尖创新中心）

摘要： 干燥是挂面生产的重要工艺环节，干燥能力和能耗是产品成本的重要组成部分。本文对 3 种主要挂面干燥设备（隧道式、索道式、改良索道式），以及工艺的干燥能力、能耗、稳定性开展在线测试，分析了测试结果。初步结果认为，挂面干燥过程的"三阶段"划分和设计不同的干燥过程控制参数，符合节能、高效、高质量的生产目标。合理的干燥工艺和烘房结构，以及优化的干燥过程控制参数，可显著提高产量 (42.91%)，降低能耗 (–24.56%)，缩短干燥时间 (–12.50%)。拟实现干燥工艺控制过程的智能化，首先应是设计合理的干燥烘房结构，确定干燥工艺的关键控制要素和关键控制点；其次是实现干燥过程温度、湿度控制与挂面在线含水率测定结果的联动，以及提升挂面在线含水率监测设备的稳定性和环境耐受性。而对挂面干燥动力学、热力学的系统研究，是干燥工艺智能化的基础和前提。

基金： 国家自然科学基金（31501527；51506218）；国家现代农业产业技术体系建设专项（CARS–02）；中国农业科学院科技创新工程

关键词： 挂面；干燥工艺；干燥能耗；关键控制点；智能化干燥工艺

分类号： TS201

引文格式： 魏益民，王振华，于晓磊，等 . 挂面干燥工艺能耗分析 [J] . 中国粮油学报，2020，35（4）：1–5.

物料水分含量和状态测定技术平台效能分析

张影全[1]　　王远[1]　　郭波莉[1]　　张波[1]　　袁国平[2]　　魏益民[1*]

（1. 中国农业科学院农产品加工研究所 / 农业农村部农产品加工综合性重点实验室；

2. 苏州纽迈分析仪器股份有限公司）

摘要：为深入了解物料干燥动力学，动态在线跟踪和测试干燥过程的水分状态、比例变化和水分运动轨迹等，设计并制造了"物料水分含量和状态在线测定技术平台"。利用该平台可实现物料水分含量、状态、分布的实时、在线、原位检测；获得高精度的物料水分含量、水分结合状态、质子密度分布随时间的动态变化规律及特征等信息。通过对物料干燥中具有代表性的挂面在线干燥过程检测分析表明，测定平台干燥介质具有较好的可控性、较高的稳定性，实验重复性良好。该平台可用于食品、药材、木材、挥发性物质等物料干燥动力学研究，也可作为新型干燥设备或工艺设计与制造的有效平台或工具。

基金：国家自然科学基金（31501527）；国家现代农业产业技术体系建设专项（CARS-02）；中国农业科学院科技创新工程

关键词：水分含量；水分状态；低场核磁共振；技术平台；效能分析

分类号：TS201

引文格式：张影全，王远，郭波莉，等 . 物料水分含量和状态测定技术平台效能分析［J］. 中国食品学报，2020（已录用）。

高温、高湿干燥工艺对挂面产品特性的影响

惠滢[1]   张影全[2]   张波[2]   于晓磊[2]   张国权[1*]   魏益民[2*]

（1.西北农林科技大学食品科学与工程学院；2.中国农业科学院农产品加工研究所／

农业农村部农产品加工综合性重点实验室）

摘要：为明确高温、高湿干燥工艺参数(80℃,85%)对挂面产品特性的影响，改进挂面干燥工艺，保障产品质量。以小麦品种永良4号为原料，在实验室制作挂面；干燥试验采用两因素三水平（温度：40，60，80℃；相对湿度：65%，75%，85%)全排列组合设计，干燥时间300min;测定干挂面色泽、密度、收缩率和抗弯曲特性等。结果表明，干燥温度对产品最终水分含量影响较大，对挂面色泽b^*值和密度有极显著影响，对收缩率、折断距离和折断功有显著影响，对色泽L^*值、a^*值和抗弯强度没有影响。相对湿度对挂面色泽L^*值、a^*值、b^*值、密度和抗弯曲特性均有显著或极显著影响。温度和相对湿度互作对色泽b^*值、抗弯曲特性有极显著影响。干燥过程中相对湿度对挂面产品质量影响较大。与常规干燥工艺（40℃，75%）相比，挂面经高温、高湿（80℃，85%）干燥后，挂面色泽b^*值、抗弯强度、折断距离、折断功均显著升高，L^*值、a^*值、密度、收缩率没有显著变化。本研究结果表明：高温、高湿工艺应和干燥设备设计、热能损失、能耗分析及产品特性评价相结合。

基金：国家重点研发计划专项（2016YFD0400200）；国家自然科学基金项目（31501527）；国家现代农业（小麦）产业技术体系建设专项（CARS-03）；中国农业科学院科技创新工程

关键词：挂面；干燥工艺；温度；相对湿度；产品质量

DOI：10.16429/j.1009-7848.2019.10.014

分类号：TS213.24

引文格式：惠滢，张影全，张波，等.高温、高湿干燥工艺对挂面产品特性的影响［J］.中国食品学报，2019，19（10）：117-125.

挂面干燥特性与模型拟合研究

武亮　　张影全　　王振华　　于晓磊　　魏益民 *

（中国农业科学院农产品加工研究所 / 农业农村部农产品加工综合性重点实验室）

摘要： 为研究挂面的干燥特性，该研究采用实验室食品水分分析技术平台，研究不同温度（30、40、50℃）和相对湿度（65%、75%、85%）条件下挂面的干燥特性及其变化规律；利用数学模型拟合挂面干燥过程的含水率曲线。结果表明，温度越高，挂面的干燥速率越快，平衡含水率越低；相对湿度越低，挂面的干燥速率越快，平衡含水率越低；相对湿度对挂面干燥过程的影响大于温度的影响。干燥前期，挂面干燥速率有一个提升过程；随后，干燥速率呈线性逐渐降低。分析认为，干燥速率提升过程是挂面内外温度趋于一致的过程所致。试验证明，温度为 40℃，相对湿度为 75%，是较为合理的挂面干燥工艺；在此低温干燥条件下，热能利用率较高，也便于生产干燥工艺的调节和控制。通过对挂面干燥过程含水率模型拟合分析发现，Page 模型能够很好地反映挂面干燥过程含水率的变化（R^2=0.9996）。研究为进一步的理解挂面的干燥特性，确定最佳干燥工艺参数提供了技术依据和借鉴，为进一步的挂面干燥过程标准化、自动化提供理论和技术依据。

关键词： 挂面；干燥特性；温度；相对湿度；热焓

分类号： TS213.2

引文格式： 武亮, 张影全, 王振华, 等. 挂面干燥特性及模型拟合研究［J］. 中国食品学报, 2019, 19（8）: 119-129.

加工工艺对挂面干燥过程不同状态水分比例（A_2）的影响

于晓磊　　王振华　　张影全　　武亮　　魏益民 *

（中国农业科学院农产品加工研究所 / 农业农村部农产品加工综合性重点实验室）

摘要：为了解挂面干燥过程加工工艺对不同状态水分比例的影响，以及不同状态水分比例的变化，本文以小麦粉制作的挂面为材料，采用食品水分分析技术平台，设计三因素不等水平（和面加水量 30%、35%；和面真空度 0.00、0.06MPa；干燥温度 32、40、48℃）全排列挂面干燥试验。在相对湿度 75% 条件下定时（300min）干燥；干燥过程中每 45min 取样，利用低场核磁技术（LF–NMR）测定挂面干燥过程中不同状态水分比例（A_2）。结果表明：挂面干燥过程中水分主要以弱结合水（T_{22}：0.96 ~ 6.75ms；A_{22}：77.10%~94.23%）形式存在，其次是强结合水（T_{21}：0.03~0.60ms；A_{21}：4.07% ~ 22.62%），自由水（T_{23}：57.22~354.54ms；A_{23}：0.33%~1.51%）占比较小。随着干燥的进行，A_{21} 有下降的趋势，A_{22} 有增大的趋势；自由水所占比例在干燥过程中变化较小。和面加水量是影响 A_{21} 的主要因素，干燥温度、和面真空度仅在个别取样点对 A_{21} 有显著影响，且方差贡献率较低；干燥温度与和面真空度的互作对 A_{21} 有较大影响。影响 A_{22} 的因素主要是和面加水量、和面真空度、干燥温度。研究表明：随着干燥过程的进行，挂面中强结合水（A_{21}）所占比例有减小的趋势，弱结合水（A_{22}）所占比例有增大的趋势；影响挂面干燥过程不同水分状态比例（A_2）的因素主要是加水量，其次是和面真空度，而干燥温度影响较小。

基金：国家重点研发计划专项（2016YFD0400200）；国家自然科学基金项目（31501527，51506218）；现代农业产业技术体系建设专项（CARS–03）；中国农业科学院科技创新工程

关键词：挂面；加水量；干燥温度；真空度；不同状态水分比例（A_2）；低场核磁共振技术（LF–NMR）

分类号：TS213.24

引文格式：于晓磊，王振华，张影全，等 . 加工工艺对挂面干燥过程不同状态水分比例（A_2）的影响［J/OL］. 中国食品学报，2019，19（5）：129–138. http: //kns.cnki.net/kcms/detail/11.4528.ts.20190326.1547.007.html.

加工工艺对挂面干燥过程水分状态的影响

于晓磊　　王振华　　张影全　　武亮　　魏益民*

（中国农业科学院农产品加工研究所 / 农业农村部农产品加工综合性重点实验室）

摘要： 为了解挂面干燥过程中水分状态及分布，研究加工工艺对挂面干燥过程水分状态的影响。以小麦粉制作的挂面为材料，采用食品水分分析技术平台，设计三因素不等水平（和面加水量 30%，35%；和面真空度 0.00，0.06 MPa；干燥温度 32、40、48 ℃）全排列挂面干燥试验。在相对湿度 75% 条件下定时（300 min）干燥，干燥过程中每 45min 取样分析。利用低场核磁技术测定挂面干燥过程中的水分状态及分布。结果表明：挂面干燥过程中水分可分为强结合水、弱结合水、自由水，横向弛豫时间分别为：T_{21}，0.03~0.60ms；T_{22}，0.96~6.75ms；T_{23}，57.22~354.54ms；其中弱结合水所占比例最高；干燥过程中 T_{21}、T_{22} 不断减小，与含水率（0.17~0.52g/g）线性相关。和面加水量是影响 T_{21} 的最主要因素，干燥温度次之；和面真空度仅在干燥前期对 T_{21} 有显著影响；和面加水量也是影响 T_{22} 的最主要因素。研究表明：挂面干燥过程中水分主要以弱结合水形式存在，其次是强结合水，自由水占比较小。随着干燥过程的进行，弱结合水所占比例升高，强结合水所占比例下降。影响挂面干燥过程中水分状态的主要因素是和面加水量。

基金： 国家重点研发计划专项（2016YFD0400200）；国家自然科学基金项目（31501527，51506218）；现代农业产业技术体系建设专项（CARS–03）

关键词： 挂面；加水量；干燥温度；真空度；水分状态；低场核磁共振技术

DOI：10.16429/j.1009–7848.2019.02.011

分类号： TS213.24

引文格式： 于晓磊，王振华，张影全，等. 加工工艺对挂面干燥过程水分状态的影响［J］. 中国食品学报，2019，19（2）：80–89.

Effects of Gluten and Moisture Content on Water Mobility during the Drying Process for Chinese Dried Noodles

Zhenhua Wang[1,2]   Xiaolei Yu[1]   Yingquan Zhang[1]   Bo Zhang[1]   Min Zhang[2]   Yimin Wei[1*]

(1. Institute of Food Science and Technology, Chinese Academy of Agricultural Sciences/ Key

Laboratory of Agro–Products Processing, Ministry of Agriculture and Rural Affairs;

2. Beijing Technology and Business University/Beijing Advanced Innovation Center for Food Nutrition

and Human Health)

Abstract: To investigate the water mobility during a drying process, noodles were prepared with different gluten contents (10.0%, 12.5%, 15.0%, 17.5%, 20.0%, 22.5%, or 25.0%) and moisture contents (30%, 32%, or 34%), and dried on a food moisture analysis technology platform. Three types of water were deduced from relaxation signals measured by low–field nuclear magnetic resonance (LF–NMR) spectroscopy. Peak time T_{22} increased with gluten and moisture content but decreased with drying time from 4 – 6ms to 1.0 – 1.7 ms after 1.5 h. Gluten content mainly affected the drying rate (DR) in the middle drying period, whereas initial moisture content had an influence in the middle drying period and final drying period.

Key Words: Chinese dried noodles; Drying; Gluten; LF–NMR

DOI: 10.1080/07373937.2018.1458733

To Cite This Article: Zhenhua Wang, Xiaolei Yu, Yingquan Zhang, et al. Effects of gluten and moisture content on water mobility during the drying process for Chinese dried noodles [J].Drying Technology, 2019, 37(6): 759–769.

加工工艺对挂面干燥及产品特性的影响

于晓磊　　王振华　　张影全　　武亮　　魏益民 *

（中国农业科学院农产品加工研究所 / 农业农村部农产品加工综合性重点实验室）

摘要： 为明确加工工艺对挂面干燥和产品特性的影响，提高挂面干燥工艺效能，以小麦精粉为原料，采用自主开发的食品水分分析技术平台，设计 3 因素不等水平（加水量 30%、35%；真空度 0.00、0.06MPa；干燥温度 32、40、48℃）全排列挂面干燥试验。在相对湿度 75% 条件下定时（300 min）干燥，测定挂面干燥及产品特性。结果表明，和面加水量对挂面干燥和产品特性有极显著影响，其次是干燥温度；真空度仅对产品的抗弯强度有显著影响；因素互作对产品特性有较大影响；抗弯强度是与多因素关联的产品质量特性，可考虑作为挂面产品质量评价的主要性状之一。提高加水量，可以显著提高挂面的弯曲距离和弯曲功；提高干燥温度时，挂面弯曲距离先增大后减小。

基金： 现代农业产业技术体系建设专项（CARS-03）；国家自然科学基金项目（51506218）

关键词： 挂面；加工工艺；产品质量；加水量；干燥温度；真空度

DOI： 10.16429/j.1009-7848.2018.10.019

分类号： TS213.24

引文格式： 于晓磊，王振华，张影全，等 . 加工工艺对挂面干燥及产品特性的影响 [J]. 中国食品学报，2018，18（10）：144-154.

Study on the Water State and Distribution of Chinese Dried Noodles during the Drying Process

Xiaolei Yu[1]   Zhenhua Wang[1,2]   Yingquan Zhang[1]   Syed Abdul Wadood[1]   Yimin Wei[1]

(1.Institute of Food Science and Technology, Chinese Academy of Agricultural Sciences/Key Laboratory of Agro-Products Processing, Ministry of Agriculture and Rural Affairs;

2. Beijing Technology and Business University/Beijing Advanced Innovation Center for Food Nutrition and Human Health)

Abstract: In this study, the water state and distribution of Chinese dried noodles during drying process was investigated by low-field nuclear magnetic resonance (LF-NMR). Transverse relaxation times (T_2) were achieved by LF-NMR coupled with a 0.5 T permanent magnet equivalent to a proton resonance frequency of 21 MHz at 32℃. Three populations of water state can be distinguished: strongly bound water (T_{21}, 0.04–0.40ms; A_{21}, 0.25%–19.08%), weakly bound water (T_{22}, 0.96–5.34ms; A_{22}, 80.81%–98.44%), and free water (T_{23}, 74.50–266.47ms; A_{23}, 0.11%–1.61%). During the drying process, the transverse relaxation time of all water states followed decreasing trend. Initially, the moisture content decreased faster from the edges; however, moisture migrated rapidly from the central part during 90–180min. The moisture gradient disappeared after drying for 240min. Besides, a special method as "Oil immersion method" was introduced to address poor signal to noise ratio in samples when moisture content was low during the drying process. High signal to noise ratio was successfully achieved by this method.

Key Words: Water state; Water distribution; Chinese dried noodles (CDN); Low-field nuclear magnetic resonance (LF-NMR); Low-field magnetic resonance imaging (LF-MRI)

DOI: 10.1016/j.jfoodeng.2018.03.021

To Cite This Article: Yu Xiaolei, Wang Zhenhua, Zhang Yingquan, et al. Study on the water state and distribution of Chinese dried noodles during the drying process [J]. Journal of Food Engineering, 2018(233): 81–87.

挂面干燥工艺过程研究进展及展望

武亮　　张影全　　王振华　　于晓磊　　魏益民 *

（中国农业科学院农产品加工研究所 / 农业部农产品加工综合性重点实验室）

摘要： 干燥是挂面生产中较难控制的工序，干燥工艺不合理易造成产品质量问题和能源浪费。目前，挂面生产装备水平已有很大提高，已具备现代食品工业的雏形。但是在干燥环节依然存在控制粗放、热能消耗偏高、产品质量不稳定的现象。针对目前挂面干燥生产面临的技术需求，本文综述了挂面干燥原理、干燥工艺、影响因素、过程控制及节能技术的研究现状及面临的问题，探究挂面干燥可能的发展模式和面临的技术难题，提炼存在的学术和工程问题，理清进一步研究的思路，以期为挂面生产管理、节能控制、工艺升级提供指导。

基金： 国家自然科学基金（31501527；51506218）；国家现代农业（小麦）产业技术体系建设专项（CARS-03）；中国农业科学院科技创新工程

关键词： 挂面；干燥；干燥原理；干燥工艺；过程控制；节能技术

分类号： TS213.24

引文格式： 武亮，张影全，王振华，等 . 挂面干燥工艺过程研究进展及展望 [J]. 中国粮油学报，2017，32（7）：133-140.

挂面干燥过程水分迁移规律研究

魏益民[1]　王振华[1,2]　于晓磊[1]　武亮[1]　王杰[1]　张波[1]　张影全[1]　李明[1]

（1. 中国农业科学院农产品加工研究所 / 农业部农产品加工综合性重点实验室；

2. 北京工商大学 / 北京食品营养与人类健康高精尖创新中心）

摘要：干燥是挂面生产的重要环节，然而干燥工艺优化和设备设计等还缺少相应的科学依据和标准规范。本文以食品水分分析技术平台为试验手段，设计了不同条件下的挂面干燥试验。通过测定挂面干燥过程中的干燥动力学曲线，分析干燥条件（温度和相对湿度）对含水率及干燥速率的影响；通过低场核磁共振分析系统（NMI20-030H-I）测定干燥过程中的水分横向弛豫时间（T_2）和质子密度加权像，分析挂面干燥过程中的水分状态和水分分布变化规律；通过建立挂面干燥过程中的湿热传递数学模型，观察挂面干燥过程中温度场和水分场的分布和变化规律。上述研究结果系统地展现挂面干燥过程水分的迁移规律，挂面干燥过程温度和含水率的变化，挂面干燥条件和控制参数的关系。这些结果将为干燥工艺优化和干燥过程智能控制提供理论依据和技术参考。

基金：国家自然科学基金项目（51506218）；现代农业产业技术体系建设专项（CARS-02）

关键词：挂面；干燥工艺；水分传递；低场核磁共振和成像；数学模型

DOI：10.16429/j.1009-7848.2017.12.001

分类号：TS213.24

引文格式：魏益民，王振华，于晓磊，等 . 挂面干燥过程水分迁移规律研究 [J]. 中国食品学报，2017，17（12）：1-12.

挂面的干燥特性及其与干燥条件的关系

魏益民　　王杰　　张影全　　张波　　刘锐　　王振华

（中国农业科学院农产品加工研究所 / 农业部农产品加工综合性重点实验室）

摘要： 为研究挂面的干燥特性，以及干燥特性与干燥条件（温度和相对湿度）的关系，本文采用在线自动记录的实验室食品水分分析技术平台，研究不同温度（30、40、50℃）和相对湿度（65%、75%、85%）条件下挂面的干燥特性，以及干燥条件对挂面干燥过程的影响。试验结果表明，利用实验室食品水分分析技术平台，可实现在线高频次测定挂面的含水率，获得精确的挂面干燥曲线和干燥速率曲线，发现初始干燥阶段较高的相对湿度对挂面干燥工艺的重要性。利用该平台采集的密集试验数据表明，挂面干燥工艺在实践上划分为3段控制有其理论依据。干燥介质温度越高，相对湿度越低，挂面的干燥速率越大。在干燥初始阶段（0~30 min），挂面干燥速率并非随着温度的升高而增大。在相对湿度为65% 和75% 的条件下，50℃的干燥速率反而小于30℃和40℃。相对湿度对挂面干燥过程的影响大于温度的影响。由于干燥室内的温度和相对湿度之间存在指数关系，因此干燥过程的工艺参数设计应同时考虑温度和相对湿度的综合影响。

基金： 公益性行业（农业）科研专项（201303070）；现代农业（小麦）产业技术体系建设专项（CARS-03）

关键词： 挂面；干燥特性；温度；相对湿度；干燥速率

DOI：10.16429/j.1009-7848.2017.01.008

分类号：TS213.24

引文格式： 魏益民，王杰，张影全，等 . 挂面的干燥特性及其与干燥条件的关系 [J]. 中国食品学报，2017，17（1）：62-68.

Analysis on Energy Consumption of Drying Process for Dried Chinese Noodles

Zhenhua Wang　　Yingquan Zhang　　Bo Zhang　　Fuguang Yang　　Xiaolei Yu　　Bo Zhao　　Yimin Wei

(Institute of Food Science and Technology, Chinese Academy of Agricultural Sciences/Key Laboratory

of Agro-Products Processing, Ministry of Agriculture)

Abstract: Drying is an important operation during the production of dried Chinese noodles, and the energy consumption from drying accounts for approximately 60% of the total energy consumption during the manufacturing process. To investigate the energy consumption and throughput of dryers for dried Chinese noodles, experiments were conducted using a new 130-m long tunnel dryer with two lines of noodles (ND) and an old 60-m long tunnel dryer with five lines of noodles (OD). The energy saving effects of a modified new 130-m long tunnel dryer (MND), which was only modified through the inclusion of automatic control for temperature and humidity without any modifications to the oil heater or ND dryer structure, were also compared. The energy saving effect was determined from the enthalpy difference between the inlet and outlet humid air of the ND and MND. Finally, the MND was found to be better than ND in terms of energy efficiency and throughput, and trends for the future of noodle drying were discussed.

Key Words: Dryer; Energy saving; Uniformity; Energy analysis; Automatic control

DOI: 10.1016/j.applthermaleng.2016.08.225

To Cite This Article: Wang Zhenhua, Zhang Yingquan, Zhang Bo, et al. Analysis on energy consumption of drying process for dried Chinese noodles [J]. Applied Thermal engineering, 2017(110): 941-948.

面条干燥过程的湿热传递机理研究进展

王振华　　张波　　张影全　　魏益民 *

（中国农业科学院农产品加工研究所 / 农业部农产品加工综合性重点实验室）

摘要：干燥是挂面生产过程中较难控制的加工工序。干燥工艺不合理易造成产品质量问题，而水分和热量传递是影响挂面质量特性的重要因素。该文主要介绍了挂面干燥过程水分和热量的传递规律、机理和数学模型等研究结果，分析了水分传递研究的方法和水分分布的测定方法。综合分析认为，挂面干燥过程研究应进一步关注水分和热量传递机理以及湿热传递数学模型的研究。

基金：国家自然科学基金项目（51506218，31501527）；中国农业科学院科技创新工程

关键词：干燥；水分；热传递；水分传递；面条

分类号：TS213.24

引文格式：王振华，张波，张影全，等 . 面条干燥过程的湿热传递机理研究进展 [J]. 农业工程学报，2016，32（13）：310–314.

隧道式两排挂面烘房气流特征分析

杨夫光　　张波　　张影全　　王振华　　魏益民 *

（中国农业科学院农产品加工研究所 / 农业部农产品加工综合性重点实验室）

摘要： 为改进挂面干燥工艺，采用便携式微型气象仪研究了双排挂架隧道式挂面烘房风速和方向分布情况以及烘房挂面干燥过程的气流特征。结果表明，隧道式双排挂面烘房内风速呈波形分布，均值为 0.82m/s，绝大多数风速集中在 0.00~2.00m/s 之间，侧风和逆风则集中在 0.00~1.00m/s 区间内，烘房不同位置的风速具有不均匀性。风向受到风扇位置、排潮口位置以及烘房结构的影响，烘房左上、左中、左下部位主导风向集中在 SW–NNW 扇区，右上、右中、右下部位主导风向集中在 NE–SSE 扇区。

基金： 现代农业产业技术体系建设专项（CARS-03）；公益性行业（农业）科研专项经费资助（201303070）

关键词： 挂面；干燥；烘房；风速；风向

DOI: 10.13386/j.issn1002-0306.2016.01.048

分类号： TS213.24

引文格式： 杨夫光，张波，张影全，等. 隧道式两排挂面烘房气流特征分析 [J]. 食品工业科技，2016，37（1）：284–287，367.

干燥条件对挂面干燥脱水过程的影响

武亮　　刘锐　　张波　　张影全　　魏益民 *

（中国农业科学院农产品加工研究所 / 农业部农产品加工综合性重点实验室）

摘要：为了解烘房内干燥介质条件（温度、相对湿度和气体流速）对挂面干燥脱水速率的影响，以及脱水速率在厚度相同、宽度不同（1、2 和 3mm）挂面间的差异，本研究以某挂面生产企业 5 排 60m 隧道式烘房生产线为研究对象，利用多功能便携式气候仪（Kestrel 4500），在线监测挂面干燥过程中干燥介质的温度、相对湿度和风速，每种条形挂面采集 12 班次（重复），在动态监测挂面干燥介质条件参数的同时，测定挂面在隧道式烘房 1、15、30、45、59m 干燥距离处的含水率，分析各因素对挂面干燥脱水速率的影响。结果表明，采用基本相同的干燥工艺干燥厚度相同、宽度为 1、2、3mm 的挂面，脱水速率之间无显著差异；影响挂面干燥脱水量的主要因素是相对湿度，其次是温度和风速；干燥介质各因素对挂面干燥脱水量的影响大于相同厚度、不同宽窄条形对挂面干燥脱水速率的影响。

基金：现代农业产业技术体系建设专项（CARS-03）；公益性行业（农业）科研专项经费资助（201303070）

关键词：挂面；干燥工艺；干燥介质；脱水速率；条形

DOI：10.13982/j.mfst.1673-9078.2015.9.032

分类号：TS213.2

引文格式：武亮，刘锐，张波，等 . 干燥条件对挂面干燥脱水过程的影响 [J].现代食品科技，2015，31（9）：191-197，295.

隧道式挂面烘房干燥介质特征分析

武亮   刘锐   张波   张影全   魏益民 *

（中国农业科学院农产品加工研究所 / 农业部农产品加工综合性重点实验室）

摘要： 为了解隧道式挂面烘房干燥介质（空气）流向、流速、温度、相对湿度的动态变化及分布特征，明确干燥介质参数之间的影响，该研究以 5 排 60m 隧道式烘房为研究对象，利用 Kestrel 4500 型多功能便携式气候仪在线动态分析挂面干燥过程中干燥介质的流向、流速、温度、相对湿度。结果表明，挂面干燥过程中，风速、温度和相对湿度在烘房的 4 个干燥区段之间存在显著性差异。隧道式烘房的空气流动分布不均匀，风向主要偏向排潮口一侧，风速则表现为锯齿状波动式降低；温度呈现先上升后下降的趋势，在 30~45m 干燥区内最高，均值为 45.55℃；相对湿度逐渐降低。风速显著影响烘房内的温度和相对湿度。在 15~30m 和 30~45m 干燥区内，风速与温度极显著正相关（$P<0.01$）；在 0~15m、15~30m 和 30~45m 3 个干燥区内，风速与相对湿度极显著负相关（$P<0.01$）。风速对烘房内的温度和相对湿度在各干燥区段的影响方向和大小有所不同。

基金： 现代农业产业技术体系建设专项（CARS–03）；公益性行业（农业）科研专项经费资助（201303070）

关键词： 干燥；温度；风；挂面干燥；相对湿度；风速；风向；隧道式烘房

分类号： TS213.24

引文格式： 武亮，刘锐，张波，等 . 隧道式挂面烘房干燥介质特征分析 [J]. 农业工程学报，2015，31（S1）：355–360.

太阳能辅助供热挂面烘房热能构成与应用潜力分析

武亮　　刘锐　　于晓磊　　张影全　　张波　　魏益民 *

（中国农业科学院农产品加工研究所 / 农业部农产品加工综合性重点实验室）

摘要： 为研究太阳能辅助供热挂面烘房的热能构成、节能效果及建设和管理成本，本文以某一挂面生产企业的太阳能 – 燃煤供热锅炉和挂面干燥生产车间为研究对象，分别于 2015 年 4 月 28 日—4 月 29 日、6 月 1 日—6 月 3 日和 7 月 28 日—7 月 29 日，分 3 次 9d 监测了不同时间段的耗煤量（243~251MJ/kg）、太阳能利用时长、挂面产量和蒸发水分的质量。分析结果表明：在调查时间内，燃煤单独供热平均时长 16.50h，单位煤耗 28.60~32.05kg/t；太阳能结合燃煤供热平均时长 5.64h，单位煤耗 18.32~20.53kg/t，太阳能供热占比 35.94%；太阳能单独供热（未使用燃煤系统）平均时长 1.88h。太阳能辅助供热挂面烘房平均煤耗为 23.97~26.86kg/t；太阳能为该段时间生产提供了 17.51% 的能量，相当于节约燃煤 257.94kg，约等于生产 8.05~9.02t 挂面所耗煤量。以全年生产 200d 计，估计每年可节约标准煤 43.48t，减少碳排放 113.05t；以燃煤（243~251MJ/kg）到厂价 600~800 元计，可节约生产成本 30953~41271 元。

基金： 现代农业产业技术体系建设专项（CARS–03）；公益性行业（农业）科研专项经费资助（201303070）

关键词： 太阳能；煤耗；热能构成；挂面；干燥

分类号： TS213.24

引文格式： 武亮，刘锐，于晓磊，等. 太阳能辅助供热挂面烘房热能构成与应用潜力分析 [J]. 粮油加工（电子版），2015（11）：30–34.

隧道式烘房挂面干燥工艺特征分析

王杰　　张影全　　刘锐　　张波　　魏益民 *

（中国农业科学院农产品加工研究所 / 农业部农产品加工综合性重点实验室）

摘要： 为了解隧道式烘房挂面干燥温度、相对湿度以及挂面水分含量的动态变化，确定工艺参数及其关键控制点。采用 179A–TH 智能温度湿度记录仪在线监测隧道式烘房挂面干燥过程的温度和相对湿度；测定挂面的水分含量，绘制干燥脱水曲线。结果显示，隧道式烘房挂面干燥温度呈现近似抛物线的形式，相对湿度随着挂面干燥时间不断降低；烘房不同空间位置（上、中、下及左、中、右）的温度和相对湿度存在显著性差异（$P<0.05$）；三次多项式回归方程对挂面干燥脱水曲线的拟合效果最好（R^2=0.999 4）。结果认为，隧道式烘房挂面干燥工艺参数符合挂面干燥工艺技术规程；三次多项式回归方程 – 数学模型对实现挂面干燥工艺标准化和自动化有重要的指导意义。

基金： 现代农业（小麦）产业技术体系专项（CARS–03）；企业技术服务（2012–2013）

关键词： 挂面；干燥工艺；干燥曲线；温度；相对湿度；在线监测

分类号： TS213.24

引文格式： 王杰，张影全，刘锐，等. 隧道式烘房挂面干燥工艺特征分析［J］. 中国粮油学报，2014，29（3）：84–89.

挂面干燥工艺研究及其关键参数分析

王杰　　张影全　　刘锐　　张波　　魏益民*

（中国农业科学院农产品加工研究所 / 农业部农产品加工重点实验室）

摘要： 研究挂面干燥工艺对产品质量的影响，确定挂面干燥工艺的关键控制点。采用智能温度湿度记录仪在线监测烘房挂面干燥过程的温度和相对湿度；测定挂面干燥脱水曲线，以及干燥后挂面产品的水分含量、色泽和抗弯强度；应用相关性分析和逐步回归分析方法确定挂面干燥工艺参数与产品质量性状之间的关系，以及关键控制点。结果表明，挂面产品的水分含量、色泽 a^* 值和抗弯强度的变异系数较大，且与烘房温度和相对湿度的关系最为密切。烘房一区温度和四区相对湿度是挂面干燥过程的关键控制点。本研究为确定合理的挂面干燥工艺参数和关键控制点提供了依据。

基金： 公益性行业（农业）科研专项经费资助（201303070）；现代农业（小麦）产业技术体系专项（CARS-03）；企业技术服务项目（2012—2013）

关键词： 挂面；干燥工艺；温度；相对湿度；质量；关键控制点

分类号： TS213.24

引文格式： 王杰, 张影全, 刘锐, 等. 挂面干燥工艺研究及其关键参数分析[J]. 中国粮油学报, 2014, 29(10): 88–93.